Flexible Arbeitssysteme im Maschinenbau

Neue Informationstechnologien und Flexible Arbeitssysteme
Band 3

Ein Forschungsbericht des Sonderforschungsbereichs 187 der Ruhr-Universität Bochum

Der Sonderforschungsbereich 187 „Neue Informationstechnologien und flexible Arbeitssysteme“ an der Ruhr-Universität Bochum wird seit Januar 1989 aus Mitteln der Deutschen Forschungsgemeinschaft gefördert. Er beschäftigt sich mit der Entwicklung und Bewertung von CIM-Systemen auf der Basis teilautonomer flexibler Fertigungsstrukturen (Fertigungsinseln). Im Rahmen der interdisziplinären, anwendungsorientierten Forschung wird nach Problemlösungen für die Fabrik der Zukunft in den Bereichen Technik, Arbeitsgestaltung, Organisation, Qualifikation und soziopolitische Kompatibilität gesucht. Das Spektrum der beteiligten Disziplinen reicht dabei von Maschinenbau und Arbeitswissenschaften über Psychologie und Betriebswirtschaftslehre bis hin zu Soziologie, Politikwissenschaft und Mathematik.

Josef Schmid/
Ulrich Widmaier (Hrsg.)

Flexible Arbeitssysteme im Maschinenbau

Ergebnisse aus dem Betriebspanel des Sonderforschungsbereichs 187

Springer Fachmedien Wiesbaden GmbH 1992

ISBN 978-3-322-95911-9 ISBN 978-3-322-95910-2 (eBook)
DOI 10.1007/978-3-322-95910-2

Ursprünglich erschienen bei Leske + Budrich, Opladen 1992

Inhalt

I. Einleitung

Josef Schmid / Ulrich Widmaier

Neue Informationstechnologien und darauf aufbauende flexible Arbeitssysteme in der industriellen Produktion werden seit einigen Jahren unter Wissenschaftlern, Politikern, Arbeitgebern und Arbeitnehmern intensiv diskutiert. Bis heute werden die Folgen des massierten Einzugs des Computers in die Arbeitswelt zwiespältig eingeschätzt: Sehen die einen das Ende der Arbeitsteilung am Horizont, so drohen für die anderen Neotaylorismus und Arbeitslosigkeit durch Automatisierung. Selbst eine vom Bundesminister für Forschung und Technologie ins Leben gerufene Expertenkommission aus Forschung und Praxis konstatiert bezogen auf die computerintegrierte Fertigung (CIM) sowohl ein beachtliches Maß an Risiken wie auch Chancen.

Eine der unseres Erachtens elementaren Ursachen für die Divergenz der Beurteilungen bzw. für die Schwierigkeit, verläßliche Aussagen über Auswirkungen und Entwicklungstrends zu gewinnen, stellt der Mangel an repräsentativen empirischen Daten dar. Dies hängt eng mit der in der Realität vorfindbaren Unübersichtlichkeit an Einsatzformen, Wechselwirkungen und Folgen von Technik und Arbeit in den Betrieben zusammen, die man in der Literatur meist mit Hilfe von Fallstudien und/oder begrenzten Stichproben zu erfassen sucht. Angesichts der erhöhten Wahlfreiheiten und Entkoppelungstendenzen von Technikeinsatz und dessen Folgen gerät diese Methode an ihre Grenzen, da schon im Nachbarbetrieb eine andere Kombination von Technikausstattung und Arbeitsorganisation anzutreffen sein kann.

A. Inhalte und Ziele der Panelstudie

Die "Panelstudie zur technischen, betrieblichen, wirtschaftlichen und sozialen Entwicklung beim Einsatz flexibler Arbeitssysteme in der gewerblichen Wirtschaft" im Teilprojekt Z-2 des Sonderforschungsbereichs 187 an der

Ruhr-Universität Bochum versucht, durch eine repräsentative Umfrage im gesamten westdeutschen Maschinenbau dieses Defizit zu verringern. Repräsentativität auf der Grundlage einer großen Stichprobe unterscheidet das Projekt auf der einen Seite von den vielfach durchgeführten Betriebsfallstudien. Auf der anderen Seite hebt sich das Vorgehen durch den expliziten Theoriebezug und die Breite der verfolgten Fragestellung von den bekannten Umfragen zur Verbreitung von Techniken diverser Marktforschungsinstitute ab. Die knapp 6000 Betriebe des gesamten westdeutschen Maschinenbaus (alte Bundesländer) wurden 1991 um die Beantwortung des Erhebungsbogens gebeten - durchgeführt wurde die Erhebung durch die Gesellschaft für Markt- und Konsumforschung, Nürnberg. Rund 2500 Betriebe haben zumindest den ersten Fragebogen beantwortet (vgl. dazu den Beitrag von Hauptmanns/Seitz in diesem Band). Gegenstand der Studie waren die folgenden Bereiche:

- die Determinanten des betrieblichen Technikeinsatzes,
- der Zusammenhang zwischen dem Einsatz von Fertigungstechniken und Formen der Arbeitsorganisation,
- die Auswirkungen neuer Informations- und Kommunikationstechnologien (CIM).

Während auf Individual- oder Haushaltsebene insbesondere längerfristige Paneluntersuchungen - z.B. der Mikrozensus oder das Sozio-Ökonomische Panel - inzwischen zu einer festen Datenbasis für die sozialwissenschaftliche Forschung geworden sind, und auch Paneluntersuchungen von geringerem Umfang und Wellenzahl zunehmend eingesetzt werden, gilt für Betriebspanel nach wie vor, daß "Paneluntersuchungen dieser Art bisher kaum unternommen wurden" (Mayntz u.a.). In den letzten Jahren hat zwar die Zahl kommerzieller Betriebspanel zugenommen, allerdings werden deren Ergebnisse und methodische Anlagen i.d.R. nur den Auftraggebern zugänglich gemacht und sind somit für die wissenschaftliche Öffentlichkeit nicht verfügbar. Erst in jüngster Zeit - mit zunehmender Bedeutung der an Technik und Technikfolgen orientierten Forschung - werden verschiedene wissenschaftliche Paneluntersuchungen mit Betrieben als Untersuchungsgruppe durchgeführt. Die Übersicht des Instituts für Arbeitsmarkt- und Berufsforschung führt z.Z. sieben laufende Betriebspanel mit wissenschaftlicher Ausrichtung in der Bundesrepublik auf. Im Bereich der Industrie- bzw. Betriebssoziologie ist das NIFA-Panel eine Ausnahme. Die empirische Basis der industriesoziologischen Diskussion wurde bisher nahezu ausschließlich durch Fallstudien gebildet, quantitative Erhebungen werden nur in wenigen Ausnahmefällen durchgeführt (z.B. die Erhebungen des ISF-München). Das SOFI in Göttingen führt mit seinem "Trendreport" zwar eine Längsschnittanalyse auf Arbeitsplatzebene in ausgewählten Betrieben durch, eine Panelerhebung mit Betrieben als Untersuchungseinheiten ist dagegen erst mit dem NIFA-Panel Bestandteil der sozialwissenschaftlichen Technikforschung geworden (vgl. dazu den Beitrag von Hauptmanns/Seitz in diesem Band).

Im Rahmen des interdisziplinär angelegten Sonderforschungsbereichs 187 "Neue Informationstechnologien und flexible Arbeitssysteme. Entwicklung und Bewertung rechnergestützter Produktionssysteme auf der Basis teilautonomer flexibler Fertigungsstrukturen" sollen durch die Panelstudie die Realisierung von technischen und organisatorischen Gestaltungskonzepten abgeschätzt, Kompatibilitätsprobleme untersucht, die Übertragbarkeit der Ergebnisse von Fallstudien und von experimentellen Erprobungen überprüft und Adaptions- und Folgeprobleme von CIM ermittelt werden. Dabei geht es insbesondere darum, Einsatzbedingungen und -eignungen für flexible Arbeitssysteme aus der empirisch vorfindbaren Realität der Betriebe des deutschen Maschinenbaus abzuschätzen. Grundlegende Zielvorstellung des SFB 187 bilden folgende Elemente:

- die produktorientierte Zusammenfassung von Arbeitsplätzen und Produktionsmitteln bzw. die Einrichtung von Gruppenarbeit in Fertigungsinseln,
- die Verbindung und der Erhalt qualifizierter Arbeit, insbesondere qualifizierte Facharbeit, mit dem Einsatz moderner computerunterstützter Produktionstechnologie,
- die flexible Vernetzung teilautonomer, dezentral gesteuerter Arbeitseinheiten und damit ein Abbau zentraler Steuerung von Produktionsabläufen,
- die informationstechnisch und organisatorisch flexible Integration von Konstruktions-, Planungs- und Fertigungsbereichen.

B. Auswertungen der ersten Welle

In den in diesem Band zusammengefaßten Beiträgen der Projektmitarbeiterinnen und -mitarbeiter werden Ergebnisse aus der ersten Erhebungswelle dargestellt. Zugleich werden aktuelle wissenschaftliche Debatten aufgenommen und einer ersten empirischen Überprüfung unterzogen. Allgemeinere und weiterreichende theoretische Grundlagen und Bezugspunkte sind in einer früheren Publikation von Lehner/Schmid (1992) präsentiert worden. Dabei handelt es sich aus verschiedenen Gründen eher um einen Zwischen- und Werkstattbericht als um eine abgeschlossene Forschungsdokumentation. So dient eine Panelerhebung insbesondere der Erfassung von Verlaufsmustern, die durch wiederholte Erhebungen - wie in unserem Fall in fünf jährlichen Wellen - ermöglicht wird. Die vorliegenden

Daten und Interpretationen stellen jedoch zunächst "nur" Querschnittsauswertungen dar. Ferner lassen sich Datensätze mit einer großen Zahl von Variablen nicht so schnell vollständig auswerten, zumal die Empirie sich der Bestätigung manch theoretisch plausibler und liebgewonnener Hypothesen häufiger widersetzt.

Der zur Zeit noch eher explorative Charakter unserer Ergebnisse hat jedoch auch und vor allem wichtige theoretische Ursachen. Nachdem in der industriesoziologischen Diskussion die Determination von Arbeitsorganisation durch Technik oder ökonomische Zwänge verabschiedet worden ist, sind vielfältige Ausprägungen und Gestaltungsformen von technisch-arbeitsorganisatorischen Indikatoren geradezu zu erwarten. Die Heterogenität der vorfindbaren Einsatzmuster von Technik und Arbeit empirisch nachzuzeichnen, ist damit eine erste - und gemessen am methodischen Anspruch der Studie - nicht zu unterschätzende Aufgabenstellung, die in diesem Band zu leisten ist. Ferner taucht unter diesen Bedingungen bei statistischen Assoziationsmaßen häufig das Problem auf, daß zwischen theoretisch zentralen Variablen nur noch begrenzt signifikante Zusammenhänge festzustellen sind. Die Ursachen dafür bei verschiedenen Variablen genauer zu untersuchen und damit einen Beitrag für die empirische Ausfüllung des Kontinuums zwischen Determinismus und Voluntarismus zu leisten, stellt eine zweite Fragestellung des Bandes dar. Drittens wird der Versuch unternommen, die Auswirkungen unterschiedlicher Kontexte auf die Beziehungen zwischen Variablen zu untersuchen. Dem liegt der Gedanke zugrunde, daß sich aus den Daten spezifische Zusammenhangsmuster oder Betriebstypen bilden lassen, die jeweils durch eine spezifische Logik und Struktur gekennzeichnet sind. Solche Überlegungen erfordern allerdings sehr viel weiterreichende theoretische und statistische Bemühungen, als sie in der Kürze der Zeit möglich waren. Insofern ist die Veröffentlichung unserer Zwischenergebnisse auch ein Versuch, frühzeitig Transparenz zu schaffen und eine breitere Diskussion zu initiieren.

C. Zum Aufbau des vorliegenden Bandes

Der Band selbst gliedert sich in vier Bereiche, die einer zunehmenden Komplexität der Argumentation folgen. Im ersten Bereich wird das Projekt Z-2 im Rahmen des SFB 187, der Aufbau der Erhebung und die methodischen Grundlagen vorgestellt. In diesen Beiträgen wird einerseits der Inhalt des Fragebogens und die zugrundeliegenden Überlegungen dargestellt (Flimm/Saurwein), andererseits wird über das methodische Vorgehen und die Qualität der erhobenen Daten berichtet (Hauptmanns/Seitz).

Der zweite Teil des Bandes bietet erste Darstellungen und grundlegende Auswertungen über wichtige Aspekte rechnerintegrierter Fertigung. Hierzu zählen insbesondere Analsen zur Verbreitung von computergestützten Techniken (Hauptmanns/Saurwein/Dye) sowie arbeitsorganisatorische und qualifikatorische Grundmuster (Ostendorf/Seitz). Als Referenzgesichtspunkt der Untersuchungen dient hierbei vor allem die Fragestellung des SFB 187, deshalb wird das Thema Gruppenarbeit gesondert dargestellt (Saurwein).

Im dritten Abschnitt wird versucht, die Daten stärker auf ausgewählte theoretische Probleme der Organisationsforschung (Ostendorf/Schmid) bzw. der Industriesoziologie (Freriks/Hauptmanns/Schmid) zu beziehen, sowie auf verschiedenen Analyseebenen Kontexteffekte, Voraussetzungen und Auswirkungen unterschiedlicher Formen von Technik und Arbeit mit komplexeren Auswertungsverfahren zu untersuchen. Hierzu zählen die Erfassung vielfältiger Formen der Arbeitsorganisation (Freriks/Widmaier), Qualifikation (Hauptmanns/Seitz/Widmaier) sowie von Auswirkungen auf Beschäftigung (Widmaier/Dye) oder von regionalen Verdichtungen (Rogalski/Scharfenorth/Freriks).

Schließlich werden im vierten Teil über die Betriebsebene hinausgehende Schlußfolgerungen und Perspektiven der präsentierten Ergebnisse entwickelt, die sich zum einen auf theoretische Konsequenzen des komplizierten Beziehungsgefüges zwischen Technik und Arbeit sowie Betrieb und Umwelt (Freriks/Schmid) und zum anderen auf die arbeits- und tarifpolitischen Bedingungen einer zunehmenden Diffusion teilautonomer flexibler Fertigungsstrukturen (Widmaier/Schmid) konzentrieren.

Das NIFA-Panel: Aufbau und Methode

II. Aufbau und Struktur des NIFA-Panels

Carl Flimm / Rainer G. Saurwein

A. Einleitung

Die Einführung flexibler Arbeitssysteme auf der Basis teilautonomer flexibler Fertigungsstrukturen ist mit vielschichtigen Problemen der wechselseitigen Anpassung technischer, wirtschaftlicher, sozialer und politischer Strukturen in Betrieben und Unternehmen verbunden. Zudem ergeben sich Probleme der Kompatibilität zwischen betrieblichen und überbetrieblichen Strukturen.

Zentrale Aufgabe des an der Ruhr-Universität Bochum eingerichteten Sonderforschungsbereiches 187 ist die Entwicklung und Bewertung computergestützter und rechnerintegrierter Produktionssysteme auf der Basis teilautonomer flexibler Fertigungsstrukturen. Das Projekt Z-2 soll Instrumente, Daten und Analysen für die Überprüfung von Annahmen und Hypothesen, die Abschätzung der Realisierung und Vereinbarkeit von technischen und organisatorischen Gestaltungskonzepten, die Überprüfung der Übertragbarkeit von Ergebnissen aus Intensivfallstudien und experimentellen Erprobungen und die Ermittlung von Adaptions- und Folgeproblemen bereitstellen. Dabei geht es insbesondere darum, Einsatzbedingungen und -eignungen für flexible Arbeitssysteme aus der empirisch vorfindbaren Realität der Betriebe des deutschen Maschinenbaus abzuleiten. Ziel ist es, auf einer relativ breiten empirischen Basis repräsentative/quantitative Aussagen zum Stand und zur Entwicklung in den folgenden Bereichen zu leisten.

- Betrieblicher Einsatz computergestützter Techniken:
  Hier geht es darum, Geschwindigkeit, Struktur und Richtung der Diffusion neuer Informations- und Bearbeitungstechniken zu beobachten.
- Muster und Formen der betrieblichen Arbeitsorganisation:
  Es geht dabei um systematisierte und kumulierte Analysen zur fachli-

chen und funktionalen Arbeitsteilung unter dem Einfluß von konventionellen und modernen computergestützten Techniken.

- Personalpolitik und Qualifikation:
  Der dritte Themenkomplex richtet sich auf die personalwirtschaftlichen Maßnahmen und Veränderungen im Zusammenhang mit den jeweils in den Betrieben vorfindbaren technisch-arbeitsorganisatorischen Konfigurationen.

Entsprechend diesen inhaltlichen Hauptzielen wird im folgenden das Erhebungsprogramm des Betriebs-Panels - "Neue Informationstechnologien und flexible Arbeitssysteme" (im folgenden kurz: NIFA-Panel) - in seinen Grundzügen näher erläutert und begründet.

B. Stand und Entwicklung des betrieblichen Einsatzes computergestützter Technik(en)

Im Mittelpunkt des Themenbereichs betrieblicher Einsatz computergestützter Technik(en) steht zunächst der Aspekt der Diffusion von Informations- und Bearbeitungstechniken in der Fertigung, Montage sowie den produktionsnahen Diensten.

Das Wissen um die Verbreitungszahlen der sog. CA-Techniken auf der Basis einer repräsentativ angelegten Mehrfach-Befragung in der Branche des Maschinenbaus ermöglicht Übersichten zum Stand und zur zeitlichen Entwicklung der Anwendung verschiedener rechnergestützter Produktionstechniken. Das Forschungsprojekt Z-2 orientiert sich bei den einzelnen zu erfassenden Technikkomponenten und -systemen an der - sich weithin durchgesetzten - Empfehlung des Ausschusses für wirtschaftliche Fertigung (vgl. AWF 1985). Damit ist gleichzeitig eine hohe Vergleichbarkeit mit der vom Rationalisierungs-Kuratorium der Deutschen Wirtschaft (RKW) in Auftrag gegebenen Industriebefragung des Instituts für Sozialwissenschaftliche Forschung (ISF München) aus dem Jahr 1986 (vgl. Schultz-Wild u.a. 1989) sowie mit Untersuchungen des Fraunhofer-Instituts für Systemtechnik und Innovationsforschung (vgl. ISI 1989) gewährleistet. Durch diese Vorgehensweise werden systematisierte und kumulierte Aussagen zur Geschwindigkeit, Struktur und Richtung der Diffusion moderner Informations- und Bearbeitungstechniken gewonnen.

Über die Verbreitungszahlen hinaus wird dem qualitativ neuartigen Anwendungspotential der modernen Bearbeitungs- und Informationstechniken in Form dreier konstituierender Merkmale, nämlich Automatisierung, Flexibilität und Integration, im Erhebungsprogramm des NIFA-Panels Rechnung getragen. Damit einher geht auch der Versuch, die nach wie vor bestehenden Probleme der Unsicherheit über eine von allen Befragten gleiche Technikdefinition wie auch die häufig mangelnde Information über die Breite und das technische Niveau der Nutzung im Unternehmen, das sich selbst als Anwender charakterisiert, ein Stück weit aufzufangen bzw. zu minimieren.

1. Die Komponente Automatisierung

Die Automatisierung bezieht sich auf das Niveau der Eigensteuerung technischer Systeme. Analytische Hilfsmittel und Vorgehensweisen zur Ermittlung des Automatisierungsgrades nehmen als Ausgangspunkt häufig die funktionale Analyse, d.h., es wird die Anzahl automatisierter, ohne das Eingreifen von Personal selbsttätig ausgeführter Funktionen in Relation zur Gesamtzahl der innerhalb eines Produktionssystems bzw. einer ganzen Produktionsstätte anfallenden Tätigkeiten gesetzt (vgl. Eversheim u.a. 1986, S. 551). Eine derartig detaillierte Bestimmung des Automatisierungsgrades ist im Rahmen einer standardisierten Befragung nicht praktikabel. Für das Erhebungsprogramm des NIFA-Panels wurde deshalb aus der Vielzahl der im Rahmen des betrieblichen Leistungserstellungsprozesses anfallenden Funktionen eine Auswahl getroffen. Berücksichtigt wurden Tätigkeitskomplexe, die von allgemeiner und genereller Bedeutung für die Produktion im Maschinenbau sind. Diese reichen von der Zeichnungserstellung und -verwaltung im Konstruktionsbüro über die Mengen- und Terminplanung bis hin zur Bearbeitung, Handhabung und Lagerung von Material, wobei von den befragten Betrieben anzugeben ist, welche Funktionen ganz bzw. teilweise durch computergestützte Techniken unterstützt werden. Im Zusammenhang mit der Erfassung einzelner Techniklinien ist es möglich, ansatzweise Aussagen über den Umfang der Nutzung informations- und maschinentechnischer Automatisierungskomponenten zu treffen.

Für den Bereich der Fertigung haben insbesondere die Funktionen Teileherstellung und Bearbeitung, Werkzeugwechsel, Beschickung, Zuführung und Handhabung von Werkstücken, Transport der Werkstücke zwischen den Maschinen, numerische Steuerung mehrerer Bearbeitungsmaschinen und die Erfassung von Maschinen- und Auftragsfortschrittsdaten zentrale Bedeutung. Daraus läßt sich ein erster grober Automatisierungsgrad mit den folgenden Stufen bilden:

- Stufe 1: Der Mensch bearbeitet ein Werkstück unter Zuhilfenahme eines Werkzeugs bzw. einer (konventionellen) Werkzeugmaschine, der Prozeß läuft aber nicht selbsttätig ab.
- Stufe 2: Der Bearbeitungsprozeß läuft automatisch ab.
- Stufe 3: Fertigungsprozeß und Werkzeugwechsel laufen automatisch ab.

- Stufe 4: Fertigungsprozeß, Werkzeug- und Werkstückwechsel laufen automatisch ab.
- Stufe 5: Fertigungsprozeß, Werkzeug- und Werkstückwechsel sowie die Transporte zwischen den Maschinen werden selbsttätig vom technischen System durchgeführt.
- Stufe 6: Ergänzend zu den in der vorhergehenden Stufe automatisierten Funktionen wird die automatische Datenverteilung und Datenrückmeldung installiert.

Der so ermittelte Automatisierungsgrad der mechanischen Fertigung orientiert sich an dem jeweils im Betrieb eingesetzten technisch anspruchsvollsten System. Damit ist aber noch nichts über die Breite bzw. Reichweite des Einsatzes computergestützter Techniken gesagt. Das NIFA-Erhebungsprogramm fragt daher zusätzlich nach dem prozentualen Anteil numerisch gesteuerter Bearbeitungsmaschinen an allen eingesetzten Anlagen sowie nach dem mit diesen Maschinen erzielten Anteil an der gesamten Wertschöpfung. Dieser Modernisierungsindikator gibt Auskunft über die Anwendungsintensität fortgeschrittener Technik im Fertigungsbereich.

2. *Die Komponente Flexibilität*

Die fertigungstechnische Flexibilität ist ein Ausdruck dafür, ob, in welchem Umfang und wie schnell die Leistung der Produktionseinrichtungen an unterschiedliche bzw. veränderte Produktivaufgaben angepaßt werden kann (vgl. Zäpfel 1989, S. 268). Eine allgemein gültige Skala zur Ermittlung des Flexibilitätsgrades eines Produktionssystems bzw. einer ganzen Produktionsstätte gibt es nicht. Die Flexibilität ist lediglich über Hilfsgrößen bestimmbar, z.B. durch den im Rahmen einer Nutzwertanalyse in Geld- oder Zeiteinheiten ermittelten Anpassungsaufwand, der bei geänderten Betriebsbedingungen anfällt. Ein derartiges Vorgehen ist jedoch im Rahmen einer standardisierten Breitenerhebung nicht durchführbar. Der Fragebogen des NIFA-Panels berücksichtigt vielmehr aktuelle und zukünftige Flexibilitätsbedarfe der Betriebe, die über die bestehenden und erwarteten Anforderungen an den betrieblichen Leistungserstellungsprozeß ermittelt werden. Zur Erfassung aktueller Flexibilitätsbedarfe dienen u.a. die Fragen zum Produktionsprogramm und zur Produktstruktur, insbesondere zur Zahl der hergestellten Produkte/Produktgruppen, zur Organisation der Fertigung, zur Fertigungsart und zum Standardisierungsgrad der Erzeugnisse.

Neuere empirische Untersuchungen zeigen, daß die Branche des Maschinenbaus im Hinblick auf produkt- und produktionsstrukturelle Merkmale wenig homogen ist. Zwar trifft auf 50 Prozent der Maschinenbaubetriebe zu, "daß sie (1) nach dem Werkstättenprinzip fertigen, (2) Einzelstücke bzw. kleine Serien von (3) Produkten mit zumeist komplexer Struktur als (4) Programmerzeugnisse mit kundenspezifischer Variation oder nach Kundenspezifikation herstellen" (Schultz-Wild u.a. 1989, S. 50), jedoch lassen sich unabhängig von Betriebsgrößeneffekten neben dieser "typischen Konstellation" des bundesdeutschen Maschinenbaubetriebs auch gänzlich andere Produktionsbedingungen bis hin zur Massenfertigung standardisierter Erzeugnisse in Fließ-/Reihenfertigung konstatieren. Zur Charakterisierung der betrieblichen Leistungserstellung und sich daraus ergebender konkreter Flexibilitätsbedarfe sollen die insbesondere in der betriebswirtschaftlichen Literatur entwickelten Produktionstypologien (vgl. z.B. Große-Oetringhaus 1974) geprüft und weiterentwickelt werden.

Die Erfassung zukünftiger Flexibilitätsbedarfe zielt darauf ab, aus der Einschätzung der voraussichtlichen Produktstrukturentwicklung die Anforderungen an die wichtigsten Dimensionen der Fertigungsflexibilität, also z.B. Umrüst-, Umbau- oder Objektflexibilität (vgl. Eberwein 1989, S. 8ff.), abzuleiten. Weicht die zukünftig erwartete Entwicklung des Produktionsprogramms und der Absatzmarktbedingungen von der aktuellen Situation der betrieblichen Leistungserstellung und -verwertung ab, sind betriebliche Anpassungsmaßnahmen erforderlich, wobei durch die tendenzielle Polarität von Flexibilität und Kosten eine betriebliche Prioritätensetzung hinsichtlich der einzelnen Flexibilitätskomponenten erforderlich ist.

3. *Die Komponente Integration*

Neben der Flexibilisierung und Automatisierung ist die Integration das dritte konstituierende Merkmal der modernen computergestützten Techniken. Die fertigungstechnische und -organisatorische Integration zeigt sich beispielsweise sowohl bei Ein-Maschinen-Systemen, die in der Lage sind, Werkstücke in einer Aufspannung durch Integration mehrerer Bearbeitungsstufen weitgehend komplett zu bearbeiten, als auch bei Mehr-Maschinen-Systemen, die eine durch Produktgruppen bzw. sog. Teilefamilien strukturierte Gruppen-/Zentrenfertigung erlauben. Eine diskrete und wenig verkoppelte mehrstufige Produktion, die für weite Teile des Maschinenbaus charakteristisch ist, wird so ein Stück weit durch eine "Strategie des Fließens" (Pries u.a. 1990, S. 41) ersetzt. Neben der verfahrensbezogenen Integration und produktbezogenen Fertigungsorganisation rückt seit Beginn der 80er Jahre unter dem Stichwort CIM (Computer Integrated Manufacturing) die integrierte Informationsverarbeitung von technischen und administrativen Aufgaben von der Auftragsannahme bis zum Versand in den Mittelpunkt der Diskussion. Voraussetzung für eine rechnerintegrierte Fertigung, die eine Durchgängigkeit und Transparenz sowohl des Informations- als auch des Materialflusses gewährleisten soll, ist die Schaffung einer einheitlichen Datenbasis, d.h. die Integration einzelner Datenbestände in eine einheitliche Datenbank. Weitere Grundelemente einer CIM-Architektur sind ein Datenübertragungssystem sowie vereinbarte Datenschnittstellen, die einen kontinuierlichen und wechselseitigen Datenfluß zwischen der Datenbasis und den einzelnen betrieblichen Funktionsbereichen ermöglichen (vgl. Brödner 1985, S. 151). Zentraler Bestandteil der Panel-Studie ist die Ermittlung des Einsatzes integrierter Rechneranwendungen, d.h. die Frage nach dem Stand der informationstechnischen Vernetzung und der computergestützten Integration verschiedener mit der Produktion zusammenhängender Betriebsbereiche. Das Augenmerk richtet sich dabei ausschließlich auf die innerbetrieblichen Vernetzungslinien, z.B. CAD/CAM oder CAD/CAP sowie auf Systeme der Produktionsplanung und -steuerung, die ja für sich allein betrachtet schon vernetzende Systeme darstellen.

Bei der Bestimmung eines Integrationsgrades für die mechanische Fertigung eines Betriebes ist in einem ersten Schritt zwischen dem Ausmaß der Integration innerhalb der mechanischen Fertigung und dem Grad der informationstechnischen Integration zu den fertigungsvor-, neben- und nachgelagerten Produktionsbereichen zu unterscheiden. Während für letztere Untersuchungsdimension die Zahl der realisierten informationstechnischen Vernetzungslinien zu Systemen der Entwicklung und Konstruktion (CAD), Produktionsplanung und -steuerung (PPS), Arbeitsplanung und -programmierung (CAP) und Qualitätssicherung (CAQ) als grober Indikator herangezogen werden kann, gestaltet sich die "Messung" des Integrationsgrades innerhalb der mechanischen Fertigung aufgrund der Vielzahl zu berücksichtigender Faktoren von vornherein weitaus schwieriger. Zu beachten sind dabei insbesondere die folgenden Aspekte:

- Umfang und Breite des Einsatzes computergestützter Bearbeitungstechniken zur weitgehenden Komplettbearbeitung von Werkstücken (v.a. Bearbeitungszentren, FFZ/FFS, flexible Transferstraßen);
- Installation von DNC-Systemen;
- überwiegende Anordnung der computergestützten Bearbeitungsmaschinen und/oder Handhabungsgeräte (Objekt- versus Verrichtungsprinzip);
- prozentualer Anteil von Fertigungsorganisationsformen der Gruppen-/ Zentrenfertigung und Fließ-/Reihenfertigung.

Zum Themenkomplex "Stand und Entwicklung des betrieblichen Einsatzes computergestützter Technik(en)" gehören im weitesten Sinne auch eine Reihe von Fragen, die sich auf die zuletzt eingeführte technische Komponente beziehen. Die Panel-Studie kann keine Akteursperspektive einnehmen, d.h. Untersuchungsgegenstand sind weder die Handlungsorientierungen und -strategien der in betrieblichen Innovationsprozessen agierenden Personen und Gruppen, noch Aushandlungs- und Auseinandersetzungsprozesse im Betrieb. Gleichwohl wird die Akteursgebundenheit der Entscheidungsprozesse beim Einsatz neuer Technologien aufgegriffen, indem nach den unterschiedlichen, am Planungs-, Beschaffungs- und Umsetzungsprozeß beteiligten internen und externen Akteuren gefragt wird. Aussagen zur Reichweite der Einflußnahme bzw. Beteiligung sind dabei allerdings nur begrenzt möglich. Ebenfalls bezogen auf das zuletzt eingeführte technische System geht das Erhebungsprogramm des NIFA-Panels zudem näher auf zentrale Beschaffungskriterien sowie auf Gründe bzw. Zielsetzungen für den Technikeinsatz ein.

Für all die Betriebe, die in der Produktion keine computergestützte Technik einsetzen, wird - unter Berücksichtigung der prinzipiellen Einsetzbarkeit - ermittelt, ob der bisherige Nicht-Einsatz eher angebotsbedingt ist (z.B. unzureichendes Marktangebot, Fehlen technischer Normen und Standards) oder eher aus Gründen erfolgt, die im Unternehmen liegen (u.a. Finanzierungsprobleme, Know-how-Defizit im Personalbereich).

C. Stand und Entwicklung betrieblicher Arbeitsorganisation

Im Mittelpunkt der Analyse arbeitsorganisatorischer Gestaltungspotentiale und deren betrieblicher Nutzung im Zusammenhang mit dem Einsatz moderner Fertigungs- und Informationstechniken stehen die Dimensionen der fachlichen und funktionalen Arbeitsteilung (vgl. Köhler/Hirsch-Kreinsen 1989, S. 73; Pries u.a. 1990, S. 62).

Die funktionale Arbeitsteilung bezeichnet das Ausmaß der Arbeitszerlegung zwischen Fertigungs-/Werkstattbereich und den fertigungsvor-, parallel- und nachgelagerten Abteilungen wie den Arbeitsvorbereitungs- und EDV-Büros sowie den sonstigen fertigungsnahen Service-Dienststellen (Instandhaltung, Qualitätswesen, Vorrichtungsbau usw.). Die funktionale Arbeitsteilung entscheidet somit über das der Werkstatt zugewiesene Spektrum von Tätigkeiten bzw. Arbeitsaufgaben.

Die Arbeitsorganisation regelt die betrieblichen Aufgabenschneidungen zu Funktionsbereichen/Abteilungen und Arbeitsplätzen/Stellen. Dabei ist die arbeitsteilige Abgrenzung von Aufgabenkomplexen i.d.R. nicht scharf gezogen, sondern die Aufteilung der Gesamtheit der zur Durchführung des Produktionsprozesses notwendigen Arbeitsaufgaben auf Tätigkeitsgruppen und betriebsorganisatorische Ressorts ist ein äußerst komplexes Beziehungsgefüge mit fließendem Charakter. Das "System der fließenden Arbeitsteilung" (Schultz-Wild u.a. 1986, S. 166) ist gekennzeichnet durch lockere Grenzziehungen, überlappende Einsatzbereiche und wechselnde Aufgabenzuweisungen an Funktionsbereiche und Arbeitsplätze. Die Bewältigung von unerwartet und kurzfristig auftretenden Anpassungsproblemen, die durch wechselnde Anforderungen eines in sich komplexen Produktionsprozesses mit qualitativen und quantitativen Variationen der Auftragslage und unterschiedlichen Maschinen- und Personalverfügbarkeiten entstehen, erfordert immer wieder eine neue betriebliche Kombination von Arbeitskräfteeinsatz und Produktionsapparat. Die im Prinzip feste und auch für die Entlohnung zentrale Aufgabenzuordnung und Grenzziehung des Zuständigkeitsbereiches wird dabei gelockert bzw. zeitweise aufgelöst. Zudem spielen sich unterhalb der formalen Bedingungen und Regeln, nach denen die Arbeitsaufgaben im Produktionsprozeß aufgeteilt werden, informelle Arbeitsteilungsformen ein.

Die "formale Grundstruktur" (Georg/Kißler 1981, S. 51) der Arbeitsteilung, in der jeder Arbeitskraft ein bestimmtes Bündel von Tätigkeiten an einem bestimmten Arbeitsplatz innerhalb eines Funktionsbereichs eindeutig zugeordnet ist, wird in der betrieblichen Realität also immer nur annäherungsweise erreicht. Hierin gründet sowohl die weit verbreitete Skepsis bezüglich der Möglichkeit, wirklichkeitserschließende Befunde im Bereich der Arbeitsorganisation durch standardisierte Breitenerhebungen zu erlangen, als auch die Dominanz qualitativer Vorgehensweisen im Bereich der Analyse betrieblicher Formen des Arbeitskräfteeinsatzes, bei der auf der Basis einer i.d.R. kleinen Anzahl von Intensivfallstudien ein hoher Differenzierungs- und Präzisionsgrad erreicht wird (vgl. Manz 1990, S. 14f.). Andererseits wird die Anwendung einer "quantitativen Szenario-Technik" (Pries u.a. 1990, S. 1) auf arbeitsorganisatorische Strukturen und Prozesse als wünschenswert und notwendig erachtet, um auf der Grundlage systematisierter und kumulierter Analysen generelle Aussagen zum aktuellen Stand und zur zukünftigen Entwicklung von Technik und Arbeit zu ermöglichen.

Zur Erfassung der Dimensionen der fachlichen und funktionalen Arbeitsteilung enthält das Erhebungsprogramm des NIFA-Panels eine Reihe von Fragen. Dabei werden Formen des Arbeitseinsatzes an einzelnen computergestützten Bearbeitungsmaschinen und/oder Handhabungsgeräten (z.B. einfunktionale NC-/CNC-Maschinen, Bearbeitungszentren) sowie an komplexen Mehr-Maschinen-Systemen (z.B. flexible Fertigungssysteme, Transferstraßen) und konventionellen Maschinen separat festgehalten.

1. Die Dimension der fachlichen Arbeitsteilung

Die Untersuchung arbeitsorganisatorischer Gestaltungsspielräume und Entwicklungstendenzen unter dem Aspekt der Arbeitsteilung erfolgt in der fachlichen Dimension aus der Sicht der Maschinen- bzw. Systembediener als der größten Tätigkeitsgruppe innerhalb des Fertigungspersonals. Den Ausgangspunkt bildet ein auf die metallverarbeitende Fertigung zugeschnittenes Funktionsschema der im Rahmen des betrieblichen Leistungserstellungsprozesses zu bewältigenden Arbeitsaufgaben, das sich aus Gründen der Übersichtlichkeit auf die Darstellung von Funktionen zu beschränken hat, die - ungeachtet betriebsspezifischer Besonderheiten - von allgemeiner Bedeutung sind.

Tab. 1: Funktionen in der metallverarbeitenden Fertigung aus Sicht der Maschinenbediener

Prozeßsteuerung und -überwachung
Maschine umrüsten/einrichten
Werkstückhandhabung/Beschickung
Qualitätsprüfung/-kontrolle
Wartung/Inspektion
Instandsetzung
Einstellung von Werkzeugen/Vorrichtungen
Bereitstellung von Werkzeugen, Werkstücken und Materialien
Reinigung/Säuberung von Betriebsmitteln und Werkstücken
Erstellung von NC-Programmen
Überprüfung und Verbesserung von NC-Programmen

Zweifellos kann im Rahmen einer standardisierten Breitenerhebung keine detaillierte - auf arbeitsanalytische Verfahren gestützte - Ermittlung der Häufigkeit, Dauer und Anteiligkeit von Verrichtungen in diesen Tätigkeitsbereichen geleistet werden. Die hier angestrebte Aufgaben- und Tätigkeitsanalyse der Maschinen-/Systembediener an Ein- und - soweit vorhanden - Mehr-Maschinen-Systemen macht es jedoch möglich, strukturell gleichartige Konstellationen und Grundtypen des arbeitsorganisatorischen Einsatzes zu identifizieren.

Ausgehend von den "primären" Aufgaben der Bedienung/Überwachung und Werkstückhandhabung können in dem Arbeitsplatz der Maschinen-/Systembediener das Umrüsten/Einrichten des technischen Systems zur Bearbeitung eines bestimmten Werkstückloses sowie indirekte Produktions- und Serviceaufgaben - z.B. Qualitätsprüfung/-kontrolle, Inspektion und Wartung zur Bewahrung des Sollzustandes von technischen Mitteln eines Systems etc. - gebündelt werden. Von zentraler Bedeutung ist die Zuordnung programmbezogener Funktionen zu computergestützten Bearbeitungstechniken. Hier wird zwischen dem Optimieren, Korrigieren und Testen der NC-Programme einerseits und dem Erstellen der Programme andererseits differenziert.

Für die Beantwortung der Frage nach den selbständigen Steuerungsfunktionen und den daraus resultierenden Handlungsspielräumen von Maschinen-/Systembedienern kommt neben der Bestimmung des Aufgaben- und Tätigkeitsspektrums der Art und Weise der Arbeitszuteilung eine entscheidende Bedeutung zu. Prinzipiell sind dabei zwei Formen der Arbeitszuteilung zu unterscheiden (vgl. Manske/Wobbe 1987, S. 215f.):

Bei der Einzelsteuerung wird jeweils ein Auftrag zugeteilt. Bei der Bündelsteuerung werden mehrere Aufträge auf einmal vergeben, wobei die Maschinenbediener die Reihenfolge der Abarbeitung der einzelnen Aufträge im gegebenen Bündel nach eigenen Optimierungskriterien festlegen. Zwischen diesen beiden Formen der Arbeitszuteilung liegt die Bündelsteuerung mit Reihenfolgevorgabe, bei der ein Auftragsbündel in vorgegebener Sequenz ohne Variationsmöglichkeiten abzuarbeiten ist. Analog zur der Auftragsentgegennahme kann die Rückmeldung auch einzeln oder als Bündel erfolgen, wobei die Regelungen zur An- und Abmeldung nicht notwendig identisch sein müssen.

Das Erhebungsprogramm des NIFA-Panels berücksichtigt deshalb beide Aspekte, wobei allerdings bei Vorliegen einer Bündelsteuerung ohne Reihenfolgevorgabe keine Aussage bezüglich des Auftragsvolumens bzw. Zeithorizontes der zugewiesenen Aufträge getroffen werden kann.

2. *Die Dimension der funktionalen Arbeitsteilung*

Die Erfassung der funktionalen Arbeitsteilung und die Verortung der fertigungsvor-, neben- und nachgelagerten Tätigkeiten erfolgt aus der Sicht der Werkstatt. Auch hier bildet ein Funktionsschema den Ausgangspunkt der Analyse.

Tab. 2: Funktionen in der metallverarbeitenden Fertigung aus Sicht der Werkstatt

Material-/Mengenplanung
Durchlaufterminierung
Kapazitätsbedarfsrechnung
Kapazitätsabgleich
Feinterminplanung
Arbeitsverteilung
Auftragsüberwachung
Maschinenprogrammierung
Material-/Lagerdisposition
Qualitätssicherung
Instandhaltung

Ausgangspunkt ist die Frage nach Art und Umfang der Einbeziehung sekundärer Funktionen in den Bereich der eigentlich ausführenden Arbeit. Neben den direkt fertigungsbezogenen Aufgaben können die indirekten Produktions- und Serviceaufgaben (Qualitätssicherung, Instandhaltung etc.)

sowie die Aufgabe der Maschinenprogrammierung in das Tätigkeitsspektrum des Werkstattpersonals (re-)integriert sein. Der Begriff "Werkstattprogrammierung" stellt darauf ab, daß die programmbezogenen Funktionen innerhalb der Fertigungswerkstatt erfolgen. Die Verortung der NC-Programmierung in der Werkstatt ist jedoch nicht gleichzusetzen mit Bedienerprogrammierung, da die Maschinensteuerung auch anderen, darauf spezialisierten Gruppen des Werkstattpersonals als Aufgabe zugewiesen sein kann. Der Tätigkeitskomplex der Fertigungsplanung und -steuerung läßt sich in Abhängigkeit vom Planungshorizont in Grob- und Feinplanung untergliedern. Für den Maschinenbau betrachtet man im Zusammenhang mit der Feinplanung bzw. -terminierung - häufig auch mit Werkstattsteuerung bezeichnet - einen Planungshorizont von ein bis zwei Wochen (vgl. Wiendahl 1989, S. 217). Die Zuordnung und Aufteilung von Kompetenzen der kurz- und langfristigen Fertigungsplanung und -steuerung kann dabei eher in zentralisierter bzw. dezentralisierter Form erfolgen.

Faßt man die Dimensionen der fachlichen und funktionalen Arbeitsteilung zusammen und berücksichtigt in einem ersten Schritt lediglich das Aufgaben- und Tätigkeitsspektrum der Maschinen-/Systembediener einerseits und die in der Werkstatt lokalisierten dispositiven Funktionen andererseits, so ergibt sich ein Spektrum potentiell unterscheidbarer Formen der betrieblichen Arbeitsorganisation mit zwei diametral entgegengesetzten Anwendungs- bzw. Entwicklungsmöglichkeiten.

Zwischen den beiden extremen Polen eines arbeitsorganisatorischen Gestaltungsspielraumes bilden sich "synthetisierende Lösungen" (Hildebrandt/Seltz 1989, S. 72) heraus. Während zunächst die Dichotomisierung von alten (tayloristischen) und neuen (dezentral-ganzheitlichen) Produktionskonzepten in den Mittelpunkt trat, könnten nunmehr im Zusammenhang mit der These einer "Pluralität von Produktionskonzepten" (Schumann/Wittemann 1985, S. 39) die "Hinweise auf Ungleichzeitigkeiten und Variabilitäten" (Hilbert/Sperling 1990, S. 37) stärkeres Gewicht bekommen. Mehrheitliches Festhalten am Facharbeitereinsatz mit relativ breiten Aufgabenzuschnitten bei gleichzeitigem Ausbau der Trennung von dispositiven und operativen Funktionen einerseits, die Einebnung der funktionalen Arbeitsteilung durch Aufweichung der Grenzen zwischen den betrieblichen Funktionsbereichen bei weitgehender Aufrechterhaltung gesamtbetrieblich-zentraler Planung, Steuerung und Kontrolle andererseits deuten darauf hin, daß im Zuge der Einführung moderner Bearbeitungs- und Informationstechniken in der Branche des Maschinenbaus Neuschneidungen der fachlichen und funktionalen Arbeitsteilung erprobt werden, die die polare Zuordnung von Betrieben zu einem Modell der hohen bzw. niedrigen fachlich-funktionalen Arbeitsteilung erschweren (vgl. Hirsch-Kreinsen u.a. 1990).

Durch die Methode der Mehrfach-Befragung im Rahmen eines Panel-Designs wird es möglich, Geschwindigkeit, Struktur und Richtung der hier konzeptionell konstruierten technisch-arbeitsorganisatorischen Konfigurationen im Zeitverlauf empirisch zu überprüfen und zu analysieren. Durch ein Pendeln von induktivem und deduktivem Vorgehen sollen in einem iterativen Prozeß wirklichkeitserschließende und forschungspraktisch handhabbare Typologien gebildet werden, auf deren Grundlage Aussagen zum Stand und zur Entwicklung von Technik und Arbeit in Form praktischen Gestaltungswissens möglich sind.

3. *Teilautonome flexible Fertigungsstrukturen*

Eine arbeitsorganisatorische Variante muß vor dem Hintergrund eines CIM-Modells auf der Basis teilautonomer flexibler Fertigungsstrukturen und des darauf aufbauenden Forschungsprogramms des Sonderforschungsbereichs 187 gesehen werden. Zentrales Ziel ist es nämlich, Konzepte zu entwickeln und zu bewerten, die - einer ganzheitlichen Betrachtungsweise entsprechend - eine parallele betriebliche Planung von Technik, Organisation, Qualifikation und Arbeitsgestaltung beinhalten. Dem liegt ein Fertigungsinsel-Konzept mit Werkstatt-CIM zugrunde, das folgende Prinzipien der Gruppenfertigung beinhaltet:

- "Zusammenfassung von Werkstückgruppen, die mit den gleichen Betriebsmitteln gefertigt werden können, zu sogenannten Fertigungsfamilien;
- räumliche und organisatorische Zusammenfassung entsprechender Maschinen und sonstiger Betriebsmittel zur möglichst vollständigen Bearbeitung dieser Fertigungsfamilien (Objektprinzip);
- Übertragung möglichst aller den Ablauf vor Ort betreffenden betrieblichen Aufgaben, z.B. aus den Bereichen Arbeitsplanung, Terminsteuerung, Werkzeug- und Vorrichtungswesen sowie Qualitätswesen, an die Arbeitsgruppe" (vgl. AWF 1990, S. 17).

Das Fertigungsinsel-Konzept impliziert also die Auflösung des Verrichtungsprinzips zugunsten der produktorientierten Zusammenfassung der Arbeitsplätze. Als teilautonom werden dabei solche flexiblen Fertigungsstrukturen bezeichnet, die den Arbeitsgruppen über erweiterte horizontale Arbeitsinhalte, bedingt durch die breiteren berufsfachlich-funktionalen Anforderungen aufgrund der Komplettbearbeitung einer Teilefamilie, auch weitgehend vertikale Aufgabeninhalte, d.h. Planungs- und Dispositionskompetenzen, zuweisen.

Die Realisierung von Konzepten moderner Gruppen- und Teamarbeit bei der Entwicklung teilautonomer flexibler Fertigungsstrukturen und die Bewertung unterschiedlicher Gestaltungsformen sind wichtige Teilziele des Sonderforschungsbereichs 187. Das NIFA-Panel beinhaltet daher die Erfassung von Indikatoren, die Aussagen über den Stand und die Entwicklung von Gruppen- und Teamarbeitskonzepten im deutschen Maschinenbau zulassen.

In der deutschen Automobilindustrie werden heute bereits durch nahezu alle großen Hersteller Gruppen- bzw. Teamarbeitskonzepte in der Montage, aber auch in der Fertigung angewandt. Beispiele sind die Autoteilefertigung bei Volkswagen in Braunschweig und Kassel sowie die Synchronringfertigung bei OPEL Bochum. Allein im Bochumer OPEL-Werk sollen bis 1993 ca. 70 Prozent der Beschäftigten, das sind ca. 10.000 Mitarbeiter, in Arbeitsgruppen in der Fertigung und Montage tätig sein (vgl. Muster/Wannöffel 1989, S. 21).

In der Praxis des Maschinenbaus scheinen sich derartige Personaleinsatzformen jedoch weitaus zögerlicher durchzusetzen. Über einige Pilotprojekte hinaus liegen für die Masse der Branche diesbezüglich noch keine verläßlichen Daten vor. Bekannte Beispiele für die Anwendung alternativer Personaleinsatzformen sind Felten & Guilleaume in Nordenham (vgl. Kiehne/Kohl 1988), die Sulzer Weise GmbH in Bruchsal (vgl. Hardock 1989) und die Zahnradfabrik Friedrichshafen AG (vgl. Schultz-Wild 1986). Die Ergebnisse der in den letzten Jahren forcierten Forschungsbemühungen - in ihrer überwiegenden Zahl basierend auf Fallstudien - deuten gleichwohl auf eine zunehmende Diffusion derartiger teilautonomer flexibler Fertigungsstrukturen auch im Maschinenbau hin, obwohl einer breiten Anwendung aufgrund der begrenzten Fähigkeiten der Betriebe, durch Neueinstellungen und/oder Aus- und Weiterbildung die vorhandenen betrieblichen Strukturen zu verändern, nur geringe Chancen zugerechnet werden (vgl. Lutz 1990, S. 81). Der Sonderforschungsbereich 187 ist zur Evaluation von Arbeitseinsatzkonzepten jedoch an der tatsächlichen Verbreitung von Gruppenarbeitskonzepten im Maschinenbau und ihrer Entwicklung im Zeitverlauf interessiert (vgl. Saurwein in diesem Band).

D. Stand und Entwicklung personalwirtschaftlicher Maßnahmen und Qualifikation

Grundlage für die Einführung flexibler Arbeitssysteme auf der Basis teilautonomer flexibler Fertigungsstrukturen sind technische und arbeitsorganisatorische Innovationen. Technik und Arbeitsorganisation stehen dabei in einem sich wechselseitig beeinflussenden Zusammenhang: Durch eine vorhandene Technik werden arbeitsorganisatorische Gestaltungsspielräume definiert; umgekehrt wird durch eine vorhandene Arbeitsorganisation die beliebige Gestaltbarkeit des betrieblichen Technikeinsatzes eingeschränkt. Durch die zunehmende Diffusion flexibel automatisierter und rechnerintegrierter Produktionstechniken werden die Spielräume hinsichtlich der Gestaltung der Arbeitsorganisation, des Personaleinsatz und des Arbeitsplatzes offenbar noch weiter zunehmen (vgl. Cieplik/ Schmahl 1987; Lutz 1990).

Mit jeder betrieblichen Gestaltungsalternative von Technik und Arbeitsorganisation innerhalb des durch betriebliche Strukturen vorgegebenen Gestaltungskorridors, ist eine Veränderung der Personalqualifikationsanforderungen verbunden (vgl. Bauerdick u.a. 1990, S. 4). Eine hoch arbeitsteilige Betriebsstruktur mit zentraler Fertigungsplanung und -steuerung begünstigt Dequalifizierungstendenzen der direkten Produktionsarbeit bei einer weitgehenden Spezialisierung der fertigungsnahen Funktionen (z.B. Arbeitsvorbereitung, NC-Programmierung, Instandhaltung). Teilautonome flexible Fertigungsstrukturen dagegen ermöglichen auch in Verbindung mit einem höheren Automatisierungsniveau eine Requalifizierung der direkten Produktionsarbeit durch Aufgabenintegration in die Werkstatt.

Ungeachtet unterschiedlicher Thesen zur Qualifikationsentwicklung (Höherqualifikations-, Dequalifikations-, Polarisierungs-, Segmentierungsthese) (vgl. z.B. Kern/Schumann 1984) ist von einem kontinuierlich ansteigenden Qualifikationsniveau der Erwerbstätigen auszugehen. Ausschlaggebend ist die zunehmende Diffusion von computergestützten Technologien und teilautonomen flexiblen Fertigungsstrukturen. Die konsequenteste Form von teilautonomen flexiblen Fertigungsstrukturen ist die Fertigungsinsel zur Komplettbearbeitung einer Teilefamilie oder Baugruppe. Durch die Dezentralisierung der Produktionsstrukturen infolge der Zusammenfassung der für eine Komplettbearbeitung notwendigen Betriebsmittel, Mitarbeiter und Arbeitsfunktionen, entstehen Tätigkeitsinhalte auf hohem Qualifikationsniveau. Charakteristisch ist die Verlagerung von Funktionen der fertigungsnahen Bereiche (Fertigungssteuerung, Instandhaltung etc.) in das Aufgabenspektrum der Inselmitarbeiter.

Neben den durch technische und arbeitsorganisatorische Innovationen zur Flexibilisierung der Fertigung induzierten Qualifizierungsbedarfen kann eine durch betriebliche Akteure forcierte Erhöhung des Qualifikationsniveaus infolge der damit verbundenen Steigerung der Personaleinsatzflexibilität auch direkt zur Steigerung der Fertigungsflexibilität beitragen (vgl. Bauerdick u.a. 1990). Die Qualifizierung von betroffenen Mitarbeitern und somit der Faktor Personal spielt bei der Planung und Realisierung computergestützter Produktionsverfahren eine wachsende Rolle. Die Personalentwicklung und -qualifikation muß daher zukünftig verstärkt berücksichtigt werden, insbesondere im Planungsstadium von Innovationen (vgl. Schreuder 1989; Wildemann 1988).

Auf der Basis teilautonomer flexibler Fertigungsstrukturen mit Gruppenarbeit ist die Verbindung von qualifizierter Facharbeit mit modernen computergestützten Produktionstechniken und somit die Analyse von Problemen der Qualifikationsentwicklung, der Qualifikationsanforderungen und -potentiale, der Qualifizierungsmaßnahmen sowie entsprechender Personalentwicklungsstrategien und -instrumente zentraler Gegenstand des Sonderforschungsbereiches 187 der Ruhr-Universität Bochum. Die Erfassung von betrieblichen Maßnahmen im Bereich Personalwirtschaft und Qualifikation stellt daher den dritten inhaltlichen Themenbereich des NIFA-Panels dar.

Viele Qualifizierungsstudien beschränken sich bei der Ermittlung der Qualifizierungsintensität auf die Bezugsebene "Betrieb", ermitteln also die interbetriebliche Intensität, d.h., sie setzen die Zahl der qualifizierenden Betriebe ins Verhältnis zur Gesamtzahl der Betriebe. Mit der Frage nach der Zahl der Teilnehmer an Qualifizierungsmaßnahmen kann zusätzlich die intrabetriebliche Qualifizierungsintensität ermittelt werden, d.h. es werden Informationen gewonnen, die eine Antwort auf die Frage erlauben, wie groß - im Durchschnitt aller Betriebe - die zahlenmäßige Bedeutung der Teilnehmer an entsprechenden Qualifizierungsmaßnahmen im Verhältnis zu allen in der Fertigung beschäftigten Mitarbeitern ist.

Es ist zu vermuten, daß die interbetriebliche Qualifizierungsintensität relativ hohe Werte aufweisen wird, d.h. relativ viele Betriebe werden Qualifizierungsmaßnahmen in irgendeiner Form durchführen oder veranlassen. Insbesondere bei kleineren Unternehmen dürfte jedoch die Bereitschaft für Investitionen in die Weiterbildung der Belegschaft noch gering sein. Der Wert für die durchschnittliche intrabetriebliche Qualifizierungsintensität dagegen wird wahrscheinlich über alle Betriebsgrößen geringer ausfallen, d.h. nur ein relativ geringer Teil der betrieblichen Mitarbeiter in der Fertigung wird fort- bzw. weiterqualifiziert. Nach M. Pyper nehmen jährlich etwa 3,5 Mio. Beschäftigte an organisierten Weiterbildungsmaßnahmen auf Betriebskosten teil. Der ehemalige Bundesminister für Bildung und Wissenschaft, J. Möllemann, hielt dies angesichts des Bedarfs für zu wenig und beabsichtigte daher, die Weiterbildung zur "vierten Säule" des Bildungswesens auszubauen (Pyper 1988). Das NIFA-Panel soll umfassende Daten hinsichtlich des Standes und der Entwicklung der betrieblichen Qualifizierungsintensität in der Fertigung des Maschinenbaus liefern.

Über die Qualifizierungsintensität hinaus ist zu prüfen, welche Berufsgruppen im Rahmen entsprechender Maßnahmen berücksichtigt werden bzw. Qualifizierungs-Engagement aufweisen. Entsprechende Daten erlauben eine weitere Differenzierung der intrabetrieblichen Qualifizierungsintensität entsprechend unterschiedlicher Grundqualifikationen. Zusammen mit weiteren Einschätzungsfragen bezüglich der betrieblichen Qualifizierungsziele erlauben derartige Informationen Rückschlüsse auf die Strategien betrieblicher Aktivitäten im Bereich der Fort- und Weiterbildung. Hierdurch können z.B. Hinweise auf eine mögliche Polarisierung bzw. Segmentierung oder auch Harmonisierung der Fertigungsarbeit gewonnen werden.

Die Bewältigung der Aufgaben in teilautonomen flexiblen Arbeitssystemen bedingt eine umfassende berufliche Handlungskompetenz. Dazu reichen rein fachliche und funktionale Qualifikationen nicht mehr aus. Teamorientierte Anforderungen, Aufgaben der dezentralen Fertigungssteuerung und sonstige fertigungsnahe Funktionen erfordern zusätzlich sogenannte extrafunktionale Qualifikationen. Hinsichtlich der Frage nach den Themen der Qualifizierungsmaßnahmen wurde bewußt auf die Vorgabe von Antwortkategorien verzichtet, um die Zuordnung zu Kategorien aufgrund der begrifflichen Heterogenität später selbst vornehmen zu können. Denkbar erscheint beispielsweise ein Schema, das zwischen verschiedenen funktionalen und extrafunktionalen Qualifizierungsinhalten unterscheidet. Unter funktionalen Inhalten können beruflich-fachliche, technologiespezifische (die Technologie allgemein betreffend), systemspezifische (das Beherrschen spezieller Systeme betreffend) und informationstechnische Inhalte (EDV-Grundlagenkenntnisse betreffend) subsummiert werden. Extrafunktionale Qualifikationen sind darüber hinaus Methoden-, Problemlösungs-, Entscheidungs-, Lern- und Sozialkompetenzen (vgl. Schreuder 1989, S. 19).

Aus der Sicht der Betriebe wird Qualifizierung immer dann notwendig, wenn veränderte Tätigkeitsstrukturen veränderte Qualifikationsprofile erfordern. Mittlere, aber insbesondere kleinere Unternehmen sind in bezug auf die notwendige Zeitaufwendung für Weiterbildungsmaßnahmen strukturell benachteiligt. Sowohl die begrenzten betrieblichen Finanzressourcen als auch das in der Regel voll ausgelastete Zeitbudget stellen für die Durchführung von Qualifizierungsmaßnahmen zum Teil untragbare Härten dar. Bedingt durch einen allgemeinen Facharbeitermangel, auch im deutschen Maschinenbau, sind insbesondere kleine und mittlere Betriebe in weitaus stärkerem Maße als Großbetriebe auf das Eigen-Engagement ihrer Mitarbeiter und Schulungen von Herstellern und Verbänden (z.B. der IHK) angewiesen. Personalrekrutierung auf dem Arbeitsmarkt bleibt hier oft erfolglos. Sind Probleme bei der Deckung des Personalbedarfs vorhanden, so ist insbesondere von Interesse, bei welchen Berufsgruppen dies der Fall ist. In den Vorerhebungen des Teilprojektes Z-2 wurden seitens der betrieblichen Gesprächspartner fast immer Probleme bei der Rekrutierung von Facharbeitern beklagt. Für die Forcierung der auf Facharbeit basierenden teilautonomen Arbeitssysteme stellt eine derartige Unterversorgung ein ernstzunehmendes Hindernis dar. Für die Analyse der Entwicklung entsprechender Systeme und ihres arbeitsorganisatorischen Gestaltungsrahmens ist daher die Kenntnis der betrieblichen Gegenmaßnahmen sowie allgemeiner personalpolitischer Ziele unabdingbar.

Die auf der Facharbeiterqualifikation und dem Teamkonzept basierenden Personaleinsatzformen in teilautonomen flexiblen Fertigungsstrukturen erfordern prinzipiell eine höhere Personalstabilität als entsprechende Einsatzformen in stärker arbeitsteiligen Strukturen. Das Ausscheiden von Mitarbeitern aus der betrieblichen Organisationseinheit im allgemeinen und einer "eingespielten" Arbeitsgruppe im besonderen impliziert durch die Notwendigkeit eines personellen Ersatzes stets einen fachlichen und sozialkommunikativen Anpassungsaufwand, der für eine gewisse Dauer meist das Arbeitsergebnis und somit die Produktivität beeinträchtigt. Dabei ist mit der Abnahme der Komplexität und Multifunktionalität der Tätigkeitsstrukturen eine Zunahme der reibungslosen Austauschbarkeit von Mitarbeitern verbunden. Der Grad der Personalfluktuation ist daher ein weiterer Indikator zur Beurteilung von betrieblichen Qualifizierungsstrategien im Zusammenhang mit den jeweils in den Betrieben vorfindbaren technisch-arbeitsorganisatorischen Konfigurationen.

Technische, arbeitsorganisatorische und personalwirtschaftliche Maßnahmen haben aus betriebswirtschaftlicher Sicht die Steigerung der Produktivität zum Ziel. Ein Faktor zur Erreichung dieses Zieles ist die stärkere Nutzung der Produktionskapazitäten. Laut den Ergebnissen einer Umfrage des VDMA in 200 Fertigungsbetrieben des Maschinenbaus sind diese Reserven noch lange nicht ausgeschöpft (vgl. o.V. 1990). Bevor also zur Produktivitätssteigerung arbeitsorganisatorische Umstrukturierungen eingeleitet werden, können die Betriebe u.a. durch das "Fahren" einer zweiten oder dritten Schicht sowie durch Überstunden und Samstagsarbeit ihre Betriebsmittel höher auslasten und somit die Wertschöpfung je Mitarbeiter steigern. Zur Beurteilung von unterbleibenden arbeitsorganisatorischen Innovationen sind also Informationen über Arbeitszeitregelungen hilfreich. Ist bei der Schichtarbeit mit einer geringeren Einsatzbereitschaft der Mitarbeiter zu rechnen, erhöhen alternative Arbeitszeitregelungen, z.B. gleitende Arbeitszeiten, die Attraktivität der Arbeitsplätze sowie die für flexible Fertigungsstrukturen notwendige Motivation der Mitarbeiter. Dies betont H. Wildemann aufgrund der Ergebnisse einer Befragung von Experten aus 22 großen bundesdeutschen Unternehmen. Im Gegensatz zur Verwaltung sind innovative Formen der Arbeitszeitgestaltung in Fertigung und Montage aufgrund geringerer Entkopplungspotentiale noch relativ wenig verbreitet (vgl. Biallo 1990).

E. Literaturverzeichnis

AWF (Ausschuß für wirtschaftliche Fertigung) (Hrsg.) (1985): Integrierter EDV-Einsatz in der Produktion - CIM (Computer Integrated Manufacturing) - Begriffe, Definitionen, Funktionszuordnungen, Köln.

AWF (Ausschuß für wirtschaftliche Fertigung) (Hrsg.) (1990): Integrierte Fertigung von Teilefamilien, Bd. 1: Das Konzept Fertigungsinseln und seine Gestaltungskomponenten, Schriftenreihe Neue Formen der Arbeitsorganisation, Köln.

Bauerdick, J./Eichener, V./Huppertz, M. (1990): Qualifikationsanforderungen und berufliche Weiterbildung beim Einsatz von CIM und flexiblen Arbeitssystemen: Ein Überblick über Ergebnisse sozialwissenschaftlicher Forschung, SFB 187 Arbeitspapier, Bochum.

Biallo, H. (1990): Mittlere Führungsebenen leisten Widerstand: Wissenschaftler vermissen innovative Formen der Zeitgestaltung, in: VDI-Nachrichten, 1990, Nr. 7, S. 13f.

Brödner, P. (1985): Fabrik 2000. Alternative Entwicklungspfade in die Zukunft der Fabrik, Berlin.

Cieplik, W./Schmahl, K. (1987): Fach- und Sozialkompetenz gehören zusammen: Der Nutzen der flexiblen Automatisierung hängt stark von den Qualifikationen der Mitarbeiter ab, in: VDI-Nachrichten, 1987, Nr. 1, S. 9f.

Eberwein, R.-D. (1989): Organisation flexibel automatisierter Produktionssysteme, Heidelberg.

Eversheim, W./Mok, H./Müller, W. (1986): Beurteilung flexibler Montagesysteme. Bestimmung von Automatisierungsgrad und Flexibilitätsgrad, in: VDI-Z, 128, Nr. 14, S. 551-556.

Georg, W./Kißler, L. (1981): Arbeitshumanisierung und empirische Sozialforschung, Baden-Baden.

Große-Oetringhaus, W.F. (1974): Fertigungstypologie unter dem Gesichtspunkt der Fertigungsablaufplanung, Berlin.

Hardock, S. (1989): Erwartungen und Erfahrungen von Betriebsrat und Mitarbeitern, in: AWF (Ausschuß für Wirtschaftliche Fertigung) (Hrsg.), Fertigungsinseln, Tagungsband der AWF-Fachtagung 1989 in Bad Soden/Ts., S. 133-166, Eschborn.

Hilbert, J./Sperling, H.J. (1990): Die kleine Fabrik. Beschäftigung, Technik und Arbeitsbeziehungen, München.

Hildebrandt, E./Seltz, R. (1989): Wandel betrieblicher Sozialverfassung durch systemische Kontrolle? Die Einführung computergestützter Produktionsplanungs- und steuerungssysteme im bundesdeutschen Maschinenbau, Berlin.

Hirsch-Kreinsen, H./Schultz-Wild, R./Köhler, C./Behr, M.v. (1990): Einstieg in die rechnerintegrierte Produktion - Alternative Entwicklungspfade der Industriearbeit im Maschinenbau, Frankfurt a.M./München.

ISI (Institut für Systemtechnik und Innovationsforschung) (1989): Stand und Aussichten der Fertigungsautomation in der Bundesrepublik Deutschland, Karlsruhe.

Kern, H./Schumann, M. (1984): Das Ende der Arbeitsteilung? Rationalisierung in der industriellen Produktion, München.

Kiehne, R./Kohl, W. (1988): Das Konzept der Gruppenarbeit in Fertigungsinseln bei Felten & Guilleaume, Nordenham, in: Roth, S./Kohl, H. (Hrsg.), Perspektive: Gruppenarbeit, S. 187-204, Köln.

Köhler, C./Hirsch-Kreinsen, H. (1989): Divergierende Rationalisierungsstrategien im Maschinenbau, in: Pries, L./Schmidt, R./Trinczek, R. (Hrsg.), Trends betrieblicher Produktionsmodernisierung, S. 72-83, Opladen.

Lutz, B. (1990): Trends in der Arbeitsorganisation in Anlagen mit hohem Automatisierungsgrad, in: Henning, K./Süthoff, M./Mai, M. (Hrsg.), Mensch und Automatisierung: Eine Bestandsaufnahme, S. 75-90, Opladen.

Manske, F./Wobbe, W. (1987): Computerunterstützte Fertigungssteuerung im Maschinenbau, Düsseldorf.

Manz, T. (1990): Innovationsprozesse in Klein- und Mittelbetrieben. Soziale Prozesse bei der Einführung neuer Technologien, Opladen.

Muster, M./Wannöffel, M. (1989): Gruppenarbeit in der Automobilindustrie, Bochum.
o.V. (1990): Produktive Reserven: Der Maschinenbau nutzt nicht alle Ressourcen, in: fertigung, 1990, Nov., S. 16f.
Pries, L./Schmidt, R./Trinczek, R. (1990): Entwicklungspfade von Industriearbeit - Chancen und Risiken betrieblicher Produktionsmodernisierung, Opladen.
Pyper, M. (1988): Unternehmen pflegen die Ressource Mensch: Ausgaben für innerbetriebliche Qualifikation sind auf mehr als 15 Mrd. DM gestiegen, in: VDI-Nachrichten, 1988, Nr. 43, S. 46f.
Schreuder, S. (1989): Qualifikation als determinierende Größe für die Fabrik der Zukunft, in: VDI-Z, 1989, 131, Nr. 1, S. 17-20.
Schultz-Wild, R. (1986): Qualifizierte Gruppenarbeit bei flexibler Automatisierung - ein Fallbeispiel, in: Hirsch-Kreinsen, H./Schultz-Wild, R. (Hrsg.), Rechnerintegrierte Produktion: Zur Entwicklung von Technik und Arbeit in der Metallindustrie, Frankfurt a.M./New York.
Schultz-Wild, R./Asendorf, I./v. Behr, M./Köhler, C./Lutz, B./Nuber, C. (1986): Flexible Fertigung und Industriearbeit, Frankfurt a.M./New York.
Schultz-Wild, R./Nuber, C./Rehberg, F./Schmierl, K. (1989): An der Schwelle zu CIM. Verbreitung, Strategien und Auswirkungen, Köln.
Schumann, M/Wittemann, K.P. (1985): Entwicklungstendenzen der Arbeit im Produktionsbereich, in: Altvater, E. u.a., Arbeit 2000. Über die Zukunft der Arbeitsgesellschaft.
Wiendahl, H.-P: (1989): Betriebsorganisation für Fertigungsingenieure, München/Wien.
Wildemann, H. (1988): Neue Technologien verlangen neue Arbeitssysteme: Entlohnungsform bestimmt die Flexibilität, in: VDI-Nachrichten, 1988, Nr. 15, S. 35.
Zäpfel, G. (1989): Strategisches Produktions-Management, Berlin/New York.

III. Betriebspanel: Ein alternativer Weg industriesoziologischer Forschung? Zur methodischen Konzeption der ersten Welle des NIFA-Panels[1]

Peter Hauptmanns / Beate Seitz

A. Einleitung

Die Diskussion um die Wechselbeziehungen zwischen Technik und Arbeit hat seit Jahren nicht nur in der industriesoziologischen Forschung zu einer Vielzahl von Ergebnissen geführt, die auf Unübersichtlichkeit, Widersprüchlichkeit und Wahlmöglichkeit innerhalb des Feldes betrieblicher Technikgestaltung verweisen (als Überblicke vgl. Lutz 1989, Lehner/Schmid 1992). Die Abkehr vom Technikdeterminismus früherer Jahre führte nicht nur zu einer theoretischen und konzeptionellen Neuorientierung, sondern auch zu einer methodischen Reflexion[2]. Die in der Industriesoziologie dominierende Methode der Fallstudie ist für Verallgemeinerungen und Prognosen nicht mehr ausreichend. Es werden mehr und mehr Verfahren gefordert, die "zumindest einen ersten wichtigen Schritt in Richtung auf stärker standardisierte, tendenziell repräsentative Untersuchungen mit Survey-Charakter darstellen" (Lutz 1989, S. 15). Neue Ansätze in dieser Richtung sind im Trendreport des SOFI in Göttingen (Schumann 1989, 1990) und im NIFA-Panel des Sonderforschungsbereich 187 in Bochum bereits sichtbar. Auf der Grundlage repräsentativer Daten können Trends der technischen und arbeitsorganisatorischen Entwicklungen beobachtet werden.

---

1 Dieser Beitrag ist eine überarbeitete Fassung eines ersten methodischen Erfahrungsberichts zum NIFA-Panel in den ZUMA-Nachrichten vom Nov. 92.

2 Auch wenn diese noch nicht ausführlich genug vorgenommen wird, wie Kudera (1992) zu Recht feststellt. Als Beispiele vgl. Kudera (1992), Hauptmanns/Rogalski (1992), Trinczek (1991).

B. Qualitative Verfahren bei der Erhebungsvorbereitung

Zur Erschließung des Feldes, zur Hypothesengenerierung sowie als Pretest für erste Fragebogenentwürfe wurden qualitative Vorstudien (Betriebsrecherchen[3]) durchgeführt. Diese bestanden aus offenen, weitgehend unstrukturierten Interviews anhand eines Gesprächsleitfadens, der Auswertung von Informationsbroschüren der Betriebe sowie Betriebsbegehungen. Insgesamt wurden diese bei 17 Maschinenbaubetrieben von jeweils zwei Mitarbeitern des Projekts durchgeführt und ausführlich protokolliert. Eine Zusammenfassung des Protokolls wurde den beteiligten Betrieben auf Wunsch überlassen. Die Dauer der einzelnen Gespräche schwankte relativ stark und lag im Durchschnitt bei ca. 2 Stunden.

Es ist geplant, im weiteren Verlauf der Paneluntersuchung die Zusammenarbeit mit den Referenzbetrieben[4] aufrechtzuerhalten. Diese Kooperation hat - aus Sicht des Projekts - im wesentlichen vier Schwerpunkte:

- Die Betriebe stehen als Diskussionspartner zur Verfügung, um Ergebnisse der Analysen des NIFA-Panels und inhaltliche Fragen des Projekts, die sich aus den Ergebnissen ergeben können, zu diskutieren;
- die Referenzbetriebe sollen dem Projekt einen aktuellen Überblick über neue technische und/oder organisatorische Entwicklungen bieten, damit diese in das Erhebungsinstrument eingearbeitet werden können[5];
- die Referenzbetriebe können als Experten eingesetzt werden, um z.B. zur Gewichtung verschiedener Aufgaben im Fertigungsprozeß oder zur Bedeutung unterschiedlicher Technikarten ein "Expertenrating" zu erreichen;
- die Fragebögen können während der weiteren Wellen von den Referenzbetrieben getestet werden.

Das Projekt "NIFA-Panel" wird über die oben beschriebenen qualitativen Verfahren hinaus keine eigenen Fallstudien o.ä. durchführen, auch wenn dies in Teilbereichen der Erhebung zur vertiefenden Interpretation einzelner Ergebnisse durchaus denkbar wäre. Allerdings ist im SFB eine methodische "Arbeitsteilung" vorgesehen - mehrere Projekte bearbeiten ihre speziellen Fragestellungen zumindest teilweise mit Hilfe von Fallstudien, so daß es daher möglich wird, daß das Projekt Z-2 die dort durchgeführten Fallstu-

---

3 Zur Verwendung des Begriffs Betriebsrecherchen statt Fallstudien vgl. Hauptmanns/Rogalski (1992, S. 215).

4 Mit ca. der Hälfte der Betriebe, in denen die Betriebsrecherchen durchgeführt wurden, wurde eine langfristige Zusammenarbeit vereinbart. Diese Betriebe standen und stehen dem Projekt zur Prüfung der Fragebogenentwürfe sowie zur Diskussion über Analyseergebnisse zur Verfügung. Daher werden diese Betriebe als "Referenzbetriebe" bezeichnet.

5 Zu diesem Zweck ist auch die Pilotfabrik des SFB 187 (Teilprojekt Z-1) in die Liste der Referenzbetriebe aufgenommen worden (zur Pilotfabrik vgl. Gehlhaar/Heumann 1991).

dien für eigene Fragestellungen nutzbar machen wird, ebenso wie diese Projekte die Daten und Analysen der Panel-Studie verwenden.

C. Grundlagen der Panel-Studie

1. Grundgesamtheit und Auswahlbasis

Untersuchungsfeld der Panel-Studie ist die Branche des Maschinenbaus. Für die oben beschriebene inhaltliche Zielsetzung des NIFA-Panels ist es erforderlich, daß in den untersuchten Betrieben eine Fertigung existiert. Aus den vom Projekt durchgeführten Betriebsrecherchen wurde deutlich, daß in den "Maschinenbau" auch z.B. reine Konstruktionsbetriebe, Ingenieurbüros, Holding-Gesellschaften oder Montagebetriebe eingeordnet werden, die für die Fragestellung des SFB von sekundärer Bedeutung sind. Die Untersuchung wurde daher - als erste Einschränkung des Untersuchungsfeldes - auf Betriebe mit eigener Fertigung beschränkt.

Ein weiteres Ergebnis der Betriebsrecherchen war, daß für sehr kleine Betriebe mit weniger als 20 Beschäftigten die Untersuchungshypothesen des NIFA-Panels kaum zutreffen können. Fragen zum Stand und zur Entwicklung technisch-arbeitsorganisatorischer Konfigurationen vor dem Hintergrund des Einsatzes coumputergestützter Techniken sind für mehr handwerklich charakterisierte Kleinstbetriebe wenig relevant. Darüber hinaus könnten in diesen Betrieben theoretisch wichtige Kerndimensionen des NIFA-Panels nicht erhoben werden (z.B. Aufbau- und Ablauforganisation), da diese in dieser Betriebsgruppe weniger stark ausdifferenziert sind. Als zweite Begrenzung des Untersuchungsfeldes "Maschinenbau" beschränkt sich die NIFA-Untersuchung auf Betriebe mit 20 und mehr Mitarbeitern.

Für die Definition der Grundgesamtheit der ersten Wellen des NIFA-Panels wurde das Gebiet der fünf neuen Bundesländer noch ausgegrenzt. Es ist davon auszugehen, daß die Zahl der Betriebe in der ehemaligen DDR in den nächsten ein bis zwei Jahren durch die Auflösung der Kombinate und die Sanierung bzw. Privatisierung der DDR-Betriebe noch weiter stark variieren wird. Da die Durchführung einer Paneluntersuchung eine gewisse Stabilität des Untersuchungsfeldes sowie valide Informationen über die Zahl der Untersuchungseinheiten voraussetzt, war eine erfolgreiche Durchführung der Studie in den neuen Bundesländern zeitgleich zur ersten Panelwelle nicht zu gewährleisten. Eine Ausdehnung des NIFA-Panels in die neuen Bundesländer ist für die dritte Welle 1993 vorgesehen.

Die Grundgesamtheit des NIFA-Panels bildet somit die "Gesamtheit aller Fertigungsbetriebe im Maschinen- und Anlagenbau der Bundesrepublik

Deutschland[6] mit 20 und mehr Beschäftigten[7]". Als Auswahlbasis dient der Bereich 27 (Maschinenbau) der Beschäftigtenstatistik der Bundesanstalt für Arbeit (BA).

Da aus den Angaben der BA-Beschäftigtenstatistik nicht ersichtlich ist, ob der jeweilige Betrieb über eigene Fertigungswerkstätten verfügt, erfolgt eine erste Selektion der Betriebe anhand von Fragen im ersten Teil des Erhebungsinstruments. So soll erreicht werden, daß auch über die Betriebe, die nach der engeren Definition nicht zur Grundgesamtheit gehören, Basisinformationen erlangt werden, ohne daß diese den kompletten Fragebogen ausfüllen müssen. Die für das Selektionskriterium "Betriebsgröße" notwendigen Informationen sind in der Betriebsdatei der BA-Beschäftigtenstatistik verfügbar und können vom Projekt unmittelbar genutzt werden. Mit einer Aufnahme der ostdeutschen Maschinenbaubetriebe in die BA-Betriebsdatei ist laut Auskunft der Bundesanstalt für Arbeit voraussichtlich im Jahr 1993 zu rechnen, so daß auch im Hinblick auf die Einbeziehung der ostdeutschen Betriebe in den späteren Wellen des NIFA-Panels auf die BA-Beschäftigtenstatistik als Auswahlbasis zugegriffen werden kann.

Untersuchungseinheit für das NIFA-Panel ist der Betrieb als örtliche Einheit betriebswirtschaftlicher Leistungserstellung und Beschäftigung. Nach dieser Definition umfaßt die Grundgesamtheit des NIFA-Panels zum 1. Januar 1991 insgesamt 5756 Betriebe.

2. *Paneldesign*

Aufgrund der inhaltlichen Ziele und Aufgaben des SFB 187 stand schon frühzeitig fest, daß für eine Untersuchung des technisch-arbeitsorganisatorischen Wandels auf der Ebene der Betriebe die Methode einer Panel-Studie als besonders gut geeignete Form der Datenerhebung anzustreben sei. Zwar ist die Anwendung der Panel-Untersuchung auf Betriebe in den Sozialwissenschaften nicht sehr verbreitet[8], allerdings ist die Durchführung prinzipiell möglich (vgl. Mayntz u.a. 1978, S. 134).

Auch für die spezielle Methode der Panel-Untersuchung stehen mehrere Design-Varianten zur Auswahl[9] (vgl. Duncan/Kalton 1987, S. 100). Das NIFA-Panel orientiert sich weitgehend an dem sog. "einfachen" Panel-Design, nach dem identische Untersuchungssubjekte zu mehreren aufein-

---

6 "Bundesrepublik Deutschland" in dieser Definition bezieht sich auf die zum 1. Januar 1990 bestehenden Bundesländer. Das Gebiet der neuen Bundesländer Mecklenburg-Vorpommern, Brandenburg, Thüringen, Sachsen, Sachsen-Anhalt sowie des ehemaligen Ost-Teils von Berlin ist in dieser Definition der Grundgesamtheit nicht eingeschlossen.

7 Gezählt werden nur die sozialversichungspflichtig Beschäftigten.

8 Eine Übersicht über aktuelle Betriebspanels bieten die Mitteilungen aus der Arbeitsmarkt- und Berufsforschung (MittAB) Heft4/91.

9 "einfaches" Panel, rotierendes Panel, geteiltes ("split") Panel.

anderfolgenden Zeitpunkten zu den gleichen Gegebenheiten befragt werden[10].

Im Rahmen der ersten Panel-Welle wurde das gesamte Fragenprogramm auf zwei in sich geschlossene Fragebögen aufgeteilt. Diese beiden Erhebungsinstrumente werden aufeinanderfolgend in zeitlich kurzem Abstand an die Betriebe versandt. Zugleich wurde die Grundgesamtheit nach einem Zufallsverfahren in zwei gleich große Teile gesplittet. Dieses Verfahren wurde nur bei der ersten Panel-Welle angewandt und sollte primär die Möglichkeit eröffnen, bei geringen Responseraten der ersten Hälfte der Erhebung die Methode der Kontaktaufnahme zu variieren, um somit u.U. die Teilnahmebereitschaft zu erhöhen[11].

Das NIFA-Panel ist kein statisches Panel, sondern es wird notwendig werden, während der Laufzeit des Panels Betriebe neu in das Panel aufzunehmen. Diese sind allerdings nicht mit der Ersetzung von Ausfällen begründet (wie z.B. Hansen 1982 vorschlägt), sondern mit dem Anspruch, Repräsentativität für die definierte Grundgesamtheit nicht nur in der ersten, sondern auch in den Folgewellen zu erhalten. Um dies zu gewährleisten, müssen Betriebsneugründungen und Fälle von Betriebsgrößenwachstum (in die Grundgesamtheit hinein, d.h. über die Schwelle von 20 Mitarbeitern hinaus) berücksichtigt werden. Da die Untersuchung bei jeder Welle erneut alle Betriebe berücksichtigen soll[12] und nicht Ausfälle einer Welle generell ausschließen wird, kann dies durch einen Abgleich aus der jährlich aktuellen Betriebsdatei der BA realisiert werden, aus der die Betriebsadressen entnommen werden.

Im Laufe der letzten fünf Jahre wuchs die Zahl der für das NIFA-Panel relevanten Maschinenbaubetriebe um jährlich rund zwei Prozent. Bei fünf Wellen bedeutet dies, daß pro Welle ca. 20 Neuaufnahmen in die Grundgesamtheit vorzunehmen sind. Diese Werte beziehen sich allerdings auf Nettoveränderungen der Grundgesamtheit.

---

10 Die Diskussion um die für das NIFA-Panel optimale Design-Variante ist in Hauptmanns (1991) ausführlich dokumentiert und soll daher hier unterbleiben.

11 Wir gehen nach den z.Z. vorliegenden Rücklauferfahrungen davon aus, daß dies nicht notwendig sein wird. Sollte eine Variation der Kontaktaufnahme dennoch erforderlich werden, ist diese natürlich mit dem Problem von Effekten der Kontaktart auf die Antwortbereitschaft versehen und führt so u.U. dazu, daß die erste Welle nur begrenzt in die Panel-Auswertung aufgenommen werden kann. Daher ist dieses Vorgehen auch nur als Notlösung im Falle absolut unzureichender Response-Raten anzusehen.

12 Mit Ausnahme derjenigen Betriebe natürlich, die eine Teilnahme an der Untersuchung explizit abgelehnt haben. Bisher ist dies bei sechzehn angeschriebenen Betrieben der Fall, die als endgültige Ausfälle zu zählen sind.

Tab. 1: Veränderung der Zahl der Maschinenbaubetriebe mit mehr als 20 Mitarbeitern

Jahr	Zahl der Betriebe	Veränderung
1985	5251	
1986	5352	+ 101
1987	5484	+ 132
1988	5357	- 127
1989	5489	+ 132

Quelle: Statistisches Jahrbuch (1989)

Leider ist festzustellen, daß "amtliche Zahlen über alle Neugründungen von Unternehmen nicht vorliegen" (Stat. Bundesamt, Fachserie 2, Reihe 4.1 (Insolvenzverfahren), Dez. 1988, S. 6). Konkrete Neugründungen sind daher nur über den jährlichen Abgleich des entsprechenden Adressmaterials zu ermitteln. Dies wird prinzipiell durch die Nutzung der Betriebsdatei der BA-Beschäftigtenstatistik möglich.

3. *Erhebungsinstrumentarium*

Das NIFA-Panel ist eine repräsentative schriftliche Betriebserhebung mit standardisiertem Erhebungsinstrument. Ausschlaggebend für die Wahl des schriftlichen Verfahrens waren unter Berücksichtigung der allgemeinen Vor- und Nachteile einer schriftlichen bzw. mündlichen Befragung sowie von Kosten/Nutzen orientierten Kalkülen primär zwei Argumente:

Zum einen konnte die Behauptung einer höheren Response-Rate und geringeren Panel-Mortalität bei persönlichen Kontakten über mündliche Interviews relativiert werden. In der entsprechenden Literatur läßt sich kein Hinweis darauf finden, ob dieses Argument, das aus den Erfahrungen mit Individual- bzw. Haushaltsstichproben abgeleitet wurde, auch bei Betriebsbefragungen gültig ist. Wir gehen davon aus, daß dieses Argument nicht ohne weiteres auf die Betriebsbefragung übertragbar ist. Während der Interviewer bei Individualbefragungen im Falle von Verweigerungen i.d.R. mit dem potentiell zu Interviewenden in Interaktion tritt und diesen eventuell doch noch zur Teilnahme bewegen kann, ist dies bei Betriebsbefragungen kaum gegeben. Der Interviewer kann dabei u.U. gar nicht erst Kontakt zur Zielperson (Geschäftsleitung) aufbauen, sondern die Nichtteilnahmebereitschaft wird i.d.R. durch Dritte (Vorzimmer) mitgeteilt, bei denen natürlicherweise alle "Überzeugungsstrategien" erfolglos bleiben werden. Die mortalitätsreduzierende Wirkung eines "Interviewer-Panels" (vgl. Rendtel 1990) für eine Paneluntersuchung kann in diesem Kontext ebenso angezweifelt werden, da - im Gegensatz zu Individualpanels - schon nicht von einer Konstanz der Zielperson über alle Wellen ausgegangen werden kann, so daß ein persönlicher Kontakt des Interviewers zum Interviewten sich u.U. nicht stabilisieren kann, selbst bei nicht wechselndem Interviewer. Nur eine stabile "Interviewer-Interviewter"-Beziehung könnte aber den genannten Effekt haben - ein einmaliger Kontakt in einer Befragungssituation wird keine Verbindlichkeit erzeugen können. Auf der anderen Seite könnte der Interviewereinsatz sogar negative Auswirkungen auf die Teilnahmebereitschaft der Betriebe haben; dies trifft dann zu, wenn der Interviewer nicht über ausreichende Kenntnis der erhobenen Sachverhalte verfügt und daher eventuelle Verständnis-Rückfragen des Befragten nicht zufriedenstellend beantworten kann.

Zweitens war ein Argument gegen ein schriftliches Vorgehen der Umfang und die Dauer der Befragung. Eigene Tests in den Referenzbetrieben des Teilprojekts und Hinweise der Betreuer des NIFA-Panels bei ZUMA (Zentrum für Umfragen, Methoden und Analysen e.V. Mannheim) führten allerdings zu der Einsicht, daß der zu dem Zeitpunkt vorliegende Fragebogen auch bei einem persönlichen Interview die Grenzen dessen, was für die Befragten zumutbar wäre, berührte oder gar überschritt. Aufgrund dieser Erkenntnisse wurde der Umfang des Instruments wesentlich gekürzt und - durch die oben beschriebene Aufteilung - seine Komplexität erheblich reduziert. Dadurch wurde der Fragebogen auch für eine schriftliche Befragung einsetzbar.

Darüber hinaus kann der Befragte den schriftlich vorliegenden Fragebogen entsprechend seiner persönlichen Zeitdisposition beantworten und ist nicht an Termine mit dem Interviewer gebunden. Im ersten Pretest der GfK wurden die Interviews mündlich geführt. Dabei ist in vielen Fällen von den Befragten geäußert worden, daß Sie eine schriftliche Befragung bevorzugen würden.

Das schriftliche Verfahren wurde mit einem mehrstufigen Erinnerungsverfahren (Erstanschreiben plus gegebenenfalls zwei Erinnerungen) verbunden, um möglichst hohe Rücklaufquoten zu erreichen. Jedem Erinnerungsschreiben wurde erneut ein Fragebogen beigefügt.

Wie bereits oben erwähnt, erfolgte die schriftliche Erhebung im Rahmen der ersten Panel-Welle in einem zweistufigen Verfahren. In einem ersten Schritt erhielten die Betriebe einen knapp gehaltenen vierseitigen Basisbogen, der neben der Erfassung einiger "Grundinformationen" auch dazu diente, die Möglichkeiten des Betriebszugangs zu erkunden, die Teilnahmebereitschaft der Betriebe zu prüfen und Ansprechpartner für ein Betriebspanel zu identifizieren. In Abhängigkeit von den im Basisbogen gemachten Angaben erhielten die Betriebe einen acht- bis zwölfseitigen

Hauptbogen, der zur Erleichterung des Betriebszugangs an einen Ansprechpartner (i.d.R. der Ausfüller des Basisbogens) adressiert war[13].

4. *Durchführung der Erhebung*

Um eine "Praxistauglichkeit" des Befragungsinstruments zu erreichen, wurde die Fragebogenentwicklung durch qualitative Methoden (siehe Abschnitt 1) vorbereitet und begleitet. Die erste Entwicklungsphase des Erhebungsinstruments fand ihren Abschluß in den zeitgleich durchgeführten Pretests des Projekts selbst und durch ZUMA. Die Pretests wurden in Form mündlicher Interviews durchgeführt und unterschieden sich damit von der letztlich durchgeführten schriftlichen Befragung. Die sich daraus ergebenden Einschränkungen hinsichtlich der Übertragbarkeit der Pretest-Ergebnisse auf die schriftliche Befragung wurden bewußt in Kauf genommen, da diese Pretests primär dazu dienten, Reaktionen der Befragten zu erfassen und inhaltliche Unklarheiten gezielt identifizieren zu können.

Durch die Mitarbeiter des Projekts wurden Pretests in neun Maschinenbaubetrieben im Raum Bochum durchgeführt. Durch ZUMA wurden in fünf Betrieben mündliche Pretests realisiert. Die GfK hat ihre Pretests entsprechend der "Zweiteilung" des Erhebungsinstruments in einem zweistufigen Verfahren durchgeführt. Zunächst wurde der "Basisbogen" durch 30 schriftliche und 20 mündliche Befragungen getestet. Die Betriebsadressen für die schriftliche Befragung wurden durch eine zufällige Stichprobe aus dem Verzeichnis "Wer baut Maschinen" des Verbands des Deutschen Maschinen- und Anlagenbaus (VDMA) entnommen. Aufgrund der telefonischen Kontaktaufnahme mit den Befragungspersonen konnten jedoch keine Schlüsse auf die zu erwartende Rücklaufquote bei der schriftlichen Befragung gezogen werden, jedoch dienten auch diese Tests noch in erster Linie der inhaltlichen Überprüfung des Instruments und seiner Handhabbarkeit.

Der "Hauptbogen" der Befragung wurde zunächst durch 50 mündliche Interviews getestet. Dabei konnten aufgrund des restriktiven Zeitplans nur 17 Betriebe, die schon am "Basis-Fragebogen"-Pretest teilgenommen hatten, einbezogen werden, die anderen Betriebe wurden wiederum dem VDMA-Verzeichnis entnommen.

Im Rahmen der Feldvorbereitung ist eine Information über die Untersuchung in den Mitteilungen des VDMA erschienen, die über Ziel und

13 An den - von fast allen Betrieben auch tatsächlich genannten - Ansprechpartner wird im Rahmen der Panelpflege auch das Präsent für die Teilnahme sowie die regelmäßig vom Projekt herausgegebenen "Mitteilungen für den Maschinenbau" mit wichtigen Ergebnissen der Untersuchung gesandt. Zur Bedeutung der Panelpflege für eine Paneluntersuchung vgl. z.B. Hanefeld (1987, S. 263ff.), Hauptmanns (1991, S. 14f.)

Inhalt der Untersuchung Auskunft gibt und in der der VDMA seinen Mitgliedern empfiehlt, "sich der Untersuchung nicht zu verschließen".

Im Mai 1991 wurde mit der Erhebung im Feld begonnen. Entsprechend der oben beschriebenen Teilung der Grundgesamtheit wurde der Basisbogen zunächst nur an die Hälfte der Betriebe versandt. Da nach ca. sechs Wochen deutlich wurde, daß eine Rücklaufquote zu erwarten war, die 40 Prozent überschreiten würde und folglich eine Änderung der Form der Kontaktaufnahme nicht notwendig war, wurde im Juli 1991 mit der zweiten Hälfte der "Basis-Erhebung" begonnen.

Ende August 1991 war der erste Teil der Basiserhebung abgeschlossen. Eingegangen sind 1.380 Fragebögen, was einer Rücklaufquote von 47,9 Prozent entspricht[14].

Die gesamte Feldphase war durch die Teilung des Bogens einerseits und der Grundgesamtheit andererseits ungewöhnlich lang. Letztlich abgeschlossen war die Feldphase erst Ende Dezember 1991. Für die Folgewellen, in denen keine Aufteilung mehr vorgenommen werden wird, gehen wir von einer "normalen" Dauer der Feldphase von 10-12 Wochen aus. Die zweite Welle des NIFA-Panels wurde im September 1992 begonnen.

D. Methodische Erfahrungen der ersten Panelwelle

1. Rücklauf, Ausschöpfung, Abbildungsgenauigkeit

Das für sozialwissenschaftliche Untersuchungen generell vorhandene Problem der Ausfälle bei Befragungen gilt bei einer Betriebsuntersuchung verstärkt, wie bisherige Arbeiten (z.B. Schultz-Wild u.a. 1989, S. 12) zeigen. Mit dem Basisbogen des NIFA-Panels wurde letztlich eine Ausschöpfung von 46,5 Prozent erreicht, was für eine Betriebserhebung als relativ hoch anzusehen ist (siehe Tabelle 2). Selbst mit dem umfangreichen Hauptbogen konnten noch 1722 Interviews (= 31,4 Prozent) realisiert werden[15].

Durch den Selbstselektionseffekt der schriftlichen Befragung und durch die wahrscheinliche Systematik der Ausfälle kann allerdings nicht ohne Einschränkungen postuliert werden, daß die Stichprobe die Grundgesamtheit ausreichend genau (oder "repräsentativ") abbildet. Die Abbildungsgenauigkeit war daher zu prüfen. Dies konnte nur über einen Vergleich von Stichproben- und Grundgesamtheitsparametern erfolgen, wobei als einzige aus der Grundgesamtheit bekannte Parameter die Verteilung der Variablen "Betriebsgröße" und "Teilbranchenzugehörigkeit" zur Verfügung standen.

---

14 Brutto-Rücklauf, d.h. gezählt wurden alle zurückgekommenen Fragebögen. Zum verwertbaren Rücklauf siehe Abschnitt 3.5.

Tab. 2: Rücklauf und Ausfallgründe bei der Basiserhebung

Bruttoausgangsbasis (Adressen insgesamt)	5756
Betrieb nicht erreichbar[16]	77
kein Produktionsbetrieb	192
bereinigte Brutto-Ausgangsstichprobe	5487
Verweigerung[17]	162
keine Antwort erhalten	2769
realisierte Interviews Basisbogen	2356
+ realisierte Interviews integr. Bogen	200
- nicht verwertbare Bögen	3
realisierte Interviews gesamt	2553
verwertbare Interviews Hauptbogen	1682

Die Variable "Teilbranche" ist Bestandteil des Datensatzes, der uns von der BA zur Verfügung gestellt wurde, so daß die exakte Verteilung in der Grundgesamtheit, die ja von der Adressdatei der BA gebildet wird, bekannt ist. In einem zweiten Schritt wurde den antwortenden Betrieben von der GfK die Branchenkennziffer aus der BA-Datei zugespielt, so daß daraus die Verteilung in der Stichprobe abgeleitet werden kann. Dabei ergibt sich, wie aus Tabelle 3 ersichtlich wird, daß die Stichprobe die Grundgesamtheit in bezug auf dieses Merkmal nur mit geringen Verzerrungen wiedergibt. Zwar beträgt bei fast allen Teilbranchen die Abweichung zum Anteil in der Grundgesamtheit weniger als ein Prozent, durch die starke Überrepräsentierung des Fachzweigs 260 (Metallbearbeitungsmaschinen) sind diese Abweichungen aber insgesamt als signifikant anzusehen ($Chi^2 = 34.2$; df=9; p=.0000).

Um die Vergleichbarkeit zur amtlichen Statistik zu erhalten, wurde in die Untersuchung auch die Frage nach der Teilbranche des Betriebs gemäß der Systematik des produzierenden Gewerbes (SYPRO) aufgenommen. Dabei ergab sich:

- Einem relativ großen Teil der Befragten war die dem Betrieb vom Statistischen Bundesamt bzw. den Statistischen Landesämtern zugeteilte

15 Davon waren allerdings 40 nicht verwertbar.

16 Betrieb verzogen, erloschen, im Konkursverfahren etc.; Adressenänderungen von Betrieben können, sofern dies notwendig ist, mit einem vertretbaren Aufwand recherchiert werden (vgl. Preisendörfer/Ziegler 1990).

17 Explizite Verweigerung, leerer Fragebogen zurück etc.

SYPRO-Nummer[18] nicht bekannt. Wir haben in diesen Fällen versucht, die SYPRO-Nummer des Betriebs anhand der Angaben zu der offen gestellten Frage nach der Zugehörigkeit zu den Teilbranchen des Maschinenbaus zu rekonstruieren. In den Folgewellen wird die Frage nach der SYPRO-Nummer nicht mehr gestellt werden.

- 5,8 Prozent der antwortenden Betriebe gaben eine SYPRO-Nummer außerhalb des Bereichs 32 (Maschinenbau) an. Außerdem führte in einer Reihe von Fällen die Angabe der SYPRO-Kennziffer zu einer anderen Teilbrancheneinordnung für den Betrieb als die Fachzweig-Kennziffer der BA. Dies läßt auf eine geringe Vergleichbarkeit der verschiedenen amtlichen Statistiken schließen.

Tab. 3: Verteilung auf Teilbranchen nach BA-Systematik

Wirtschaftszweig	GG-Anteil	SP-Anteil	Diff.
260	26,3%	29,4%	3,1
261	15,4%	14,9%	-0,5
262	4,2%	4,3%	0,1
264	12,4%	11,8%	-0,6
265	3,4%	2,6%	-0,8
266	2,1%	1,4%	-0,7
267	2,7%	1,9%	-0,8
268	0,8%	0,6%	-0,2
270	4,5%	3,6%	-0,9
271	28,2%	29,5%	1,3

Größere Abweichungen zwischen Grundgesamtheit und Stichprobe ergeben sich bei der Variable "Betriebsgröße". Insbesondere Kleinbetriebe sind im NIFA-Sample unterrepräsentiert. Dies scheint ein generelles Problem quantitativer Betriebsbefragungen zu sein; so berichtet das ISF aufgrund seiner Betriebsbefragung aus dem Jahre 1986 (vgl. Schultz-Wild u.a. 1989) von ähnlichen Problemen mit der Unterrepräsentation kleinerer Betriebseinheiten, die Untersuchung zum verarbeitenden Gewerbe in Nordrhein-Westfalen des Instituts Arbeit und Technik verzeichnet eine ähnliche Verzerrung ebenso wie die interregionale Panel-Untersuchung von Betrieben in Süd-Dänemark (vgl. Hohwü 1990, S. 26), um nur einige Beispiele aufzuführen.

Diese Abweichungen können nicht mehr als zufällig angesehen werden (Chi^2 = 195,6; df=5; p = .000). Die Verteilung der Größenklassen in Grundgesamtheit und Stichprobe zeigt die folgende Tabelle 4.

---

18 Die SYPRO-Kennziffer ist für die Betriebe auf die regelmäßigen Erhebungsbögen der statistischen Ämter gedruckt. Wahrscheinlich ist aber, daß die Kennziffern von den Betrieben in den seltensten Fällen zur Kenntnis genommen werden.

Tab. 4: Verteilung von Betriebsgrößenklassen

Mitarbeiter	GG-Anteil	SP-Anteil	Differenz
unter 50	43,2%	30,8%	-12,4
50- 99	22,0%	23,9%	1,9
100-199	15,9%	18,3%	2,4
200-499	12,0%	16,6%	4,6
500-999	4,1%	6,1%	2,0
1000 und mehr	2,8%	4,3%	1,5

2. *Korrekturverfahren und Gewichtung*

Da die Verteilung von "demographischen" Variablen der Betriebe, wie Betriebsgröße und Teilbranche, in der Grundgesamtheit bekannt ist, wäre es denkbar, den Datensatz mit diesen Angaben nachträglich zu gewichten ("Redressmentverfahren", vgl. Rothe 1990). Eine solche Gewichtung ist allerdings an eine Reihe von Voraussetzungen gebunden, die in unserem Falle kaum gegeben sind. Ausfälle bei einer Befragung sind i.d.R. nicht zufällig, sondern entstehen auf der Basis eines expliziten Ausfallmechanismus. Einfache Gewichtungen verändern die empirischen Antwortverteilungen aber nicht auf der Basis der Modellierung dieses Ausfallmechanismus, sondern nur auf der Basis der Verteilung bestimmter demographischer oder struktureller Merkmale. Dabei gehen dann noch implizit verschiedene Annahmen in die Bildung der Gewichtungsklassen ein. Die wesentlichen Annahmen sind (sehr verkürzt dargestellt[19]):

- Innerhalb dieser Gewichtungsklassen herrscht eine Homogenität der Antwortverteilungen, oder
- innerhalb der Gewichtungsklassen existieren homogene Antwortwahrscheinlichkeiten.

Die zweite Annahme läßt sich empirisch kaum prüfen. Sie impliziert einen starken Zusammenhang zwischen den Gewichtungsvariablen und dem Teilnahmeverhalten an einer Untersuchung. Da davon auszugehen ist, daß insbesondere bei Betriebsbefragungen die Teilnahmeentscheidung wesentlich vom Gegenstand der Befragung abhängt, läßt sich nicht a-priori behaupten,

19 Dies soll hier nur sehr verkürzt zusammengefaßt werden. Für eine ausführliche Darstellung der Annahmen sei auf Schnell (1992) verwiesen; zur Diskussion der generellen Problematik von Gewichtungen vgl. darüber hinaus z.B. Rothe/Wiedenbeck (1987) oder Rothe (1990).

daß ein starker Zusammenhang zwischen Betriebsgröße und Teilbranchenzugehörigkeit[20] einerseits und Teilnahmebereitschaft andererseits existiert.

Die erste Annahme bedeutet in unserem Fall, daß die Varianz der Antworten bei den interessierenden Variablen (z.B. Technikeinsatzquote) innerhalb einer Betriebsgrößenklasse sehr gering sein muß. Da dies, wie die Abbildung 1 am Beispiel Technikeinsatz [TECHZAHL] in Betriebsgrößenklassen [BGROS] zeigt, nicht der Fall ist, kann von homogenen Klassen nicht ausgegangen werden. Darüber hinaus impliziert diese Annahme, daß auch die Binnengruppenvarianz bei den Nonrespondents gering ist; dies läßt sich empirisch bei unserer Untersuchung nicht prüfen.

Wie Schnell (1992) ausführlich nachweist, ist die Anwendung von Gewichtungsverfahren zur Ersetzung von Ausfällen generell mit Skepsis zu betrachten[21]. Wenn darüber hinaus ein systematischer Ausfall zu vermuten ist, können die Ergebnisse der Untersuchung durch eine Gewichtung, die nicht den Ausfallmechanismus reproduziert, weiter verzerrt werden.

Die Vermutung systematischer Ausfälle liegt bei der NIFA-Untersuchung nahe: zum einen haben überproportional Kleinbetriebe die Teilnahme verweigert, also Betriebe, von denen angenommen werden kann, daß sie über wenig oder keine EDV-gestützte Technik verfügen und somit die Untersuchung als für sie "nicht zutreffend" angesehen haben. Eine Überprüfung der Antwortbereitschaft führt zu dem Ergebnis, daß Betriebe, die erst auf die zweite "Mahnung" reagieren, i.d.R. über weniger Technik verfügen als Betriebe, die schnell geantwortet haben (eta Eingangsnr->Techzahl = .36). Ein t-Test von Früh- gegen Spätantworter (1.-3. gegen 4. Quartil, berechnet nach Eingangsnummern der Fragebögen) ergibt einen signifikanten Mittelwertunterschied bei der Variable Technikzahl. Diese Tendenz führt zu dem Schluß, daß mit hoher Wahrscheinlichkeit die Nichtantworter zumindest zu einem größeren Teil keine oder weniger Technik einsetzen. Im Umkehrschluß heißt dies, daß die Betriebe, die an der Untersuchung teilgenommen haben, mehr Technik einsetzen als die, die nicht teilnehmen. Eine einfache Gewichtung der empirischen Antworten nach einem Größenschlüssel würde somit dieses Ergebnis weiter verzerren, d.h. wir würden "mehr" Betriebe, die Technik einsetzen, konstruieren, während die empirische Realität gegenteilig aussieht.

---

20 Bei der Variable "Betriebsgröße" wäre ein solcher Zusammenhang noch vorstellbar - eine fundierte Theorie darüber, warum Betriebe in bestimmten Teilbranchen eher an Befragungen teilnehmen bzw. nicht teilnehmen als andere, ist aber wohl kaum denkbar.

21 Ansatzweise "optimistischer" sind dagegen Andreß/Popken (1992).

Abb. 1: *Binnengruppenhomogenität bei Betriebsgröße und Technikeinsatz*[22]

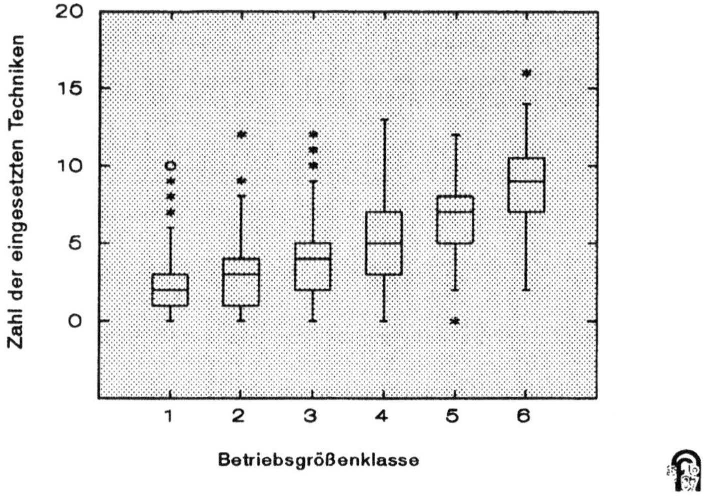

3. Ausfalluntersuchung

Um näheren Aufschluß über die Struktur der Nonrespondents zu erreichen, wurde aus diesen eine Zufallsstichprobe mit einem Umfang von ca. fünf Prozent (=135 Betriebe) gezogen. Diesen Betrieben wurde zuerst ein Schreiben mit einer Antwortpostkarte zugesandt, die nur drei Fragen enthielt: ob der Betrieb über eine Fertigung verfügt, ob in der Fertigung C-Technik eingesetzt wird sowie eine Frage nach Gründen für die Nichtteilnahme an der Untersuchung.

Wenn die Betriebe darauf nicht reagierten, wurde mehrmals telefonisch nachgefragt. Dadurch wurde für diese "Ausfalluntersuchung" ein Rücklauf von insgesamt 127 Karten erreicht (dazu kamen zwei Rücksendungen mit dem Postvermerk "Empänger unbekannt verzogen"). Die erhobenen Informationen konnten außerdem um die Mitarbeiterzahl des Betriebes sowie die Teilbranchenzugehörigkeit ergänzt werden.

Die Auswertung ergab, daß die Größenstruktur in der Ausfalluntersuchung wie erwartet umgekehrte Verzerrungen als die Haupterhebung

22 Bei diesem "Box-Plot" kennzeichnet die Trennlinie innerhalb der Box den Gruppenmedian; die durchgezogenen senkrechten Linien geben den Bereich an, in dem ca. 95 Prozent der Datenpunkte liegen. Die Sterne und Kreise kennzeichnen Ausreißer bzw. extreme Ausreißer, d.h. Datenpunkte, die außerhalb dieses Bereichs liegen.

aufwies. Da, wie beschrieben, im NIFA-Panel Kleinbetriebe unterrepräsentiert sind, sollten sie in der Ausfalluntersuchung überproportional vertreten sein. Dies war auch der Fall (43,2 Prozent in der Grundgesamtheit, 48 Prozent in der Ausfallstichprobe). Insgesamt ist ein signifikanter Mittelwertunterschied in bezug auf die Betriebsgröße in beiden Gruppen vorhanden ($t = 3.09$; $df = 160.22$; $p = .001$).

Ein statistisch signifikanter Unterschied zwischen den beiden Gruppen zeigt sich auch bei der Frage nach der Nutzung von computergestützter Technik in der Produktion. Während in der Hauptuntersuchung nur gut 11 Prozent der Betriebe keine C-Technik einsetzten, waren dies im Ausfallsample mehr als 26 Prozent ($t = 2.98$; $df = 109.8$; $p = .002$).
Bei der weiteren Analyse der Daten der Ausfalluntersuchung wird deutlich, daß, obwohl die beiden Gruppen sich sowohl in bezug auf Größe als auch in bezug auf Techniknutzung signifikant unterscheiden, nur die Frage der Techniknutzung einen signifikanten Effekt auf die Teilnahmeentscheidung hatte ($F^1{}_{2649} = 11.809$; $p(F) = .001$). Der Faktor "Betriebsgröße" hatte dagegen in einer Varianzanalyse keinen signifikanten Effekt zu verzeichnen ($F^5{}_{2649} = .739$; $p(F) = .594$).

Um Verzerrungen durch die sehr unterschiedlichen Gruppenbesetzungen (Gruppe 1: Teilnahme 2553; Gruppe 2: Nicht-Teilnahme 127) auszuschließen, wurde die Gruppe der an der Befragung teilnehmenden Betriebe per Zufallsauswahl in 20 Subsamples unterteilt und jeweils ein Vergleich zwischen einem der Subsamples und der Ausfallgruppe gerechnet. Auch bei dieser Analyse ergab sich nur bei einer von 20 Berechnungen ein signifikanter Effekt von Betriebsgröße als Faktor[23], wobei dieser eine Fall als ein bei einer Irrtumswahrscheinlichkeit von fünf Prozent zu erwartender Type-I Error anzusehen ist (größter F-Wert für BGROS $F^5{}_{235} = 1.479$; $p(F) = .197$)

Es ist also davon auszugehen, daß für die Teilnahmeentscheidung an der Befragung nicht die Betriebsgröße an sich relevant ist, sondern die Frage, ob die Betriebe die Befragung als für sich passend und damit u.U. nützlich definieren. Da das NIFA-Panel prinzipiell auch an Antworten von den Betrieben interessiert ist, die keine Technik einsetzen, ist als erste Konsequenz für die Folgewellen die Änderung des Titels der Umfrage in Betracht zu ziehen. So soll nach Möglichkeit verhindert werden, daß Befragte allein von der globalen Überschrift zu der Entscheidung einer Nicht-Teilnahme verleitet werden.

Zu bemerken ist allerdings noch, daß der beschriebene Effekt offensichtlich nur mit der grundsätzlichen Entscheidung zur Teilnahme bzw.

---

23 Ein befriedigendes "Modell" des Ausfallmechanismus kann allerdings aufgrund der wenigen erhobenen Daten daraus nicht abgeleitet werden. Die Überprüfung mittels eines Logit-Modells ergab nur einen "erklärten" Varianzanteil der Teilnahmebereitschaft von ca. 5 Prozent durch die Variablen Betriebsgröße und Technikeinsatz (Berechnet als R^2_L über $((-2\log L_0)-(-2\log L_1)/(-2\log L_0))$; vgl. DeMaris (1992), 53).

Nicht-Teilnahme an der Befragung zusammenhängt und nicht bei teilweisen Ausfällen eintritt. Als "teilweise Ausfälle" werden hier die Betriebe angesehen, die zwar den kurzen Basisbogen ausgefüllt haben, später an der umfangreicheren Hauptuntersuchung aber nicht mehr teilnahmen. Diese Betriebe unterscheiden sich weder bei der Größe noch bei der Teilbranchenzugehörigkeit signifikant von der Gruppe, die an der gesamten Befragung teilnahm ($t_{größe}$ = 1.39; df = 1579; p =.0825). Auch ein Technikeffekt ist nicht festzustellen - die prinzipielle Frage nach Technikanwendung diskriminiert die beiden Gruppen ebensowenig signifikant wie die Zahl der eingesetzten Techniken ($t_{techzahl}$ = .41; df = 1768; p = .342).

Abb. 2: *Ausfallgründe*

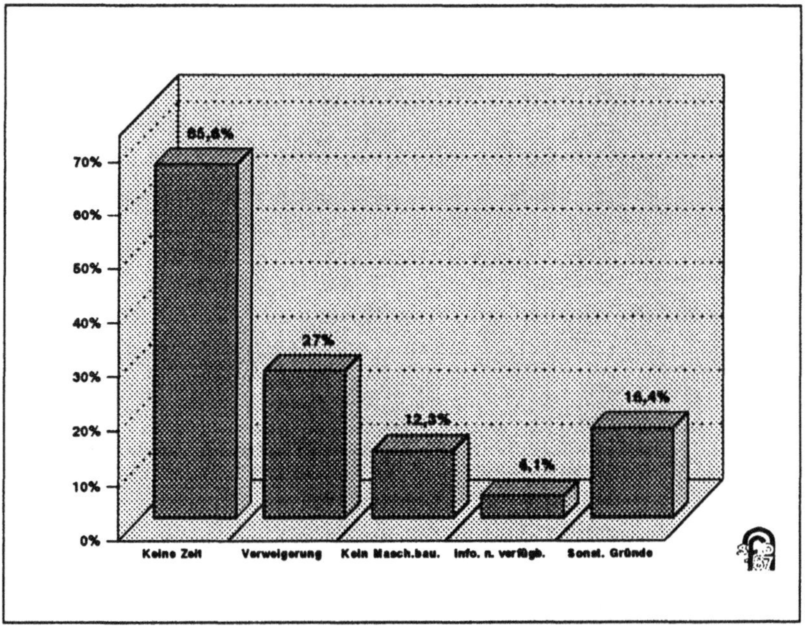

Betrachtet man die direkt abgefragten Ausfallgründe, wird deutlich, daß - bei möglichen Mehrfachantworten - immerhin 27 Prozent der Betriebe eine explizite Verweigerung äußerten[24]. Der überwiegende Teil der Betriebe gab Zeitgründe bzw. implizit den Umfang der Befragung als Verweigerungsgrund an ("Wir haben keine Zeit für solche ausführlichen Befragungen" - 65,6 Prozent). Ein relevanter Ausfallgrund war auch die Selbsteinschätzung als "kein Maschinenbau-Betrieb" (12,3 Prozent), während die

24 Die Antwortvorgabe lautete: "Wir beteiligen uns ganz allgemein nicht an solchen Umfragen".

Nicht-Verfügbarkeit der abgefragten Angaben keinen bedeutenden Grund zur Nicht-Teilnahme abgab (4,1 Prozent). Zu den "sonstigen Gründen" zählten in erster Linie Erläuterungen, warum keine Zeit für das Ausfallen der Fragebögen vorhanden war, Meldungen über eingeleitetete Konkursverfahren und ähnliches.

E. Fazit

Eine schriftliche Betriebsbefragung impliziert eine Reihe von spezifischen Problemen, die sich bei Individualbefragungen nicht oder in anderer Form stellen. Dies beginnt, wie gezeigt wurde, schon bei der Definition der Grundgesamtheit anhand amtlicher Statistiken: Je nachdem, welche Statistik zugrunde gelegt wird, ändert sich die Zuordnung zur und damit der Umfang der Grundgesamtheit. Gerade für die Untersuchungseinheit "Betrieb" ist damit das Problem der Einordnung in Teilbranchen und die Abgrenzung des Betriebs von anderen Aggregateinheiten, wie "Unternehmen", "Unternehmensfiliale", "Konzern" etc., verbunden.

Ein weiteres Problem einer Befragung, die repräsentativ für alle Betriebe einer Branche sein soll, ist der Aufbau bzw. der Inhalt des Instruments. Betriebe unterschiedlicher Größe haben z.B. sehr unterschiedliche Organisationsstrukturen, so daß sehr detaillierte Abfragen in diesem Bereich für Kleinbetriebe kaum zu beantworten sind, während eine zu allgemeine Abfrage bei Großbetrieben zu Aggregierungen bei der Beantwortung führen muß. Es ist also notwendig, einen Kompromiß bei der Gestaltung des Instruments zu finden, der für Betriebe aller Größenklassen passend ist.

Für die Entscheidung zur Teilnahme an der Befragung ist nicht, wie es vordergründig scheint, die Betriebsgröße relevant, sondern die Frage, ob die Betriebe die Befragung als für sich passend und damit u.U. nützlich definieren. Im Falle des NIFA-Panels war dies primär die Frage, ob die befragten Betriebe computergestützte Technik einsetzen (und damit die Befragung als für sich zutreffend und u.U. relevant erkennen). Da das NIFA-Panel prinzipiell auch an Antworten von den Betrieben interessiert ist, die keine Technik einsetzen, ist als erste Konsequenz für die Folgewellen die Änderung des Titels der Umfrage in Betracht zu ziehen. So soll nach Möglichkeit verhindert werden, daß Befragte allein von der globalen Überschrift zu der Entscheidung einer Nicht-Teilnahme verleitet werden.

Da - wie bei jeder Befragung - der erwartete Nutzen, den die Befragten von der Teilnahme an der Befragung antizipieren, wesentlich für die Teilnahmeentscheidung sein wird, hat das Projekt allen Betrieben eine schnelle Auswertung der Daten und Aufbereitung von Ergebnissen in einer für die Betriebe nutzbaren Form zugesagt. Diese Zusage wird durch einen Newsletter erfüllt, der bisher in drei Exemplaren erschienen und kostenlos allen an der Befragung teilnehmenden Betrieben zugestellt worden ist. Diese Information stößt bei den Betrieben auf eine sehr positive Resonanz. Dieser Ergebnisdienst ist - neben dem üblichen Geschenk für die Teilnahme an der Befragung - auch als Teil der Panelpflege anzusehen. Ob diese einen tatsächlichen Effekt auf die Teilnahmebereitschaft in den Folgewellen haben kann, läßt sich z.Z. natürlich noch nicht beantworten.

In bezug auf die Möglichkeit zur Gewichtung des Samples wurde gezeigt, daß bei dem im NIFA-Panel zu unterstellenden Ausfallmechanismus eine nachträgliche Gewichtung auf der Basis von Strukturmerkmalen zu "schlechteren" Schätzungen von Grundgesamtheitsparametern für interessierende Variablen führen wird als die ungewichtete Stichprobe. Eine Gewichtung auf der Basis eines modellierten Ausfallmechanismus ist aufgrund der nur wenigen Informationen, die durch die "Ausfalluntersuchung" gewonnen wurden, noch nicht ausreichend, um ein Modell mit hoher prädikativer Güte zu formulieren.

F. Literatur

Andreß, H.J./Popken, H. (1992): Bessere Ergebnisse durch Gewichtung?, in: Andreß, H.J./ Huinink, J./Meinken, H./Rumianek, D./Sodeur, W./Sturm,G. (Hrsg.), Theorie - Daten - Methoden. Neue Modelle und Verfahrensweisen in den Sozialwissenschaften, München.

DeMaris, A. (1992): Logit Modeling: Practical Applications, Sage University Paper Series on Quantitative Application in the Social Sciences, 07-086, Newbury Park CA (Sage).

Duncan, G.J./Kalton, G. (1987): Issues of Design and Analysis of Surveys Across Time, in: International Statistical Review, 55.1, S. 97-117.

Esser, H. (1986): Können Befragte lügen? Zum Konzept des "wahren Wertes" im Rahmen der handlungstheoretischen Erklärung von Situationseinflüssen bei der Befragung, in: Kölner Zeitschrift für Soziologie und Sozialpsychologie, Jg. 38, H. 2, S. 314-336.

Gehlhaar, I./Heumann, D. (1991): Die CIM-Pilotanlage des Lehrstuhls für Produktionssysteme und Prozeßleittechnik, SFB 187 Arbeitspapier, Bochum.

Hanefeld, U. (1987): Das Sozio-Ökonomische Panel, Frankfurt a.M.

Hansen, Jochen (1982): Das Panel. Zur Analyse von Verhaltens- und Einstellungswandel, Opladen.

Hauptmanns, P. (1991): Das NIFA-Panel - Untersuchungsanlage und methodische Konzeption, SFB 187 Arbeitspapier, Bochum.

Hauptmanns, P./Rogalski, W. (1992): Fallstudien in der Industriesoziologie - Zur Kritik der vorherrschenden Methode sozialwissenschaftlicher Technikforschung, in: Lehner, F./ Schmid, J. (Hrsg.), Technik - Arbeit - Betrieb - Gesellschaft, Neue Informationstechnologien und flexible Arbeitssysteme Bd. 1, S. 205-224, Opladen.

Hohwü, J. (1990): Interregionale Paneluntersuchung von Betrieben in Süd-Dänemark, in: Ertel, R./Gerlach, K./Wagner, J. (Hrsg.), Betriebsbefragungen. Bedeutung für wirtschaftswissenschaftliche Forschung und Politikberatung, NIW - Vortragsreihe, Bd. 5, Hannover.

IAB (1992): IAB-Betriebspanel, Manuskript, Nürnberg.

Kudera, W. (1992): Die Crux mit den kleinen Zahlen - zum Generalisierungsproblem bei qualitativer Sozialforschung, in: Lehner, F./Schmid, J. (Hrsg.), Technik - Arbeit - Betrieb - Gesellschaft, Neue Informationstechnologien und flexible Arbeitssysteme Bd. 1, S. 191-203, Opladen.

Lehner, F./Schmid, J. (Hrsg.) (1992): Technik - Arbeit - Betrieb - Gesellschaft, Neue Informationstechnologien und flexible Arbeitssysteme, Bd. 1, Opladen.

Lutz, B. (Hrsg.) (1987): Technik und sozialer Wandel. Frankfurt a.M./New York.

Lutz, B. (1989): Tendenzen und Probleme sozialwissenschaftlicher Technikforschung: Eine Zwischenbilanz des Projektverbunds. in: Lutz, B. (Hrsg.), Technik in Alltag und Arbeit, S. 7-18, Berlin.

Mayntz, R./Holm, K./Hübner, P. (1978): Einführung in die Methoden der empirischen Soziologie. 5. Aufl., Opladen.

Preisendörfer, P./Ziegler, R. (1990): Adressenaktualisierung und Feldverlauf einer Studie über Gründung und Erfolg von Kleinbetrieben, in: ZUMA-Nachrichten, Nr. 27, S. 93-108.

Rendtel, U. (1990): Teilnahmeentscheidung in Panelstudien: Zwischen Beeinflussung, Vertrauen und sozialer Selektion, in: Kölner Zeitschrift für Soziologie und Sozialpsychologie (KZfSS), Jg. 42, Heft 2, S. 280-299.

Rothe, G. (1990): Wie (un)wichtig sind Gewichtungen? Eine Untersuchung am ALLBUS 1986, in : ZUMA-Nachrichten, Nr. 26, S. 31-55.

Rothe, G./Wiedenbeck, M. (1987): Stichprobengewichtung: Ist Repräsentativität machbar?, in: ZUMA-Nachrichten, Nr. 21, S. 43-58.

Schnell, R. (1992): Die Homogenität sozialer Kategorien als Voraussetzung für "Repräsentativität" und Gewichtungsverfahren, erscheint in: Zeitschrift für Soziologie.

Schultz-Wild, R./Nuber, Ch./Rehberg, F./Schmierl, K. (1989): An der Schwelle zu CIM. Strategien, Verbreitung, Auswirkungen, Eschborn/Köln.

Schumann, M./Baethge-Kinsky, V./Neumann, U./Springer, R. (1990): Breite Diffusion der Neuen Produktionskonzepte - zögerlicher Wandel der Arbeitsstrukturen, in: Soziale Welt, Jg.41 (1990), Nr. 1, S. 47-69.

Schumann, M./Baethge, V./Neumann, U./Springer, R. (1989): Arbeitstypologische Bestandsaufnahme, in: Verband sozialw. Technikforschung, Mitteilungen; Bd. 5 (1989), S. 25-35.

Trinczek, R. (1991): Zur Bedeutung des betriebshistorischen Kontextes von Rationalisierung. in: Minssen, M. (Hrsg.), Rationalisierung in der betrieblichen Arena, S. 63-76, Berlin.

Wagner, G. (1987): Analysepotentiale und -grenzen der gegenwärtigen amtlichen und nichtamtlichen Datenproduktion für einen 'Problemlösungsoperator Sozialwissenschaft', in: Müller, N./Stachowiak, H. (Hrsg.), Problemlösungsoperator Sozialwissenschaft, Bd. II, S. 41-125, Stuttgart.

Neue Informationstechnologien und flexible Arbeitssysteme: Verteilungsmuster und Gestaltungsformen

IV. Die Diffusion rechnergestützter Technik im deutschen Maschinenbau

Peter Hauptmanns / Rainer G. Saurwein / Louise Dye

A. Einleitung

Seit über 20 Jahren befaßt sich die ökonomische und industriesoziologische Forschung mit der Frage nach Faktoren, die das Unternehmerverhalten bezüglich der Einführung neuer technischer Verfahren beeinflussen. Als prägende Pionierarbeit gilt die Untersuchung von Mansfield 1968 ("Industrial Research and Technological Innovation"), in der er die Verbreitung von 14 Innovationen in vier Industriezweigen betrachtet. Die seither verstärkt betriebene industrielle Diffusions- bzw. Adoptionsforschung signalisiert den Bedeutungsgewinn, den die Analyse von Entwicklung und Verbreitung des technischen Fortschritts in der Ökonomie und Industriesoziologie erfahren hat.

Aufgrund der ständig steigenden Komplexität der Technologie ist gegenüber der traditionellen Diffusionsforschung, die vor allem für die Erklärung von Fragestellungen der Erst-Adoption als punktueller Akt der Übernahme einer neuen Technologie geeignet war, verstärkt die Umsetzungsproblematik von Bedeutung. Bock fordert daher einen Perspektivenwechsel, der die Adoption "... als Beginn eines Prozesses begreift, auf dem verschiedene unternehmensinterne und -externe Einflußfaktoren (Diffusionsdeterminanten) wirken ..." (Bock 1987, S. 11). Insbesondere bei der Adoption einer neuen komplexen Technologie zeigen sich Konsequenzen erst nach längerem betrieblichen Einsatz. Erst im Verlauf der Anwendung stellt sich heraus, inwieweit die Erwartungen des Adoptors erfüllt wurden und auf welche Schwierigkeiten und Engpässe reagiert werden muß.

Die industriesoziologische Forschung ist bislang vorwiegend an Querschnittsuntersuchungen zur durchschnittlichen Verbreitung verschiedener

Innovationen in verschiedenen Unternehmensbereichen und -größen orientiert. Für die Untersuchung des Ausbreitungsprozesses im Zeitablauf ist ein Mangel an empirischer Forschungstätigkeit vorhanden, für den Gierl das Datenproblem für ursächlich hält. "Für die Forschung ist das Gebiet wenig reizvoll, da sich die Datensammlung zu Diffusionsprozessen nicht nur auf eine Stichprobe von Innovationen, sondern auch auf deren zeitlichen Verlauf erstrecken muß und sich somit besonders aufwendig gestaltet." (Gierl 1987, S. 53)

Hochtechnologie-Innovationen sind typischerweise kostspielig und ziehen Folgekosten nach sich. Die Ungewißheit über diese Konsequenzen und über die Innovation selbst erfordert eine konsequente Organisation des Adoptions-Entscheidungsprozesses. Für die forschungsleitenden Fragestellungen des Teilprojektes Z-2 und auch anderer Teilprojekte innerhalb des Sonderforschungsbereiches 187 der Ruhr-Universität Bochum sind daher die Methoden der industriellen Diffusion- bzw. Adoptionsforschung als Prozeßanalyse besonders relevant, deren Ziel es ist, Faktoren, die das Verhalten von Unternehmen im Hinblick auf die Geschwindigkeit der Adoption technischer Innovationen bestimmen, zu erfassen, ihre Wirkungen zu untersuchen und zukünftige Diffusionsverläufe zu prognostizieren sowie Handlungsempfehlungen im Hinblick auf Einsatzschwierigkeiten und Einsatzbedingungen zu entwickeln.

Durch das NIFA-Panel sollen u.a. auch Daten zum Stand und zur Entwicklung der Technikdiffusion ermittelt werden. Dabei werden aus dem Spektrum der neuen Technologien die Fertigungs- und Verfahrenstechniken herausgegriffen. Die umfangreichste Anwendung und somit die größte Bedeutung haben sie in der Investitionsgüterindustrie, der als Technikausstatter für andere Sektoren in dieser Hinsicht eine Multiplikatorwirkung zugeschrieben werden kann. Das primäre Interesse des Bochumer Sonderforschungsbereiches richtet sich dabei auf den Maschinenbau.

Der erste Schritt bei der Analyse von Einflußfaktoren auf die Diffusion neuer Techniken ist die Erhebung der aktuellen Einsatzquoten. Dies wurde in den 80er Jahren in einer Reihe von Untersuchungen versucht, die jedoch fast alle - durch die Orientierung an Fallstudien - kaum vergleichbar und nicht repräsentativ sind.

Die bekannteste repräsentative Untersuchung der 80er Jahre, die Ergebnisse für den Maschinenbau lieferte, wurde vom Institut für Sozialwissenschaftliche Forschung e.V. (ISF) in München durchgeführt. Die Ergebnisse der Umfrage des ISF München basieren auf 1.285 auswertbaren Fragebögen (Rücklaufquote 26 Prozent), davon sind 565 Betriebe aus dem

Maschinenbau[1]. Die Nutzung dieser Daten bis heute[2] zeigt, daß in der Industriesoziologie nach wie vor ein Bedarf an aktuellen Verbreitungszahlen rechnergestützter Technologie besteht. Diese Aktualitätslücke wird das NIFA-Panel durch die Erhebung von Einsatzquoten der verschiedenen Techniken über die nächsten Jahre schließen. Die folgenden Auswertungen geben die Ergebnisse der ersten Erhebungswelle (1991) des NIFA-Panels wieder und bieten somit eine aktuelle Information über die Techniknutzung im deutschen Maschinenbau.

B. Einsatz rechnergestützter Technologie im Maschinenbau

Von den insgesamt 2553 Betrieben, die den Fragebogen, der Angaben zur eingesetzten Technik beinhaltete, beantworteten, gaben nur 64 (=2,5 Prozent) an, weder in der Verwaltung noch in der Produktion computergestützte Technik einzusetzen. Dabei handelte es sich ausschließlich um Kleinbetriebe: 45 dieser Betriebe hatten weniger als 50, weitere 13 Betriebe zwischen 50 und 100 und nur sechs Betriebe mehr als 100 Mitarbeiter.

Weitere 219 Antworter (=8,6 Prozent) gaben an, computergestützte Technik ausschließlich im Verwaltungsbereich einzusetzen. Auch hier handelte es sich überwiegend um Kleinbetriebe: 125 davon hatten weniger als 50 Beschäftigte, weitere 63 zwischen 50 und 100 und nur 31 Betriebe davon gaben an, mehr als 100 Mitarbeiter zu beschäftigen.

Von den verbleibenden 2270 Betrieben setzten nur 86 ausschließlich in der Produktion computergestützte Technologie ein, die überwiegende Mehrheit von 2184 Betrieben nutzten rechnergestützte Technik sowohl in der Produktion als auch in der Verwaltung.

Im folgenden werden die Ergebnisse dieser Abfrage in Relation zu den Ergebnissen der Untersuchung des ISF München von 1986/87 gesetzt, wenn dieser Vergleich möglich ist. Dies dient dazu, nicht nur den derzeitigen Stand der Diffusion rechnergestützter Technologie im Maschinenbau zu erfassen, sondern auch Entwicklungsschwerpunkte in den letzten Jahren zu identifizieren.

Generell läßt sich, wie oben gezeigt, konstatieren, daß der Einsatz rechnergestützter Technik im Maschinenbau zum "Normalfall" geworden ist. Im folgenden betrachten wir den Technikeinsatz differenziert nach "Fertigungswerkstätten", "produktionnahe Dienste" sowie "Transport /Montage/Handhabung". Erfaßt wurde dazu in der ersten Welle des Panels, welche

1 Zur exakteren Repräsentierung der Branchen wurden die Ergebnisse der Studie vom ISF gewichtet, sodaß die Angaben zum Maschinenbau auf (gewichtet) 320 Betrieben basieren.

2 Als aktuellstes Beispiel siehe Fiedler/ Regenhard 1991.

der verschiedenen Technikarten in den Betrieben eingesetzt werden; die Frage, wieviel Maschinen einer bestimmten Technikvariante eingesetzt werden, ist Bestandteil der zweiten Panelwelle.

Abb. 1: Nutzung rechnergestützter Technik

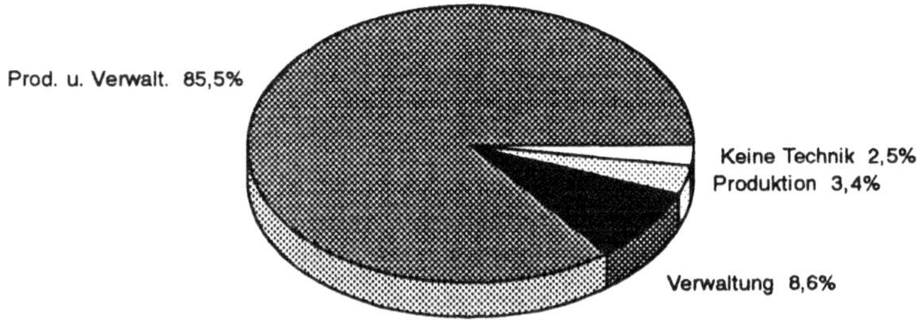

1. *Technikeinsatz in den Fertigungswerkstätten*

Zum Bereich der Fertigungswerkstätten rechnen wir die Techniken "NC/CNC-Maschinen", "Bearbeitungszentren", "Flexible Fertigungszellen, -Systeme und Transferstraßen" sowie die "DNC-Systeme" zur Steuerung dieser Maschinen. Bei der Zahl der in der Fertigung eingesetzten verschiedenen Techniken zeigen sich deutliche Unterschiede zwischen den oben aufgeführten Technikarten. Die Durchdringung der Werkstätten mit einfunktionalen NC/CNC-Maschinen hat mit 76,5 Prozent einen außerordentlich hohen Grad erreicht; demgegenüber sind mehrfunktionale Techniken, wie Bearbeitungszentren, noch nicht so weit verbreitet, obwohl das NIFA-Panel z.B. für Bearbeitungszentren bereits eine Einsatzquote von 45,7 Prozent aufweist. Der Einsatz flexibler Mehr-Maschinen-Systeme, der i.d.R. mit hohen Investitionen und u.U. auch mit organisatorischen Umstellungen verbunden ist, ist dagegen nach wie vor die Ausnahme: Nur 7,8 Prozent der befragten Betriebe setzen flexible Fertigungszellen ein, flexible Fertigungssysteme sogar nur 5,1 Prozent. Flexible Transferstraßen haben bei einer Einsatzquote von gut einem Prozent im Maschinenbau keine Bedeutung. Gegenüber 1986/87 haben sich die Einsatzquoten der verschiedenen Techniken in der Fertigung nur unwesentlich erhöht. Bei NC/CNC-Maschinen scheint bei einer Einsatzquote von fast 77 Prozent eine Sättigungsgrenze erreicht worden zu sein; diese Vermutung wird auch durch die geringen Planungszahlen[3] gestützt.

Die Zahl der Betriebe, die flexible Fertigungstechniken einsetzen, hat sich zwar in den letzten fünf Jahren mehr als verdoppelt, ist allerdings insgesamt gesehen immer noch relativ gering. Betrachtet man allerdings dieses Ergebnis differenziert nach den Betriebsgrößen, ist festzustellen, daß die insgesamt geringe Verbreitung dieser Techniken primär darauf zurückzuführen ist, daß sie in Klein- und Mittelbetrieben nur marginal verbreitet sind. In Betrieben mit mehr als 1000 Mitarbeitern setzten dagegen bereits 42,2 Prozent (= 46 Betriebe) Fertigungszellen und 40,4 Prozent (= 44 Betriebe) Fertigungssysteme ein.

Der Bereich der DNC-Steuerungen ist gegenüber 1986/87 durch ein deutliches Wachstum gekennzeichnet. 1991 setzten fast 19 Prozent der Maschinenbaubetriebe DNC-Systeme ein, womit selbst die Planungszahlen von 1987 deutlich übertroffen wurden. Die Ausstattung der Fertigungswerkstätten mit BDE/MDE-Terminals ist gegenüber der durch das ISF erhobenen Einsatzquote ebenfalls relativ stark angestiegen. 1991 nutzt bereits knapp ein Viertel aller Betriebe die Technik, von den Großbetrieben sogar schon mehr als die Hälfte.

Tab. 1: Einsatzquoten von Techniken in der Fertigung

	CNC (%)	BAZ (%)	FFZ (%)	FFS (%)	DNC (%)	BDE/MDE (%)
Gesamt	76,5	45,7	7,8	5,1	18,8	24,2
Betriebsgröße:						
< 50 Mitarb.	62,1	29,0	1,9	1,4	8,3	16,2
50-100	70,7	39,4	2,6	1,8	11,9	24,4
100-200	80,4	47,2	6,0	2,8	17,5	27,8
200-500	92,7	60,8	13,0	5,0	27,9	25,3
500-999	98,1	81,4	25,6	18,6	44,9	30,8
1000-	100,0	86,2	42,2	40,4	67,0	51,4

3 Nur 1,4% der Betriebe, die noch keine CNC-Maschinen einsetzen, planen diesen Einsatz für die kommenden Jahre.

Abb. 2: Technikeinsatz in der Fertigung

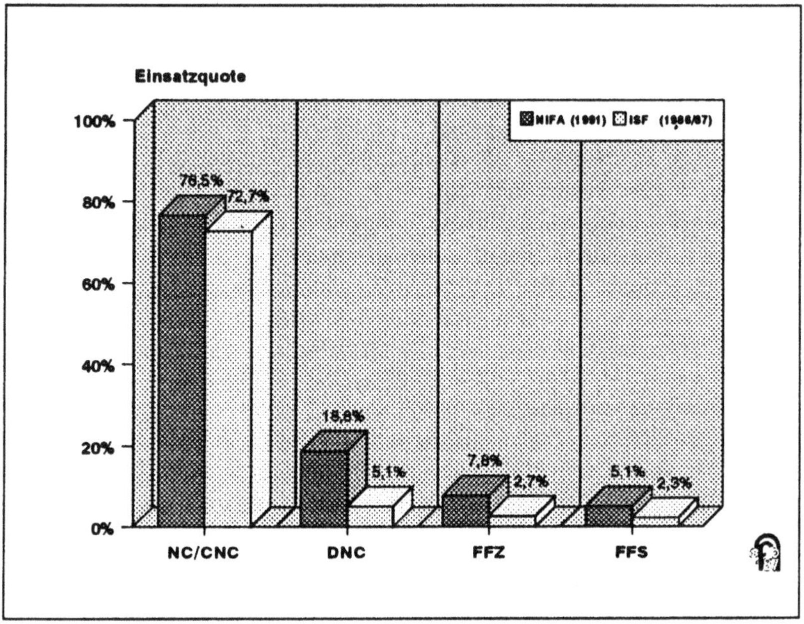

2. *Technikeinsatz in den produktionsnahen Diensten*

Eine größere Dynamik als in den Fertigungswerkstätten verzeichnet der Technikeinsatz in den produktionsvor- und nachgelagerten Diensten, wie Konstruktion, Qualitätskontrolle, Arbeitsplanung und Programmierung.

Ein regelrechter "Boom" ist dabei für den Einsatz von CAD-Systemen zu konstatieren, deren Anwenderzahl gegenüber 1986/87 um fast das Dreifache auf 59,7 Prozent gestiegen ist[4]. Selbst in Kleinbetrieben mit weniger als 50 Mitarbeitern beträgt die Einsatzquote für CAD-Systeme bereits 36,8 Prozent, und schon mehr als die Hälfte aller Betriebe mit 50-100 Beschäftigten setzen die Technik ein. Bei Betrieben mit mehr als 100 Mitarbeitern kann man CAD inzwischen als Standardtechnologie ansehen (vgl. Tabelle 2). Dies ist wohl zum einen auf die technische Entwicklung, d.h. die erlangte Marktreife kleinerer, unkomplizierterer und vor allem auch preisgünstigerer CAD-Systeme, zurückzuführen, die somit auch für kleinere und

---

4 Die Angaben beziehen sich - wie bei allen Techniken - auf Betriebe, die diese Technik einsetzen, nicht auf die Zahl der eingesetzten Systeme; d.h. 1990 war die Zahl der Betriebe, die CAD-Nutzer waren, rund dreimal so hoch wie 1986/ 87. Über die innerbetriebliche Diffusion, d.h. die Anzahl der eingesetzten verschiedenen Technikarten, können wir auf der Basis der ersten Welle des NIFA-Panels noch keine Aussagen machen. Dies soll aber in den Folgewellen erhoben werden.

mittlere Unternehmen rentabel einsetzbar werden. Zum anderen kann diese Entwicklung als Reaktion auf die Marktanforderungen nach mehr Einzelfertigung, häufigerem Produktwechsel und flexibler Reaktion auf spezielle Wünsche der Kunden angesehen werden.

Ebenfalls große Steigerungsraten weist der Einsatz von PPS-Systemen auf, und auch die computerunterstützte Arbeitsplanung und Programmierung hat inzwischen eine relativ weite Verbreitung gefunden. PPS-Systeme gehörten 1991 in 42,2 Prozent aller Betriebe zum Technikrepertoire. Bereits ab einer Betriebsgröße von mehr als 100 Mitarbeitern setzten über die Hälfte der Betriebe PPS-Systeme ein; Großbetriebe mit 1000 und mehr Beschäftigten sind sogar bereits zu gut 86 Prozent PPS-Anwender. Der PPS-Bereich, der als ein essentieller Kern des Computer Integrated Manufacturing (CIM) anzusehen ist, ist darüber hinaus ebenso wie der Bereich der Datenerfassung noch mit einem erheblichen Wachstumspotential versehen - weitere 16,6 Prozent der Betriebe gaben an, die Einführung von PPS-Systemen noch zu planen. Allerdings kann die Fragestellung im NIFA-Panel keine Auskunft darüber geben, ob diese Systeme tatsächlich von den Betrieben genutzt werden, bzw. wie hoch der Anteil der sog. "PPS-Ruinen" (Hildebrandt/Seltz 1989) in der Realität ist.

Systeme zur computerunterstützten Arbeitsplanung und Programmierung (CAP) wurden 1991 in 32,5 Prozent der befragten Betriebe eingesetzt. Auch bei dieser Technik variiert die Einsatzquote erheblich mit der Betriebsgröße. Während Kleinbetriebe unter 50 Beschäftigten zu nur 18,5 Prozent CAP-Systeme nutzten, waren es schon zwei Drittel der Betriebe zwischen 500 und 1000 Mitarbeitern und sogar über 70 Prozent der Großbetriebe mit mehr als 1000 Beschäftigten.

Tab. 2: Einsatzquoten von Techniken in den produktionsnahen Diensten

	CAD (%)	PPS (%)	CAP (%)	CAQ (%)
Gesamt	59,7	42,2	32,5	10,7
Betriebsgröße:				
< 50 Mitarb.	36,8	17,6	18,5	6,8
50-100	52,7	32,1	21,9	7,4
100-200	66,2	53,0	35,8	8,8
200-500	81,8	65,7	47,3	14,9
500-999	93,6	76,9	66,0	21,2
1000-	98,2	86,2	71,6	33,9

Als erstes Zwischenfazit kann an dieser Stelle schon festgehalten werden, daß offensichtlich die technische Unterstützung von Planungs- und Steuerungsaufgaben, also von primär organisatorischen Aufgaben, größeres Gewicht erhalten hat als die weitere Rechnerunterstützung im Bereich der direkten Bearbeitungstätigkeiten.

Abb. 3: Technikeinsatz in den produktionsnahen Diensten

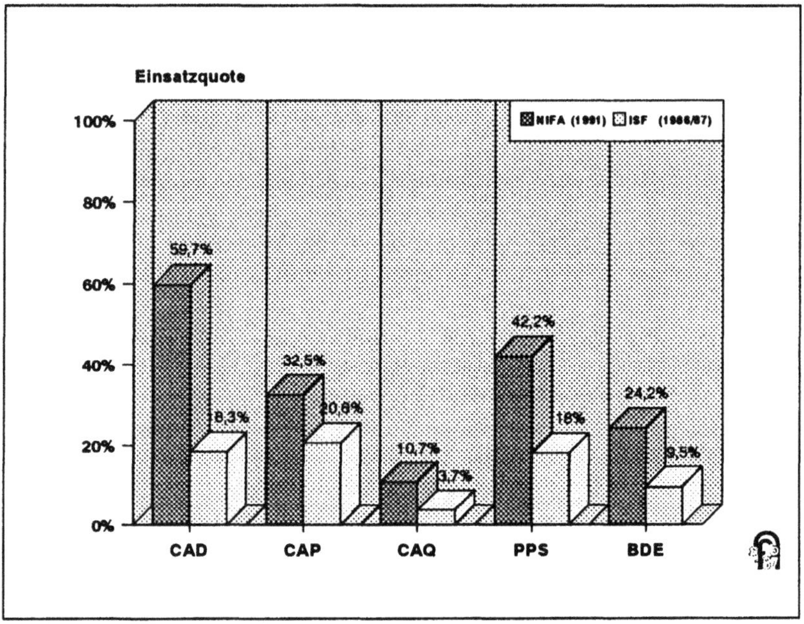

3. *Technikeinsatz in den Bereichen Montage/Handhabung/Transport/Lager*

Im Bereich der produktionsnach- und nebengelagerten Dienste, wie Montage, Teilehandhabung, Transport und Lager, wurde bisher noch weitgehend mit konventioneller Technik gearbeitet. Allein der Einsatz von Industrierobotern ist mit 12,8 Prozent hervorzuheben. Die niedrige Planungszahl (nur 3,8 Prozent der befragten Betriebe planen in naher Zukunft den Einsatz dieser Technik) läßt allerdings darauf schließen, daß trotz der niedrigen Diffusionsquote von Robotern im Maschinenbau ein starker Anstieg des Einsatzes dieser Technik in den nächsten Jahren nicht zu erwarten ist. Es ist davon auszugehen, daß die Robotertechnik erst mit zunehmender Standardisierung der Produkte[5] weitere Verbreitung finden wird.

Die Einsatzquote für computerunterstützte Lagersysteme lag 1991 bei 18,5 Prozent und ist damit gegenüber 1986/87 erheblich angestiegen. Allerdings ist diese Angabe mit Zurückhaltung zu interpretieren, da hier - so unsere Erfahrungen aus den die Erhebung begleitenden qualitativen Studien[6] - häufig schon der Einsatz von Personal Computern oder Terminals als "rechnerunterstützte Lagersysteme" gewertet wurde.

Der Einsatz rechnerunterstützter Montagesysteme ist mit 3 Prozent ebenso marginal wie der der automatischen Transportsysteme mit 4,6 Prozent. Daß die Einsatzquoten dieser Techniken gegenüber 1986/87 stagnierten ist aber wohl nicht als Sättigungseffekt zu interpretieren, sondern eher auf eine noch nicht den Anforderungen entsprechende Technikreife zurückzuführen.

Abb. 4: Technikeinsatz für Montage/Handhabung/Transport/Lager

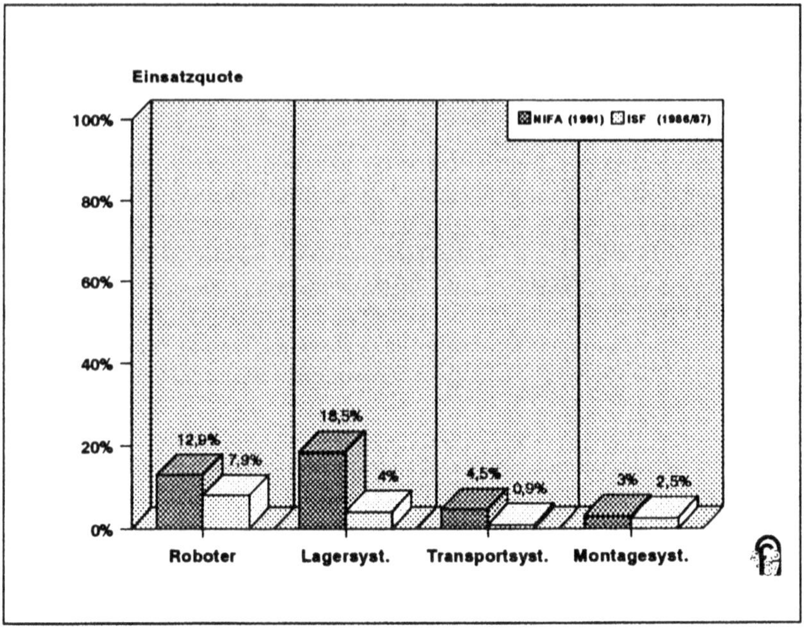

5 Die Hälfte der Betriebe gab an, weniger als 5% standardierte Produkte in ihrem Produktprogramm zu führen. Der Anteil der Betriebe, bei denen Standardprodukte mehr als die Hälfte des Produktprogramms ausmachten, lag bei knapp 20%.

6 Vgl. Hauptmanns/Seitz in diesem Band sowie Widmaier et.al 1991 und Hauptmanns/Saurwein 1992.

Tab. 3: Einsatzquoten von Techniken für Montage/Handhabung/Transport/Lager

	Roboter (%)	Lagersys. (%)	Montagesys. (%)	Transportsys. (%)
Gesamt	12,9	18,5	3,0	4,6
Betriebsgröße:				
< 50 Mitarb.	4,2	6,8	0,6	0,6
50-100	6,6	12,2	1,3	2,0
100-200	9,3	18,5	2,2	2,8
200-500	22,5	29,1	5,0	7,3
500-999	34,0	42,9	8,3	10,3
1000-	56,9	63,3	18,3	35,8

C. Diffusion informationstechnischer Vernetzung

Im Hinblick auf die Diffusion von CIM-Strukturen ist es notwendig, den Grad der informationstechnischen Vernetzung der einzelnen Technikbereiche zu betrachten. Entsprechende Fragen sind dazu im NIFA-Panel enthalten.

Von den befragten Betrieben gaben insgesamt 36,4 Prozent an, mindestens eine informationstechnische Vernetzung zweier Technikbereiche vorgenommen zu haben. Dabei spiegelt sich im Prinzip die oben aufgezeigte Entwicklung wider: die Vernetzung des schon seit längerem stark technisierten CAM-Bereichs mit Konstruktions- sowie Planungs- und Steuerungstechnik hat mit dem wachsenden Einsatz dieser Techniken stark zugenommen, während noch "exotische" Bereiche, wie die computerunterstützte Qualitätskontrolle (CAQ), weiterhin isoliert und kaum integriert bleiben (siehe Abb. 5).

Es zeigt sich, daß die informationstechnische Vernetzung der CIM-Komponenten CAD, CAM, PPS, CAP und CAQ zwar insgesamt gesehen zunimmt, daß aber von einer Integration zu CIM-Gesamtsystemen noch nicht wirklich gesprochen werden kann. Allerdings ist der Trend festzustellen, daß mit zunehmendem Technikeinsatz auch die Vernetzung der Technikkomponenten eher vorgenommen wird. So sinkt der Anteil der Betriebe, die alle eingesetzten Komponenten unvernetzt nutzen, von ca. 80 Prozent bei den Betrieben, die nur zwei CIM-Komponenten einsetzen, auf nur noch rund 11 Prozent bei den Betrieben, die alle 5 CIM-Komponenten einsetzen. Umgekehrt wächst der Anteil der Betriebe, die alle eingesetzten Komponenten miteinander vernetzen, von ca. 17,5 Prozent bei denjenigen, die nur zwei CIM-

Techniken einsetzen, auf rund 38 Prozent bei denjenigen, die alle fünf Komponenten nutzen.

Abb. 5: Informationstechnische Vernetzung

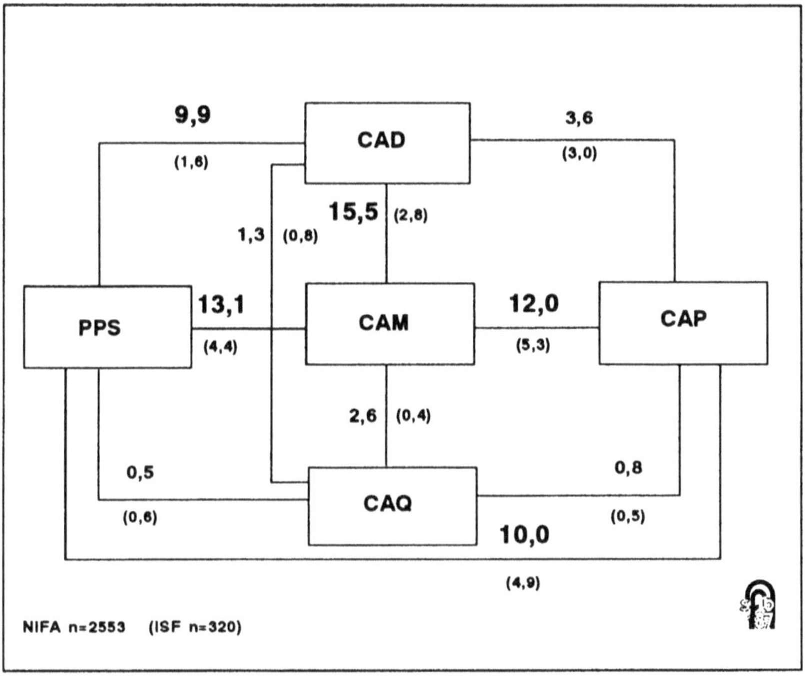

D. Determinanten des betrieblichen Technikeinsatzes

Wie aus den obigen Tabellen schon deutlich wird, ist die Betriebsgröße ein den Umfang und vor allem auch die Art des betrieblichen Technikeinsatzes wesentlich beeinflussender Faktor. Bei fast allen abgefragten Techniken steigt die Einsatzquote mit der Betriebsgröße. Eine Ausnahme bildet allein der Einsatz von Betriebsdatenerfassungssystemen, der bei Betrieben mit 50-100 Mitarbeitern etwas weiter verbreitet ist als bei mittelgroßen Betrieben, wobei allerdings auch hier Großbetriebe über 1000 Mitarbeitern die mit Abstand höchste Einsatzquote aufweisen.

Besonders deutlich wird der Größeneffekt bei den Einsatzquoten der flexiblen Fertigungszellen und -systeme. Bei beiden Techniken sieht man den deutlichen Anstieg der Einsatzquote von 2-3 Prozent bei Kleinbetrieben auf fast 50 Prozent der Großbetriebe. Dies wird natürlich schon allein durch die für diese Techniken notwendigen Investitionen erklärbar. Darüber hinaus sind diese komplexen Systeme i.d.R. auch mit zusätzlichen Qualifizierungsnotwendigkeiten für das Werkstattpersonal verbunden, die für Kleinbetriebe einen ungleich höheren Aufwand darstellen.

Zusammenfassend läßt sich also feststellen, daß Betriebsgröße[7] ein entscheidender Faktor für die Einsatzquote von rechnergestützten Techniken ist. Korreliert man Betriebsgröße (operationalisiert über "Zahl der Mitarbeiter") mit "Zahl der eingesetzten verschiedenen Techniken" ergibt sich $r = .53$ und $r^2 = .28$, d.h. statistisch können mit der Betriebsgröße allein rund 28 Prozent der Varianz der Variable "Technikeinsatz" erklärt werden. Dabei ist "Betriebsgröße" natürlich nicht ein theoretisches Konzept für sich, sondern steht hier nur als Catch-All- oder Proxy-Variable für andere Indikatoren, wie z.B. Umsatz und - daraus abzuleiten - zur Verfügung stehende Ressourcen oder Kundenanforderungen, Seriengrößen etc.

Eine weitere den Technikeinsatz beeinflussende Größe ist die vorherrschende Fertigungsart in den Betrieben. Obwohl dieser Zusammenhang nicht so eindeutig ist wie der zwischen Technikeinsatz und Betriebsgröße, läßt sich feststellen, daß die Zahl der eingesetzten rechnergestützten Techniken mit der im Betrieb vorherrschenden Seriengröße zunimmt. Während die Einmalfertiger zu 84 Prozent geringer technisiert sind (1-5 Techniken), sinkt diese Quote bis hin zu 57 Prozent bei den Massenfertigern.

In einem multivariaten Modell zur Erklärung der Einflußfaktoren auf den Technisierungsgrad ergibt sich ebenfalls die Betriebsgröße als dominierender Faktor[8]. In ein erstes Erklärungsmodell wurden die Variablen "Betriebsgröße", "Seriengröße", "Bearbeitungsverfahren", "Fertigungsprogramm" und "Fertigungsorganisation" als unabhängige und die Variable "Technisierungsgrad" als abhängige aufgenommen. Das Ergebnis einer multiplen Regression ergab einen durch diese Prädiktoren erklärten Varianzanteil für die abhängige Variable von ca. 37 Prozent. Den größten Partialeffekt hatte dabei wiederum die Betriebsgröße. Darüber hinaus ist ein Trend zum Einsatz von mehr Techniken zu erkennen bei einem hohen Anteil an zerspanenden Aufgaben im Betrieb, einem hohen Anteil an Großserienfertigung und einem geringen Anteil an Fertigung nach dem Werkbankprinzip. Die Aufnahme von zusätzlichen Variablen (z.B. Eigenfertigungsanteil, Fertigungsorganisation) ergab keine Verbesserung des Modells.

---

7 Bzw. die durch die Variable Betriebsgröße repräsentierten Variablen, wie Verfügbarkeit von Ressourcen, Anforderungen an den Betrieb aus der betrieblichen Umwelt etc.

8 Der allerdings durch "Umsatz" ersetzt werden kann, da zwischen der Betriebsgröße und dem betrieblichen Umsatz eine fast perfekte Korrelation besteht ($r = .92$).

E. Diffusionsverläufe rechnergestützter Technologien

Im NIFA-Panel wurden die Befragten auch gebeten, Angaben darüber zu machen, welche computergestützte Technik sie zuerst eingeführt haben, und in welchem Jahr diese Einführung vorgenommen wurde. Für ca. 81 Prozent der Betriebe war die Anschaffung einer NC/CNC-Maschine der Einstieg in die computergestützte Technik, nur 19 Prozent setzten als erste C-Technik andere Systeme (und hierbei wiederum fast ausschließlich CAD- oder PPS-Systeme) ein. Betrachtet man die Diffusionsquote im Zeitverlauf von 1960 bis 1990, ergibt sich die typische "S"-förmige Kurve für technologische Diffusion nach dem "Internal-Influence-" oder dem Gompertz-Modell[9]. Das Internal-Influence Modell kann auch inhaltlich für die Diffusion von C-Technologien als adäquat angesehen werden, folgt man der Definition, daß "the internal influence model is most appropriate when an innovation is complex and socially visible, not adopting it places social system members at a 'disadvantage' (e.g. competitive disadvantage in business), the social system is relatively small and homogenous and there is a need for experiental and legitimizing information prior to adoption" (Mahajan/Peterson 1985, S. 18f.). Zwar sind im Falle der Diffusion von computergestützten Bearbeitungsmaschinen nicht alle Voraussetzungen eines statischen Diffusionsmodells erfüllt[10], doch auch in solchen Fällen "in practice it can often be applied without deleterious consequences" (Mahajan/Peterson 1985, S. 25).

Wir betrachten im folgenden die Diffusion von NC/CNC-Maschinen im deutschen Maschinenbau, allerdings nicht theoretisch, auf der Basis des mathematischen Modells, sondern nur rein empirisch auf der Basis der NIFA-Daten.

Nach Mansfield (1961) ist die Diffusionsrate als eine Funktion von Faktoren, wie "ökonomischer Vorteil durch die Innovation", "Kosten der Innovation" und "Grad der Unsicherheit, der mit der Innovation verbunden ist", anzusehen. Da diese Faktoren im NIFA-Panel nicht direkt gemessen wurden, müssen wir auf eine nach Betriebsgröße differenzierende Betrachtung der Diffusionsverläufe zurückgreifen. Dabei kann aber davon ausgegangen werden, daß die von Mansfield genannten Faktoren durch die Variable "Betriebsgröße" zwar nicht vollständig abgebildet sind, daß diese aber einen für einen ersten Überblick hinreichenden Indikator darstellt. Der Einsatz von NC-Maschinen begann ca. im Jahr 1960. Bei Großbetrieben ist

9 Die Diffusionsmodelle werden mathematisch über verschiedene Differentialgleichungen beschrieben, auf die hier nicht näher eingegangen werden kann. Vgl. als sehr guten Überblick Mahajan/Peterson 1985.

10 Dies verlangt, wie der Name schon nahelegt, eine statisches "Soziales System", d.h., theoretisch darf die Zahl der potentiellen Adoptoren weder sinken noch steigen. Wollte man dies zusätzlich berücksichtigen, müßte auf ein dynamisches (und mathematisch ungleich komplexeres) Diffusionsmodell wie etwa das NSRL- oder das NUI-Modell zurückgegriffen werden (vgl. Easingwood u.A. 1983).

dann eine relativ schnelle Diffusion dieser Technologie zu erkennen (vgl. Abb. 6), während kleinere Betriebe erst nach einer gewissen Zeit den Einstieg in diese Technik vollzogen. Die Diffusionsprozesse laufen in den verschiedenen Betriebsgrößenklassen nahezu parallel ab: Nach einem "vorsichtigen" Einstieg wird die Einsatzkurve steiler, bis sie nach ca. 20 Jahren einen zweiten Wende- oder Sättigungspunkt erreicht und abflacht. Bei Großbetrieben war bereits 1987 eine Diffusionsquote von 100 Prozent gegeben, bei kleineren Betrieben ist diese Quote - bedingt durch den späteren Ersteinsatz - noch nicht erreicht. Im Verlauf der Kurven läßt sich das von Lay/Michler (ISI 1989, S. 29) postulierte Drei-Phasen-Modell der Diffusion von CNC-Technik gut erkennen, nach dem größere Unternehmen Pilotanwender der Technik waren, nach der endgültigen Marktreife diese von mittleren und großen Unternehmen auf breiter Front eingesetzt wurden, während kleinere Unternehmen nur zögernd mit dem Einsatz der Technik beginnen, dann aber weitgehend gleiche Adoptionsmuster aufweisen.

Abb. 6: Diffusion von CNC-Maschinen im Maschinenbau[11]

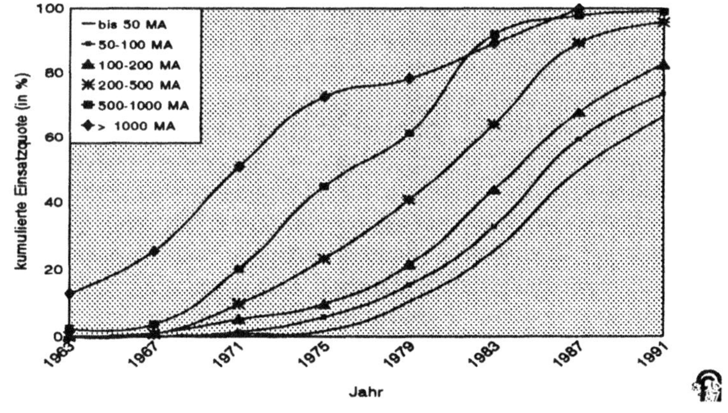

11 Von den Betrieben, die zum Zeitpunkt der Erhebung CNC-Maschinen einsetzten, hatten nur 152 diese nicht als erste Technologie eingesetzt, so daß der genaue Zeitpunkt des Einsatzes nicht ermittelt werden konnte. Von diesen 152 Betrieben haben aber 119 ihre erste computergestützte Technik erst nach 1980 eingeführt - in diesen Fällen wurde der Zeitpunkt des CNC-Einsatzes mit dem Zeitpunkt des Einsatzes der ersten C-Technik gleichgesetzt. Aufgrund der Aggregierung der Zeitachse in 4-Jahres-Abschnitte ist eine signifikante Verzerrung des Kurvenverlaufs durch die bei diesem Verfahren möglichen Abweichungen vom tatsächlichen Zeitpunkt des Ersteinsatzes aber kaum zu erwarten. Nur 33 Betriebe (= 2%), deren erste eingesetzte C-Technik nicht CNC-Maschinen waren, begannen vor 1980 mit der Automatisierung. In diesen Fällen wurde aufgrund des höheren Verzerrungsrisikos auf eine Einordnung verzichtet, die Fälle wurden aus der Analyse ausgeschlossen.

Abb. 7: Branchenspezifischer Konjunkturverlauf Maschinenbau[12]

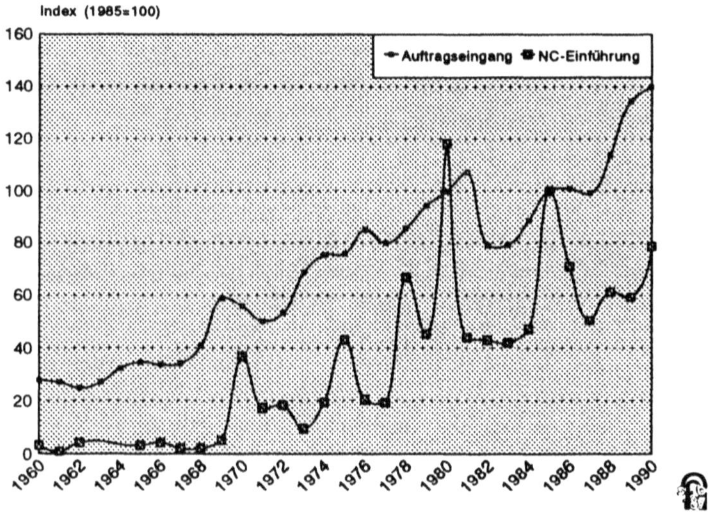

Ein Vergleich der Adoptions- oder Diffusionsquote mit der branchenspezifischen Konjunkturlage[13] zeigt, daß diese nicht, wie oft angenommen wird, parallel zur Branchenkonjunktur verläuft. Allerdings könnten die konjunkturellen Schwankungen zwischen 1975 und 1985 eine Hilfe bei der Interpretation der frühzeitigen Abflachung der Diffusionskurven für größere Betriebe darstellen. Während kleine und mittlere Betriebe sich in dieser Zeit gerade in ihrer Einstiegsphase befinden und die Adoptionsrate noch relativ gering ist, haben größere Betriebe schon einen relativ hohen Einsatzgrad erreicht. Erhebliche Rückgänge im Auftragsvolumen, wie sie um 1977 und 1982/83 zu verzeichnen waren, werden dann zu einer zurückhaltenden Investitionstätigkeit führen, zumal wenn schon ein hoher Ausstattungsgrad erreicht ist. In der Betriebsgrößenklasse "500-999 Mitarbeiter", die sich zu dieser Zeit noch auf dem "steilen" Abschnitt der Diffusionskurve befand, ist auch deutlich der "Nachholbedarf", der nach der Zurückhaltung im Zeitraum 1975-80 entstanden war, an dem danach wieder steilen Anstieg zu erkennen. Dies ist um so bemerkenswerter, als in den Jahren 1982/83 ein weitaus größerer Auftragsrückgang zu verzeichnen war

12 Quelle: eigene Berechnungen auf Basis der Statistischen Jahrbücher 1960-91, Index des Auftragseingangs, Basis: 1985 = 100.

13 Gemessen über den Index des Auftragseingangs, Statistisches Jahrbuch der Bundesrepublik Deutschland.

als in der zweiten Hälfte der siebziger Jahre. Allerdings war 1983 auch in dieser Betriebsgrößenklasse eine Diffusionsquote erreicht, die generell (und unabhängig von der konjunkturellen Entwicklung) eine Abflachung des Diffusionsverlaufs bedingte. Es kann also zusammenfassend festgestellt werden, daß die Diffusion von CNC-Maschinen im deutschen Maschinenbau von kurzfristigen branchenkonjunkturellen Schwankungen kaum beeinflußt worden ist.

F. Fazit

Zusammenfassend läßt sich feststellen, daß offensichtlich die grundlegende Automatisierung der direkten stofflichen Bearbeitung weitgehend abgeschlossen ist - allerdings besteht im Bereich der komplexeren Technik noch ein erhebliches Wachstumspotential. In den der Fertigung vor- bzw. nachgelagerten Bereichen ist dagegen noch erhebliches Automatisierungspotential vorhanden. Noch relativ gering ist auch die Einsatzquote bei den sog. "flexiblen Fertigungstechnologien" (Flex. Fertigungszellen, Flex. Fertigungssysteme), deren geringe Verbreitung allerdings aufgrund einer ganzen Reihe von Faktoren erklärbar ist.

Die größeren Technisierungsschübe sind in den letzten fünf Jahren in den vorbereitenden und planenden Bereichen der Produktion zu verzeichnen. Weitergehende Rationalisierung und Flexibilisierung der Produktion ist also z.Z. weniger ein Problem der weiteren Automatisierung der stofflichen Bearbeitung, sondern wird verstärkt im Bereich der technischen Unterstützung von organisatorischen und dispositiven Aufgaben angestrebt.

G. Literatur

Bock, J. (1987): Die innerbetriebliche Diffusion neuer Technologien - Einflußfaktoren bei Innovationsprozessen auf der Grundlage der Mikroelektronik im Investitionsgüterbereich, Berlin.

Easingwood, C.J./Mahajan, V./Muller, E.W. (1983): A non-uniform influence innovation diffusion model of new product acceptance, in: Marketing Science, 2, S. 273-296.

Fiedler, A./Regenhard, U. (1991): Mit CIM in die Fabrik der Zukunft? Probleme und Erfahrungen, Opladen.

Gierl, H. (1987): Ist der Erfolg industrieller Innovationen planbar? - Die Ergebnisse einer empirischen Studie, in: zfbf 39 (1/1987), S. 53-73.

Hauptmanns, P. (1991): Das NIFA-Panel - Untersuchungsanlage und methodische Konzeption, SFB 187 Arbeitspapier, Bochum.

Hauptmanns, P./Rogalski, W. (1992): Fallstudien in der Industriesoziologie - Zur Kritik der vorherrschenden Methode sozialwissenschaftlicher Technikforschung, in: Lehner, F./Schmid, J. (Hrsg.), Technik - Arbeit - Betrieb - Gesellschaft, Neue Informationstechnologien und flexible Arbeitssysteme Bd. 1, Opladen, S. 205-224.

Hauptmanns, P./Saurwein, R.G. (1992): Probleme bei schriftlichen Betriebsbefragungen - Ein methodischer Erfahrungsbericht zur ersten Welle des NIFA-Panels, in: ZUMA-Nachrichten, Heft 31/1992.

Hildebrandt, E./Seltz, R. (1989): Wandel betrieblicher Sozialverfassung durch systemische Kontrolle? Die Einführung computergestützter Produktionsplanungs- und -steuerungssysteme im bundesdeutschen Maschinenbau, Berlin.

ISI (Institut für Systemtechnik und Innovationsforschung (1989): Stand und Aussichten der Fertigungsautomation in der Bundesrepublik Deutschland, Karlsruhe.

Mahajan, V./Peterson, R.A. (1985): Models for Innovation Diffusion, Beverly Hills.

Mansfield, E. (1961): Technical Change and the Rate of Imitation, in: Econometrica 29, S. 741-766.

Mansfield, E. (1968): Industrial Research and Technological Innovation, London.

Rogers, E.M. (1983): Diffusion of Innovations, New York (3. Aufl.).

Schultz-Wild, R./Nuber, C./Rehberg, F./Schmierl, K. (1989): An der Schwelle zu CIM - Strategie, Verbreitung, Auswirkung, Eschborn.

Widmaier, U./Flimm, C./Freriks, R./Hauptmanns, P./Rogge-Kaiser, I./Saurwein, R.G. (1991): Neue Informationstechnologien und Flexible Arbeitssysteme. Die "Panelstudie zur technischen, betrieblichen, wirtschaftlichen und sozialen Entwicklung beim Einsatz flexibler Arbeitssysteme in der gewerblichen Wirtschaft" des SFB 187, in: Mitteilungen aus der Arbeitsmarkt- und Berufsforschung (MittAB), 24. Jg, Heft 4, S. 714-725.

V. Alte und neue Formen der Arbeitsorganisation und Qualifikation - Ein Überblick

Barbara Ostendorf / Beate Seitz

A. Einleitung

Durch die Einführung und den Einsatz computergestützter Produktionstechniken schienen für die Industriesoziologie "die Zeiten des sicheren (...) Urteils über Verlaufsformen und Folgewirkungen des technisch-organisatorischen Wandels" vorbei zu sein (Hirsch-Kreinsen/Wolf 1987, S. 181). Der Abschied vom Technikdeterminismus, und damit das neuerliche Nachdenken über das Verhältnis von Technik, Arbeitsorganisation und Qualifikation, führte auf der Ebene der Erklärungsansätze zu einer Situation "Neuer Unübersichtlichkeit" (ebd.). Die konkurrierenden Erklärungsmuster setzen nicht nur auf der Mikro-Ebene der einzelnen Betriebe an, sondern auch auf der Makro-Ebene, bei der Veränderung der globalen Wirtschafts- und Sozialstrukturen (vgl. Bechtle/Lutz 1989). Die Diskusion kann als weitgehend bekannt vorausgesetzt werden und wird daher an dieser Stelle nicht noch einmal aufgenommen.

Ziel dieses Beitrags ist es vielmehr, die auf der Basis unserer repräsentativen Stichprobe gewonnenen Erkenntnisse über Formen der Arbeitsorganisation im westdeutschen Maschinenbau darzustellen und so der Diskussion um die zukünftige Entwicklung der Produktionsstrukturen eine breitere empirische Basis zu geben. Langfristig wird dadurch die Möglichkeit eröffnet, eine größere Kongruenz zwischen der Tragfestigkeit des Datensegments und dem Verallgemeinerungsniveau der über das Verhältnis von Technik, Arbeitsorganisation und Qualifikation abgeleiteten Aussagen herzustellen, wie dies an verschiedener Stelle gefordert wurde (vgl. etwa Pries u.a. 1990, Lutz 1983).

Um Trend- oder Entwicklungsaussagen, um die häufig das primäre Erkenntnisinteresse industriesoziologischer Forschung kreist, überprüfen zu können, ist die Feststellung eines Status Quo, ohne dessen Kenntnis Veränderungen nicht ausgemacht werden können, Voraussetzung. Hier kommt Studien, die auf der betrieblichen Mikro-Ebene ansetzen, eine zentrale Bedeutung zu (vgl. Fritsch 1991). Im NIFA-Panel wurde daher bereits bei der Konstruktion des Erhebungsinstrumentes der Fokus bewußt auf die einzelbetriebliche Ebene gelenkt und der Versuch der systematischen Operationalisierung der als relevant identifizierten technischen und arbeitsorganisatorischen Dimensionen unternommen (vgl. den Beitrag von Flimm/Saurwein in diesem Band).

Über die Darstellung der wichtigsten Ergebnisse des NIFA-Panels zur arbeitsorganisatorischen Gestaltung im deutschen Maschinenbau hinaus wird in diesem Beitrag an einigen Stellen bereits der vorsichtige Versuch unternommen, durch den Vergleich mit anderen quantitativ angelegten Studien (ISF) Entwicklungstendenzen der letzten Jahre aufzuzeigen.

B. Arbeitsorganisation und Qualifikation in der Fertigung - Ergebnisse des NIFA-Panels

Zum Erhebungsprogramm des NIFA-Panels im Bereich Arbeitsorganisation gehören zwei zentrale Fragenkomplexe. Sie beziehen sich auf die arbeitsorganisatorische Gestaltung an einzelnen computergestützten Bearbeitungsmaschinen, insbesondere einfunktionalen NC/CNC-Maschinen, und an sogenannten Mehr-Maschinen-Systemen, wie bspw. flexiblen Fertigungssystemen oder flexiblen Transferstraßen. Im folgenden werden zunächst wesentliche Befunde zur Arbeitsorganisation bei NC/CNC-Einsatz dargestellt, um im Anschluß daran nach strukturellen Zusammenhängen mit dem Qualifikationsprofil der Betriebe zu fragen. Zum Abschluß wird eine Gegenüberstellung mit der Arbeitsorganisation an Mehr-Maschinen-Systemen und eine Einordnung der vorliegenden Ergebnisse in die aktuelle Diskussion vorgenommen. Weitergehende Analysen, insbesondere zum Fragenkomplex Qualifizierung in der Fertigung, finden sich im Beitrag von Hauptmanns/Seitz/Widmaier in diesem Band.

1. Arbeitsorganisatorische Gestaltungsformen bei NC/CNC-Einsatz

Die Diffusion von NC/CNC-Techniken in den Betrieben des westdeutschen Maschinenbaus ist mittlerweile weit vorangeschritten (vgl. Hauptmanns/Saurwein/Dye in diesem Band). Diese Techniken wurden besonders in der Frühphase ihres Einsatzes im Hinblick auf Auswirkungen auf die Arbeitsorganisation in der Werkstatt und langfristige Wirkungen auf die Qualifikation der Beschäftigten kritisch beurteilt. Insbesondere für Klein- und Mittelbetriebe, so die Annahme, stünde durch die dominierenden zentralistischen arbeitsorganisatorischen Gestaltungskonzepte (vgl. Nuber/Schultz-Wild

1990, S. 158) die Werkstatt "als Einheit von Herstellung, Arbeitsvorbereitung und Planung grundsätzlich zur Disposition" (Kern/Schumann 1984, S. 141), wodurch "eine prinzipielle Barriere gegenüber der Nutzung der ersten NC-Generation für die eigene Produktion bestand" (ebd. S. 140). Die Maschinenprogrammierung wurde - auch aus technischen Gründen (fest verdrahtete Steuerungen) - in vielen Fällen ins Büro bzw. in die Arbeitsvorbereitung ausgelagert und von der Maschinenbedienung getrennt. Im Vergleich mit traditionellen Arbeitsplatzzuschnitten stellt diese Form der Arbeitsorganisation eine Einengung des Aufgabenspektrums des Maschinenbedieners bzw. des Werkstattpersonals dar, so daß häufig eine Dequalifizierung der Beschäftigten (NC-Betrieb mit Angelernten) befürchtet wurde.

Insofern wurde die Verortung der Funktion der Programmierung lange Zeit als entscheidend betrachtet, und deshalb fanden die in den letzten Jahren entwickelten WOP-Systeme, die durch graphisch-interaktive Oberflächen die Bedienerprogrammierung erleichtern, starke Beachtung. Im Rahmen des folgenden Exkurses sollen daher neueste Ergebnisse zur Verbreitung von Werkstatt- und Bedienerprogrammierung dargestellt werden.

a) Exkurs: Programmierung in der Werkstatt

Im Jahr 1991 gaben 86,5 Prozent der am NIFA-Panel teilnehmenden Betriebe an, beim Einsatz einzelner computergestützter Bearbeitungsmaschinen Werkstattprogrammierung zu praktizieren. Die zum Vergleich herangezogenen Zahlen des ISF weisen für 1986/87 einen Anteil von 71,2 Prozent der Maschinenbaubetriebe aus, die Werkstattprogrammierung einsetzen (vgl. Nuber/Schultz-Wild 1990, S. 164). Diese Entwicklung könnte im Zusammenhang mit dem Diffusionsverlauf dieser Technik stehen. Für 70,3 Prozent der Betriebe des NIFA-Panels war die NC/CNC-Technik die erste eingesetzte computergestützte Technik[1]. Hinsichtlich des Einsatzzeitpunktes spielt die Größe eines Betriebes eine wesentliche Rolle (vgl. Hauptmanns/Saurwein/Dye in diesem Band). Großbetriebe begannen deutlich eher mit dem Einsatz der neuen Technik; unter den Frühadaptoren, die den Einstieg 1970 oder früher vollzogen haben, sind mehr als die Hälfte der Betriebe Großbetriebe mit 500 oder mehr Mitarbeitern. Bei Kleinbetrieben mit weniger als 100 Beschäftigten erfolgte der Einstieg in die NC/CNC-Technik auf breiter Ebene erst Anfang bis Mitte der 80er Jahre. Da Werkstattprogrammierung in Kleinbetrieben u.a. aufgrund der geringeren organisatorischen Ausdifferenzierung weiter verbreitet ist als in Großbetrieben (vgl. Abbildung 1), wäre eine mögliche Erklärung für die festgestellte Zunahme von Werkstattprogrammierung der Einstieg der Kleinbetriebe in die NC/

---

1 Bezogen auf die Betriebe, die überhaupt computergestützte Techniken in der Fertigung einsetzen, liegt die Quote bei 80,1 Prozent.

CNC-Technik.[2] Abbildung 1 zeigt jedoch, daß sich im betrachteten Zeitraum auch Großbetriebe mehr und mehr für diese Organiationsform entschieden haben.

Abb. 1: Einsatz von Werkstattprogrammierung (nach Betriebsgrößenklassen)

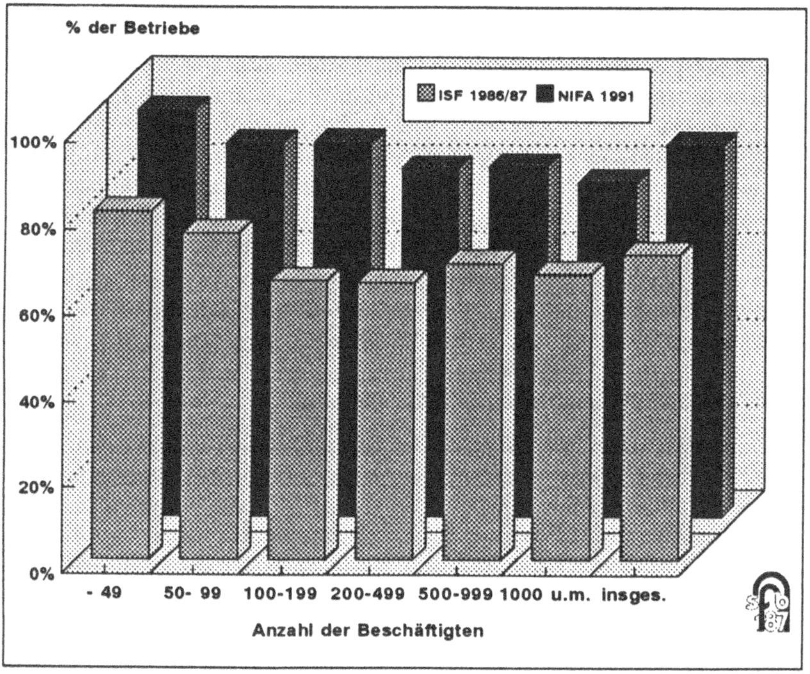

Diese Zahlen lassen nur begrenzt Schlußfolgerungen auf die Arbeitssituation der Maschinenbediener zu, denn entscheidend ist, in welchem Umfang die Erstellung von Programmen in den Kompetenzbereich der Werkstatt fällt und inwieweit die Programmierung darüber hinaus von den Maschinenbedienern selbst übernommen wird. Ganz oder zum großen Teil wird die Programmierung in 52,3 Prozent der Betriebe von der Werkstatt vorgenommen, so daß hier von einer dominanten Werkstattprogrammierung gesprochen werden kann. In einem Teil dieser Betriebe gehört die Programmierung vollständig zum Aufgabenspektrum, so daß in 22,4 Prozent aller Betriebe eine bedienerdominante Programmierung vorherrscht. Zur Beurteilung der Entwicklungstendenzen der letzten Jahre können als grobe An-

2 Zum Einfluß der Betriebsgröße auf die Art der CNC-Programmierung vgl. auch: Poutsma/Zwaard (1989). Analoge Befunde zum Diffusionsverlauf von NC/CNC-Techniken finden sich bei Ewers u.a. (1989).

haltspunkte wiederum Vergleichszahlen des ISF dienen.[3] Im Jahr 1986/87 stellte das ISF eine Dominanz von Werkstattprogrammierung in etwa 38,4 Prozent der Betriebe fest, die NC/CNC-Technik einsetzten. In 13,1 Prozent der Betriebe, die NC/CNC-Maschinen einsetzten, wurde die Werkstattprogrammierung ausschließlich durch die Maschinenbediener durchgeführt.[4]

Die Befunde sprechen insgesamt somit eher für eine voranschreitende Integration von Programmierfunktionen (für den Werkzeugmaschinenbau auch Schumann u.a. 1990) und nicht für eine grundlegende "Neuverteilung der intellektuellen Produktionskompetenzen" (Dörr 1991, S. 251), in deren Folge nur noch einfache (Programmier-)Arbeiten von den Maschinenbedienern selbst geleistet werden.

Der Bereich der Programmierung war und ist in der Diskussion um den Zusammenhang von arbeitsorganisatorischer Gestaltung und Qualifikation ein herausgehobener Bereich (vgl. Rose 1990). Wichtig ist jedoch darüber hinaus, wie der Kompetenzbereich der Werkstatt gegenüber den produktionsnahen Diensten insgesamt ausgestaltet und das Aufgabenspektrum der Maschinenbediener im Verhältnis zum übrigen Werkstattpersonal definiert wird.

b) Die funktionale Aufgabenverteilung zwischen Werkstatt und produktionsnahen Diensten

Die funktionale Aufgaben- und Kompetenzverteilung zwischen Werkstatt und produktionsnahen Diensten wurde anhand von elf unterschiedlichen Tätigkeiten ermittelt. Von diesen Tätigkeiten kann angenommen werden, daß sie in allen Betrieben anfallen, wobei natürlich Unterschiede aufgrund der funktionalen Differenzierung der Betriebe bestehen können. Erhoben wurde, in welchem Umfang[5] die Tätigkeiten Maschinenprogrammierung sowie indirekte Produktions- und Servicefunktionen, Aufgaben der Feinplanung bzw. -terminierung (Werkstattsteuerung) und Grobplanung zum Aufgabenbereich der Werkstatt gehören (vgl. Abbildung 2).

---

3 Direkte Vergleichbarkeit ist nicht gegeben, da im NIFA-Panel eine ordinale Skala verwendet wird, das ISF hingegen Prozentzahlen erhoben hat; von "dominanter Werkstattprogrammierung" wird dann gesprochen, wenn der Anteil am gesamten Programmieraufwand mindestens 80 Prozent beträgt (vgl. Köhler u.a. 1989). Im NIFA-Panel wird dagegen lediglich erfaßt, ob diese Tätigkeit "ganz", "zum großen Teil", "zum geringen Teil" oder "gar nicht" in den Kompetenzbereich der Werkstatt fällt. "Dominanz" von Werkstattprogrammierung wird hier angenommen, wenn die Maschinenprogrammierung ganz oder zum großen Teil in den Aufgabenbereich der Werkstatt fällt. Ein Vergleich wird weiterhin dadurch erschwert, daß die Bezugsgrößen unterschiedlich sind. Das ISF fragte nach dem "Programmieraufwand" während im NIFA-Panel das "Aufgabenspektrum" von Werkstatt und Maschinenbedienern erhoben wird.

4 Zahlen: Nuber/Schultz-Wild (1990, S. 174).

5 Es standen die Kategorien "vollständig", "zum großen Teil", "zum geringen Teil", "gar nicht" zur Auswahl.

Abb. 2: *Das Aufgabenspektrum des Werkstattpersonals an computergestützten Bearbeitungsmaschinen*

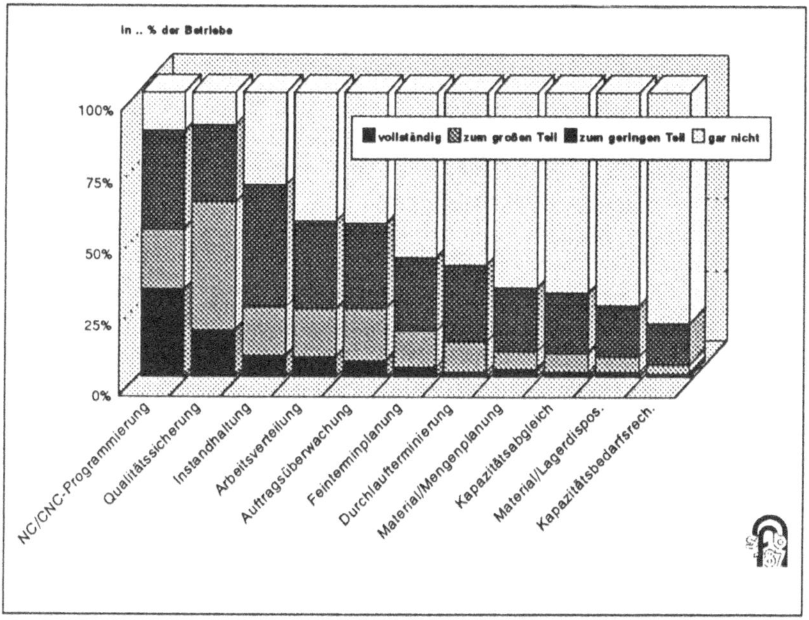

Die Reihenfolge der Tätigkeiten in Abbildung 2 entspricht der der Mittelwerte[6]. Die Rangfolge, die sich anhand der Durchschnittswerte ergibt, deckt sich in etwa mit der theoretisch zu erwartenden (vgl. Flimm/Saurwein in diesem Band).

Die Maschinenprogrammierung gehört (vgl. B.1.a)) überwiegend zum Aufgabenspektrum der Werkstatt, so daß sich für diese Tätigkeit der höchste Mittelwert ergibt. Es folgen die Funktionen Qualitätssicherung, die in 88,6 Prozent der Betriebe mindestens zum Teil von der Werkstatt übernommen wird, und die Instandhaltung. Nicht überraschend ist, daß die Aufgaben aus dem Bereich der Fertigungssteuerung mit geringerer Frequenz in den Kompetenzbereich der Werkstatt fallen. Am Ende der Skala liegen die Werte für Tätigkeiten aus dem Bereich der Grobplanung[7]; so fällt etwa die Kapazitätsbedarfsrechnung in 81 Prozent der Betriebe nicht in den Kompetenzbereich der Werkstatt.

Um Aussagen über den Umfang des funktionalen Aufgabenspektrums der Werkstatt treffen zu können, die über die Ebene von Einzelindikatoren

6 Für die Mittelwertbildung wurde jeder Antwortkategorie ein Code zugeordnet; die Nennung "vollständig" erhielt den Wert 4, die Nennung "gar nicht" den Wert 1; die Zuordnung zu den anderen Kategorien erfolgte demgemäß (zum großen Teil 3; zum geringen Teil 2).

7 Material- und Mengenplanung, Kapazitätsabgleich, Material- und Lagerdisposition.

hinausgehen, sollen die Werte für die einzelnen Indikatoren in Zusammenhang gebracht werden. Erst auf der Grundlage einer solchen Informationsaggregation kann dann eine Klassifizierung vorgenommen werden, die es erlaubt, Bezüge zu anderen Typologien herzustellen (vgl. etwa Köhler/Hirsch-Kreinsen 1989). Die Vollständigkeit, mit der die verschiedenen Tätigkeiten vom Werkstattpersonal erbracht werden, läßt sich in simpler Form durch Addition der Werte für die einzelnen Indikatoren erfassen. Es ergibt sich ein Spektrum mit Ausprägungen von 44 - alle genannten Funktionen werden vollständig in der Werkstatt ausgeübt - bis 11 - keine der Funktionen wird in der Werkstatt ausgeübt. Abbildung 3 zeigt die empirische Häufigkeitsverteilung der Betriebe in diesem Spektrum. In einem nächsten Schritt kann dann eine Klassifizierung der Betriebe nach dem Umfang des funktionalen Aufgabenspektrums der Werkstatt vorgenommen werden.

Abb. 3: Das Spektrum funktionaler Aufgabenintegration

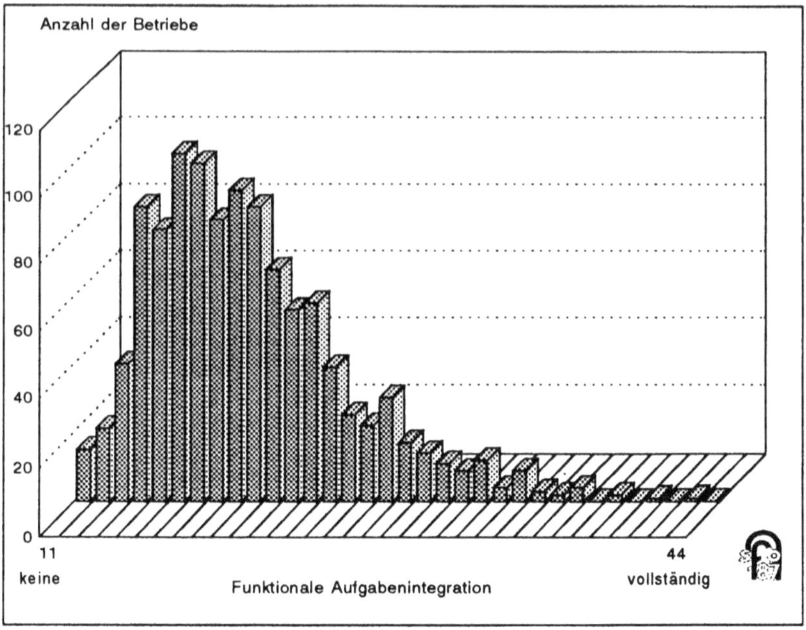

Die notwendige Grenzziehung kann strikt logisch, theoretisch oder aber empirisch vorgenommen werden[8]. Eine rein logische Abgrenzung ergibt sich, indem das Spektrum in etwa gleich große Intervalle unterteilt und untersucht wird, welcher Anteil der Betriebe in jedes Intervall fällt. Betriebe, die einen Wert zwischen 44 und 33 auf der Skala realisiert haben, können als Betriebe mit großem funktionalem Aufgabenspektrum bezeichnet werden. Inhaltlich bedeutet dies, daß die 11 Aufgaben, die als Indikatoren dienen, im Durchschnitt entweder vollständig oder zum großen Teil in der Werkstatt durchgeführt werden. Ein Wert zwischen 32 und 23 bedeutet ein mittleres Aufgabenspektrum. Betriebe, die eine Summe von 22 oder weniger erreichen - das ist gleichzusetzen damit, daß die Aufgaben durchschnittlich "zum geringen Teil" oder "gar nicht" von der Werkstatt ausgeführt werden - werden als Betriebe mit geringem funktionalen Aufgabenspektrum des Werkstattpersonals bezeichnet. Diese logische Abgrenzung ergibt die folgende empirische Verteilung der Betriebe auf die drei Gruppen.

Tab. 1: Funktionale Aufgabenintegration in der Werkstatt

	Prozent der Betriebe
Großes Aufgabenspektrum des Werkstattpersonals	2,4
Mittleres Aufgabenspektrum des Werkstattpersonals	21,6
Geringes Aufgabenspektrum des Werkstattpersonals	76,0

Demnach realisiert die ganz überwiegende Zahl der Betriebe beim Einsatz von NC/CNC-Maschinen eine als zentralistisch zu bezeichnende Form der Arbeitsorganisation im Bereich der funktionalen Aufgaben- und Kompetenzverteilung zwischen Werkstatt und anderen Abteilungen.

Diese Art des Vorgehens beinhaltet generell verschiedene Annahmen. Eine theoretisch problematische ist die der Gleichgewichtigkeit der genannten Tätigkeiten. Hier wäre zu überlegen, ob nicht eine Gewichtung der Indikatoren vorgenommen werden könnte, oder ob nicht die Bildung von Typen anhand der Identifikation wiederkehrender Muster eine fruchtbare Analysestrategie wäre. Dadurch ließe sich zumindest zum Teil auch das Problem auffangen, daß der gleiche Indexwert durch gänzlich unterschiedliche Kombinationen von Werten zustande kommen kann.[9]

8 Auf die Herleitung einer theoretisch begründeten Typologie wird im Rahmen dieses Beitrages bewußt verzichtet, da es zunächst darum geht, einen summarischen Überblick über die Daten zu bieten.

9 Zu der Problematik der Indexbildung vergl. auch Freriks/Widmaier in diesem Band.

c) Das Aufgabenspektrum der Maschinenbediener

Zur Erfassung des fachlichen Aufgabenspektrums der Maschinenbediener[10] an computergestützten Bearbeitungsmaschinen wurde über die oben bereits vorgestellte Skala erhoben, in welchem Umfang elf vorgegebene Tätigkeiten zum Aufgabenspektrum der Maschinenbediener gehören. Anhand der Mittelwerte[11] lassen sich die aufgeführten Tätigkeiten relativ eindeutig gruppieren. Tätigkeiten, die direkt an der Maschine verrichtet werden - Maschinenbedienung, Werkstückhandhabung, Maschineneinrichtung und -umrüstung - werden i.d.R. nahezu vollständig vom Maschinenbediener selbst ausgeführt. So gehört bspw. nur in 0,6 Prozent der Betriebe die Maschineneinrichtung und -umrüstung gar nicht zum Aufgabenspektrum des Maschinenbedieners, in 66,1 Prozent der Betriebe nimmt der Maschinenbediener diese Aufgabe sogar vollständig wahr.

Abb. 4: *Das Aufgabenspektrum der Maschinenbediener an computergestützten Bearbeitungsmaschinen*

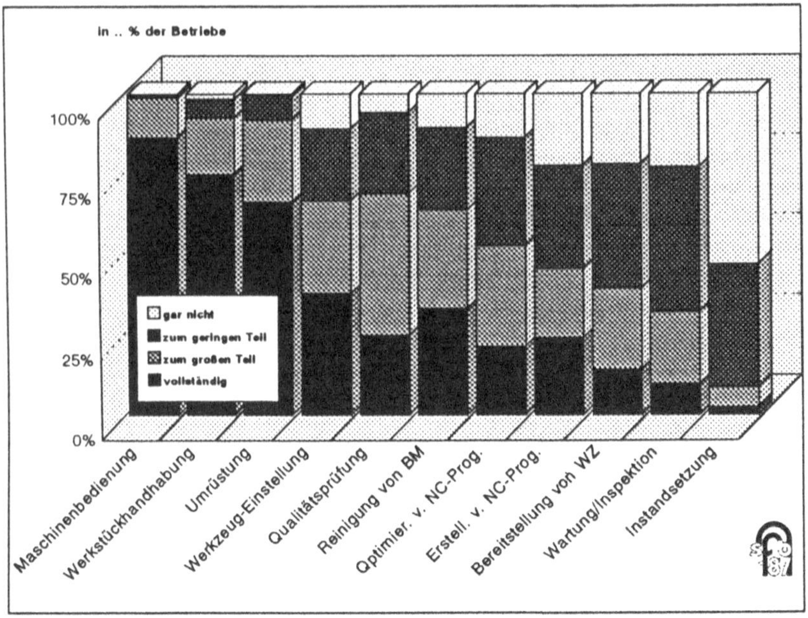

Von einer "Abspaltung von intellektuellen, anspruchsvollen Kompetenzen wie (...) Maschineneinrichtung" (Dörr 1991, S. 251) kann insofern auf breiter Ebene keine Rede sein. Vor- und nachgelagerte Tätigkeiten - Werk-

10 Der Befragte wird sich hier auf einen "durchschnittlichen" Maschinenbediener beziehen.
11 Zur Vorgehensweise vgl. Fußnote 6.

zeugeinstellung, Qualitätsprüfung, Reinigung vom Betriebsmitteln - weisen ebenfalls relativ nah beieinander liegende Werte auf[12]. Zum Aufgabenspektrum der Maschinenbediener gehört in 94,2 Prozent der Betriebe die Qualitätsprüfung, in 89,3 Prozent der Betriebe die Reinigung von Betriebsmitteln und in 89 Prozent der Fälle die Werkzeugeinstellung. Die Optimierung von NC/CNC-Programmen gehört in 86,2 Prozent der Betriebe zum Aufgabenspektrum der Maschinenbediener, für die Maschinenprogrammierung (vgl. Abschnitt B.1.a.) ergab sich ein Wert von 77,5 Prozent. Die Aufgabe der Instandsetzung wird nur in 46,3 Prozent der Betriebe vom Maschinenbediener wahrgenommen, aber kleinere Instandhaltungsarbeiten gehören noch in 76,9 Prozent der Betriebe zum Aufgabenspektrum der Maschinenbediener.

Auch für das fachliche Aufgabenspektrum läßt sich ein additiver Index bilden. Bestimmt man auch hier logische Grenzen für die Kategorien geringes, mittleres und großes Aufgabenspektrum der Maschinenbediener so haben in 36,7 Prozent der Betriebe die Maschinenbediener ein großes Aufgabenspektrum, in 58,8 Prozent der Fälle liegt ein mittleres Aufgabenspektrum vor und von einem geringen Aufgabenspektrum kann man nur in 4,5 Prozent der Fälle gesprochen werden.[13]

Eine andere Art der Aggregation der vorliegenden Informationen besteht in der empirischen Ermittlung von Gruppen (vgl. Abschnitt B.1.b.). Die kategorialen Grenzen werden dann so verschoben, daß bspw. jeweils etwa ein Drittel der Betriebe in die so definierten Intervalle fällt.[14] Es ist dann nicht mehr angebracht, von einem großen, mittleren und geringem funktionalen Aufgabenspektrum zu sprechen. Eher angemessen sind die Begriffe überdurchschnittlich, durchschnittlich und unterdurchschnittlich.

Tabelle 2 zeigt den Anteil der den so ermittelten Gruppen zugehörigen Betriebe.

Tab. 2: Fachliche Aufgabenintegration im Maschinenbau

Aufgabenspektrum der Maschinenbediener	% der Betriebe
überdurchschnittlich	36.7
durchschnittlich	33.6
unterdurchschnittlich	29.6

12 Dies könnte auf der rein deskriptiven Ebene ein Hinweis darauf sein, daß unterschiedliche Dimensionen von Arbeitsorganisation existieren, die in sich relativ homogen sind. Diese Vermutung hat sich im Rahmen multivariater Auswertungen bestätigt (vgl. Freriks/Widmaier in diesem Band).

13 Zur Abgrenzung vgl. oben.

14 Die Gruppen sind nicht ganz genau gleich groß, da es sich um eine diskrete Verteilung handelt.

Beide Formen der Klassifizierung besitzen Vorzüge und Nachteile, deshalb ist es jeweils inhaltlich zu entscheiden, welche im konkreten Fall angemessen ist (vgl. auch Abschnitt B.1.d.). Ein Beispiel für die Verwendung der empirischen Klassifizierung findet sich bspw. in Freriks/Hauptmanns/ Schmid in diesem Band. Vor dem Hintergrund dieser Ergebnisse läßt sich konstatieren, daß in einer nennenswerten Zahl von Betrieben - bei Zugrundelegung der logischen Grenzziehung - ein relativ hohes Maß an fachlicher Aufgabenintegration auf Maschinenbedienerebene einhergeht mit einer mehr oder weniger strikten Beschneidung der Kompetenzen der Werkstatt.

d) Arbeitsorganisation und Qualifikation

Interessant ist nun der Zusammenhang zwischen der Form der betrieblichen Arbeitsorganisation und der Qualifikationsstruktur der Mitarbeiter. Als ausgewählter Indikator soll an dieser Stelle der Facharbeiteranteil im Betrieb betrachtet werden. Es kann aufgrund theoretischer Vorüberlegungen erwartet und auch empirisch belegt werden, daß der Grad der fachlichen Arbeitsteilung im Betrieb einen größeren Einfluß auf die Qualifikationsstruktur der Mitarbeiter hat als der Umfang des Aufgabenspektrums der Werkstatt. Den Zusammenhang des Facharbeiteranteils im Betrieb mit dem Umfang des fachlichen Aufgabenspektrums der Maschinenbediener in der Fertigung zeigt Tabelle 3. Ein großes Aufgabenspektrum der Maschinenbediener geht einher mit einem hohen Facharbeiteranteil und umgekehrt.

Tab. 3: Fachliche Aufgabenintegration und Qualifikationsprofil der Betriebe

Aufgabenspektrum des Maschinenbedieners	Facharbeiteranteil im Gesamtbetrieb
groß	51%
mittel	44%
gering	34%

Hier erweist sich, daß der "logische" Index insofern trennschärfer ist, als er zu einer größeren Unterschiedlichkeit der Gruppen führt. Während in Tabelle 3 ein Unterschied von 17 Prozentpunkten ausgewiesen wird, beträgt die Differenz beim Facharbeiteranteil zwischen den Betrieben mit über- und den Betrieben mit unterdurchschnittlichem Aufgabenspektrum der Maschinenbediener nur 9 Prozentpunkte (Tabelle 4).[15]

15 Zwischen der einfachen Summe der Ausprägungen für die Indikatoren und dem Facharbeiteranteil im Betrieb besteht eine negative Korrelation in der Höhe von r = -0.22, die hochsignifikant ist. Das heißt, je vollständiger die Maschinenbediener durchschnittlich die 11 Aufgaben wahrnehmen, desto höher ist der Facharbeiteranteil im Gesamtbetrieb.

Tab. 4: Aufgabenspektrum des Maschinenbedieners (empirische Abgrenzung) und Qualifikationsprofil des Betriebes

Aufgabenspektrum des Maschinenbedieners	Facharbeiteranteil im Gesamtbetrieb
überdurchschnittlich	51%
durchschnittlich	44%
unterdurchschnittlich	42%

Eine Frage, die sich vor allem aufgrund der neueren Diskussion um eine mögliche Entkoppelung der Gestaltung von Arbeitsorganisation und Qualifikation aufdrängt, ist die nach vorhandenen Autonomiespielräumen der Mitarbeiter in der Fertigung.[16] Entsprechende Ausführungen zur Kontrolldiskussion finden sich im Beitrag von Freriks/Hauptmanns/Schmid in diesem Band.

2. *Arbeitsorganisatorische Gestaltung beim Einsatz von Mehr-Maschinen-Systemen*

Als Mehr-Maschinen-System wird die Verknüpfung von einzelnen numerisch gesteuerten Bearbeitungsmaschinen zu "Produktionssystemen höherer Ordnung", wie flexible Fertigungsgruppen, flexible Fertigungssysteme und flexible Transferstraßen, bezeichnet[17]. Insgesamt gaben 10,8 Prozent der Betriebe an, solche Systeme einzusetzen. Zur Erfassung der arbeitsorganisatorischen Gestaltung an Mehr-Maschinen-Systemen wurden die in Abschnitt B.1. bereits dargestellten Indikatoren verwendet.

Hinsichtlich der Kompetenzen des Werkstattpersonals ist festzuhalten, daß keine deutliche Ausweitung von Planungs- und Steuerungskompetenzen stattfindet. Diese Ergebnisse stimmen mit den im Bereich Gruppenarbeit erhobenen Daten überein (vgl. Saurwein in diesem Band). Unterschiede in der Verortung von Tätigkeiten gibt es im Bereich der Zuständigkeit für die Maschinenprogrammierung, die im Falle von Mehr-Maschinen-Systemen nur in 70,1 Prozent der Betriebe in den Zuständigkeitsbereich der Werkstatt fällt. Die Instandhaltung ist, wie wohl vermutet werden darf, aufgrund der größeren Komplexität der Systeme verstärkt aus dem Aufgabenbereich der Werkstatt ausgelagert.

16 Wenn "(...) höhere Qualifikationen (...) keine Garantie mehr für größere Handlungsspielräume und gute Chancen einer eigenen Leistungsregulation" sind, dann " (...) ist die Qualifikation nicht mehr die zentrale Kategorie zur Analyse von Arbeitsbedingungen und auch nicht mehr der entscheidende arbeitspolitische Hebel zur Verbesserung der Arbeitssituation" (Manske 1991, S. 12).

17 Eine Typologie findet sich bei Eberwein (1988, S. 53).

Während die Erfassung des funktionalen Aufgabenspektrums der Werkstatt relativ unproblematisch erscheint, sind Aussagen über die horizontale Arbeitsteilung nur bedingt möglich, da detaillierte Erhebungen zu einzelnen Arbeitsplatzprofilen notwendig wären[18]. Dies ist aber in einer standardisierten Breitenerhebung nur bedingt möglich. Schon im Falle der einzelnen computergestützten Bearbeitungsmaschinen mußte der Befragte in relativ starkem Maße abstrahieren. Es wurde angenommen, daß es möglich sei, Aussagen zu den Aufgaben eines hypothetischen "durchschnittlichen" Maschinenbedieners zu treffen. Da kaum angenommen werden kann, daß dem Fragebogenbeantworter verschiedene Arbeitsplatzbeschreibungen präsent sind oder er sich die Mühe macht, diese zu recherchieren[19], wurde nur erhoben, ob bestimmte Aufgaben in den Kompetenzbereich des bzw. der Bediener fallen, oder ob diese durch das nicht direkt am System tätige Werkstattpersonal wahrgenommen werden. Aussagen über die interne Arbeitsorganisation innerhalb der Gruppe - im Falle mehrerer Systembediener - sind aber anhand der vorliegenden Daten nicht möglich. Vergleicht man für die Betriebe, die angaben, sowohl einfunktionale computergestützte Bearbeitungsmaschinen als auch Mehr-Maschinen-Systeme einzusetzen, die Aussagen zum Tätigkeitsspektrum der Maschinen- bzw. Systembediener, so ergibt sich nur für die Tätigkeiten "Maschine umrüsten/einrichten" und "Instandsetzung" ein (auf dem 5 Prozent-Niveau) signifikanter Unterschied.

C. Schluß und Ausblick

Die dargestellten Ergebnisse verdeutlichen, daß die industriesoziologische Forschung nach wie vor einen zum Teil verengten und einseitigen Blick auf die betriebliche Realität hat. Weder dominiert die völlig automatisierte "Fabrik der Zukunft" in der Realität des deutschen Maschinenbaus noch ist qualifizierte Facharbeit obsolet geworden (vgl. Rammert 1992). Viele der bereits seit langem diskutierten und postulierten Entwicklungen stehen erst am Anfang, auch und gerade im Hinblick auf die nachhaltige Veränderung betrieblicher Strukturen. Diese Fehlinterpretation der beobachtbaren Trends hängt u.a. zusammen mit der Konzentration der Datenerhebung auf leicht zugängliche Forschungsfelder, also z.B. Großbetriebe[20] oder besonders

18 Vgl. dazu etwa Fix-Sterz u.a. (1986).

19 Die Validität so erhobener Aussagen müßte auch entschieden bezweifelt werden.

20 Manz (1990, S. 13): "Vielmehr ist zu fragen, ob die vorliegenden industriesoziologischen Untersuchungen zur Frage des Einsatzes neuer Technologien im Maschinenbau ein hinreichendes Bild der Problemlage in dieser Branche zeichnen. Dies ist besonders dann in Frage zu stellen, wenn man davon ausgeht, daß die Organisationsstrukturen in kleineren Betrieben sich deutlich von denen in größeren Betrieben unterscheiden."

innovative Betriebe[21]. Zwar ist die Nutzung neuer Technologien, insbesondere der hier intensiver betrachteten NC/CNC-Technologie, bereits relativ weit verbreitet; eine eindeutige Entwicklungsrichtung im Bereich der Arbeitsorganisation ist damit aber weder vorgegeben noch zeichnet sie sich ab. Vielmehr war die fachliche Arbeitsteilung, für die hier stellvertretend Befunde zur fachlichen Aufgabenintegration vorgestellt wurden, im Maschinenbau von jeher nicht sehr stark ausgeprägt; dies hat sich in der Folge des Einsatzes neuer Techniken bisher nicht entscheidend verändert. Die zum Themenkomplex "Werkstattprogrammierung" dargestellten Befunde weisen eher in Richtung auf eine (erneute) Dezentralisierung entscheidender Kompetenzen. Genauere Aussagen darüber werden auf der Grundlage der nächsten Panel-Wellen möglich sein. Dann wird sich zeigen, ob im Hinblick auf Formen der Arbeitsorganisation "Dezentralisierungsprozesse (...) von einer (system-)technischen Zentralisierung" begleitet werden (Dörr 1991), und ob überhaupt Indizien für eine zunehmende Bedeutung des Paradigmas der systemischen Rationalisierung zu finden sind. Für die Klärung des Verhältnisses zwischen Technik, Arbeitsorganisation und Qualifikation scheinen jedenfalls quantitative Daten eine unabdingbare Ergänzung zum dominierenden qualitativen Mainstream zu sein[22]. Zudem werden die Paneldaten den unschätzbaren Vorteil der Vergleichbarkeit bieten, denn: "Bei 'neuen' Erkenntnissen bleibt stets die Frage offen, ob es sich hierbei um Forschungsartefakte (durch Anwendung unterschiedlicher Methoden, die Verf.) oder um in der Wirklichkeit tatsächlich nachvollziehbare Wandlungsprozesse handelt" (Steininger 1991, S. 134).

D. Literatur

Altmann, N./Deiß, M./Döhl, V./Sauer, D. (1986): Ein "Neuer Rationalisierungstyp" - Neue Anforderungen an die Industriesoziologie, in: Soziale Welt, 37, S. 191-207.

Bechtle, G./Lutz, B. (1989): Die Unbestimmtheit post-tayloristischer Rationalisierungsstrategie und die ungewisse Zukunft industrieller Arbeit", in: Düll, K./Lutz, B. (Hrsg), Technikentwicklung und Arbeitsteilung im internationalen Vergleich, S. 9-91, Frankfurt a.M./New York.

Dörr, G. (1991): Die Lücken der Arbeitsorganisation, Berlin.

Eberwein, R.-D. (1988): Organisation flexibel automatisierter Produktionssysteme, Heidelberg.

Ewers, H.-J./Becker, C./Fritsch, M. (1989): Der Kontext entscheidet: Wirkungen des Einsatzes computergestützer Techniken in Industriebetrieben, Berlin.

Fix-Sterz, J./Lay, G./Schultz-Wild, R. (1986): Flexible Fertigungssysteme und Fertigungszellen - Stand und Entwicklungstendenzen in der Bundesrepublik Deutschland, in: VDI-Z, Band 128, Nr. 11, S. 369-379.

Fritsch, M. (1991): Top-Down oder Bottom-Up? Jahrbuch für Nationalökonomie und Statistik

21 Kern/Schumann (1984, S. 352): "Das Untersuchungsfeld konzentrierte sich um NC-Einsteiger herum. Festgestellt und oft allzu eilfertig verallgemeinert oder doch zumindest hochstilisiert wurden die Erfahrungen der wenigen NC-Pionier-(Groß-)Betriebe."

22 Siehe dazu auch: Hauptmanns/Rogalski (1992).

Hauptmanns, P./Rogalski, W. (1992): Fallstudien in der Industriesoziologie - Zur Kritik der vorherrschenden Methode sozialwissenschaftlicher Technikforschung, in: Lehner, F./ Schmid, J. (Hrsg.), Technik-Arbeit-Betrieb-Gesellschaft, S. 205-224, Opladen.
Hirsch-Kreinsen, H. (1987): Rechnerintegrierte Produktionstechniken und Konsequenzen für die Arbeitsgestaltung, in: IGM (Hrsg.), CIM oder die Zukunft der Arbeit in rechnerintegrierten Fabrikstrukturen, S. 5-69, Frankfurt.
Hirsch-Kreinsen, H./Springer, R. (1984) : Alternativen der Arbeitsorganisation bei CNC-Einsatz, in: VDI-Z, Band 126, Nr. 15.
Hirsch-Kreinsen, H./Wolf, H. (1987): Neue Produktionstechniken und Arbeitsorganisation. Interessen und Strategien betrieblicher Akteure, in: Soziale Welt, 37, S. 181-195.
Kern, H./Schumann, M. (1984): Das Ende der Arbeitsteilung? Rationalisierung in der industriellen Produktion: Bestandsaufnahme, Trendbestimmung, München.
Köhler u.a. (1989): Alternativen der Gestaltung von Arbeits- und Personalstrukturen bei rechnerintegrierter Fertigung, in: KFK-PFT Forschungsbericht 148, S. 3-60.
Köhler, Chr./Hirsch-Kreinsen, H. (1989): Divergierende Rationalisierungsstrategien im Maschinenbau, in: Pries/Schmidt/Trinczek (Hrsg.), Trends betrieblicher Produktionsmodernisierung, S. 72-83, Opladen.
Lutz, B. (1983): Technik und Arbeit, in: Schneider, Ch. (Hrsg.), Forschung in der Bundesrepublik Deutschland, Weinheim.
Malsch, T./Seltz, R. (1987): Neue Produktionskonzepte auf dem Prüfstand, Berlin.
Manske, F. (1991): Kontrolle, Rationalisierung und Arbeit, Berlin.
Manz, T. (1990): Innovationsprozesse in Klein- und Mittelbetrieben, Opladen.
Nuber, C./Schultz-Wild, R. (1990): Facharbeitereinsatz und Verbreitung von Werkstattprogrammierung - Neue Durchsetzungschancen eines vieldiskutierten Konzepts?, in: Rose (Hrsg.), Programmieren in der Werkstatt, S. 155-183, Frankfurt a.M./New York.
Poutsma, E./Zwaard, A. (1989): Programming CNC-Equipment - The Effects of Automation in Small Industrial Enterprises, in: International Small Business Journal, 7.2, S. 35-43.
Pries, L./Schmidt, R./Trinczek, R. (1990): Entwicklungspfade von Industriearbeit. Chancen und Risiken betrieblicher Produktionsmodernisierung, Opladen.
Rammert, W. (1992): Neue Technologien - neue Begriffe?, in: Malsch, T./Mill, U. (Hrsg.): ArBYTE. Modernisierung der Industriesoziologie, Berlin.
Rose, H. (Hrsg.) (1990): Programmieren in der Werkstatt. Perspektiven für Facharbeit mit CNC-Maschinen, Frankfurt a.M./New York.
Rose, H. (1991): Bedeutung des Erfahrungswissens für die Bedienung von CNC-Maschinen, in: Zeitschrift für wirtschaftliche Fertigung, S. 45-48.
Schultz-Wild, R./Nuber, C./Rehberg, F./Schmierl, K. (1989): An der Schwelle zu CIM: Strategien, Verbreitung, Auswirkungen, Köln.
Schumann, M./Baethge-Kinsky, V./Neumann, U./Springer, R. (1990): Breite Diffusion der Neuen Produktionskonzepte - zögerlicher Wandel der Arbeitsstrukturen, in: Soziale Welt, 41, S. 47-69.
Steininger, S. (1991): Macht und Konsens im industriellen Wandel - und die bedauerliche Marginalität einer Profession, in: Minssen, H. (Hrsg.), Rationalisierung in der betrieblichen Arena, S. 125-137, Berlin.

VI. Potentiale und Realisierung von Gruppenarbeit

Rainer G. Saurwein

A. Einleitung

Seit mindestens zwei Jahrzehnten zeichnet sich eine grundlegende Umgestaltung traditioneller Produktionsstrukturen ab. Im Zentrum dieses neuen Produktionszeitalters stehen der Einsatz computergestützter flexibler Produktionstechniken sowie die Anwendung ganzheitlicher Formen der Arbeitsorganisation, z.B Gruppenarbeit.

Die spektakulären Berichte über Gruppenarbeit und Lean Production in Deutschland konzentrieren sich heute in erster Linie auf die Automobilindustrie. Doch auch im Maschinenbau werden neue Produktionsstrukturen zunehmend geplant und realisiert. Auch der überwiegend mittelständisch strukturierte deutsche Maschinenbau muß sich vor dem Hintergrund hoher Exportabhängigkeit und sich verschärfender Wettbewerbsbedingungen neuen härteren Herausforderungen stellen. Die alltäglichen Presseberichte über ein anhaltendes Nachfragetief im Maschinenbau zeigen deutlich die Brisanz der Problematik. Berthold Leibinger, Präsident des Verbandes Deutscher Maschinen- und Anlagenbau (VDMA):

> "Zur Lösung unserer Probleme gehören gleichgewichtig neue Ansätze in der Entwicklung, in der Fertigungstechnik, aber auch in der Organisation. Die Einbeziehung unserer Mitarbeiter in die Verantwortung für die Abläufe im Unternehmen muß intensiviert werden" (Leibinger 1992, S. 11).

Zur Gesamtoptimierung der Zielgrößen Effizienz, Durchlauf- und Lieferzeiten, Gemeinkosten, Qualität und Arbeitsplatzgestaltung empfiehlt Wildemann das Reverse-Engineering-Konzept. Dieses folgt "dem kundenorientierten, ganzheitlichen Organisationsansatz, bei dem die gesamte Leistungserstellung nach relevanten Teilergebnissen der Geschäftstätigkeit aufgesplittet wird und der Empfänger der Leistungen als Kunde anzusehen ist. In diesem Sinne ist eine Aktivitätenfolge, die zu einem Ergebnis führt, zu-

sammenhängend und abteilungsübergreifend zu organisieren und eindeutig zu verantworten." (Wildemann 1991, S. 42).
Die Konsequenz im Bereich der Fertigung, welche als Hauptträger von Kosten und Durchlaufzeiten gilt, ist die Auflösung des Verrichtungs- zugunsten des Objektprinzips und die Dezentralisierung von Planungs-, Entscheidungs- und Kontrollfunktionen.

Nach Hirsch-Kreinsen u.a. verfolgen im Maschinenbau bereits eine Reihe von Betrieben die sogenannte strukturinnovative Rationalisierungsstrategie:

"Ihr Hauptmerkmal ist die erkennbare Tendenz zu einer grundlegenden Abkehr von den herkömmlichen Wegen der Arbeitsgestaltung beim Einsatz rechnerintegrierter Systeme. Idealtypisch bedeutet dies, daß erstens die Betriebsorganisation in Richtung einer Dezentralisierung früher ausdifferenzierter und eigenständig organisierter Funktionen strukturiert wird; zweitens die damit verbundenen hierarchischen Strukturen der Arbeitsorganisation, die tradierte Trennung von Disposition und Ausführung, zugunsten einer Integration möglichst vieler dispositiver Funktionen in den Werkstattbereich aufgegeben werden und drittens die werkstattinterne fachliche Arbeitsteilung aufgehoben, zumindest aber erheblich abgebaut wird" (Hirsch-Kreinsen u.a. 1990, S. 103f).

Durch stark technisch orientierte Rationalisierung können die traditionellen Arbeitsabläufe zwar kurzfristig effektiviert werden, langfristig verzichten solche Betriebe jedoch auf die Nutzung großer Produktivitätspotentiale (Hirsch-Kreinsen 1990, S. 26). Im Bereich der Fertigung können Fertigungsinseln mit Gruppenarbeit in technischer und arbeitsorganisatorischer Hinsicht den Anforderungen gerecht werden.

Vor fast 10 Jahren stellte der Ausschuß für wirtschaftliche Fertigung (AWF) das Fertigungsinselkonzept einer breiteren Fachöffentlichkeit vor. Damals experimentierten nur eine "Handvoll" Unternehmen im deutschen Maschinenbau mit dieser Fertigungsorganisationsform. Das AWF hält nach groben Schätzungen Ende 1991 Fertigungsinsel-Realisierungen in ca. 180 Firmen allein im deutschsprachigen Raum, jedoch über mehrere Branchen verteilt, für realistisch (Engroff 1991, S. 13).

Der AWF definiert Fertigungsinsel folgendermaßen:

"Die Fertigungsinsel hat die Aufgabe, aus gegebenem Ausgangsmaterial Produktteile oder Endprodukte möglichst vollständig zu fertigen. Die notwendigen Betriebsmittel sind räumlich und organisatorisch in der Fertigungsinsel zusammengefaßt. Das Tätigkeitsfeld der dort beschäftigten Gruppe trägt folgende Kennzeichen: - die weitgehende Selbststeuerung der Arbeits- und Kooperationsprozesse, verbunden mit Planungs-, Entscheidungs- und Kontrollfunktionen innerhalb vorgegebener Rahmenbedingungen und - den Verzicht auf eine zu starre Arbeitsteilung und demzufolge eine Erweiterung des Dispositionsspielraums für den einzelnen" (AWF 1984, S. 5; AWF 1990, S. 18).

Das Fertigungsinselkonzept beinhaltet somit eine fertigungstechnische und eine arbeitsorganisatorische Komponente.

Fertigungstechnisch zielt das Konzept auf die Zusammenfassung von Werkstückgruppen bei hoher Integration bzw. Automation von Fertigungsteilfunktionen zur möglichst weitreichenden Komplettbearbeitung von Teilefamilien, Baugruppen oder Produkten sowie die räumliche und organisatorische Zusammenfassung der für eine Komplettbearbeitung notwendigen Betriebsmittel (Objektprinzip).

"Die Aufsplittung der gesamten Werkstattfertigung in Fertigungsinseln ist jedoch in der Regel nicht vollständig möglich. Es verbleibt in der Regel ein Fertigungsvolumen, das sich unter dem Gesichtspunkt fertigungstechnischer Ähnlichkeit nicht mehr zusammenfassen läßt" (AWF 1990, S. 22).

Darüber hinaus ist die zur Komplettbearbeitung einer Teilefamilie notwendige Ausrüstung der Fertigungsinsel mit allen benötigten Betriebsmitteln dann nicht sinnvoll, wenn etwa teure Anlagen (z.B. zur Oberflächenbehandlung) lediglich von mehreren Inseln gemeinsam auslastbar sind. Für das verbleibende Fertigungsvolumen muß geprüft werden, ob dieses sich in einer Insel "Restfertigung" zusammenfassen läßt, oder ob parallel eine gewisse Kapazität der traditionellen Werkstattfertigung beibehalten werden muß.

Die arbeitsorganisatorische Kernidee des Fertigungsinselkonzeptes zielt auf die Zusammenfassung aller den Ablauf vor Ort betreffenden Aufgaben und Mitarbeiter in teilautonomen Gruppen und greift somit auch das japanische Teamarbeitsprinzip auf.

"Die Einführung der Gruppenarbeit erfolgt nicht etwa allein aus humanitären Gründen. Die Erfahrungen zeigen, daß das Kosten-, Qualitäts- und Leistungsbewußtsein der Mitarbeiter gestärkt, ihre Eigeninitiative gefördert, eine stärkere Identifizierung mit Produkt und Unternehmen erfolgt, die Anlagennutzung verbessert und die Personaleinsatzflexibilität erhöht wird" (Posth 1989, S. 24).

Wesentlicher Unterschied zu den japanischen Team-Konzepten ist die Integration indirekt produktiver und vor allem dispositiver Aufgaben. Neben reinen direkt-produktiven Tätigkeiten werden also auch dispositive Organisations-, Planungs- und Kontrollaufgaben in die Fertigungsinseln integriert. Die Fertigungsinseln steuern sich selbst, "so daß von einer Zentrale aus nur noch eine Terminvorgabe und -kontrolle für ein komplettes Teil, nicht mehr für jeden Arbeitsgang erforderlich ist. Die Koordination zwischen den Fertigungsarbeitsplätzen und den Fertigungshilfsstellen entfällt weitgehend bei Einbeziehung dieser Funktionen in die Fertigungsinsel." (AWF 1990, S. 34).

Die Arbeitsinhalte sind gekennzeichnet durch individuelle Erweiterung der Handlungsspielräume infolge Arbeitserweiterung, Arbeitsbereicherung und Arbeitsplatzwechsel, wodurch die Motivation der Mitarbeiter gesteigert und die Kompetenzen und Fähigkeiten umfassender genutzt werden sollen.

Zentrenfertigung nach dem Objektprinzip bedeutet schließlich die Aufhebung traditioneller tayloristischer Produktionsstrukturen, d.h. die Wiederzusammenführung von Planung und Ausführung bzw. Kopf- und Handarbeit. Die Realisierung dieser Fertigungsstrukturen erfordert Qualifizierungsmaßnahmen, die fachliche, dispositive, informationstechnische und soziale Kompetenzen angemessen berücksichtigen (Schlund 1991, S. 71ff).

Fallstudien und Befragungen des AWF ergaben, daß durch die Realisierung von Fertigungsinseln mit Gruppenarbeit die betriebliche Effizienz erheblich verbessert werden kann. So ermittelt der AWF eine Reduzierung der Durchlaufzeit zwischen 5 und 80 Prozent, Stückkostenreduzierung zwischen 10 und 50 Prozent, um nur zwei Beispiele zu nennen. Bemerkenswert ist, daß in allen vom AWF befragten Betrieben durch Fertigen in Fertigungsinsel-Strukturen positive Ergebnisse erzielt, d.h. formulierte Ziele "erreicht oder sogar noch übertroffen" wurden (Engroff 1991, S. 43f). Die Ergebnisse des AWF erscheinen dabei durchaus realistisch. So konnten beispielsweise beim Pilotanwender Felten & Guilleaume die Durchlaufzeiten um 60 Prozent, die ablaufbedingten Wartezeiten um 30 Prozent und die Bestände um 30 Prozent reduziert werden. Es konnten 40 Prozent der Hallenfläche eingespart und indirektes Personal um 30-50 Prozent abgebaut werden. Zudem konnte der Einsatz teurer EDV-Systeme auf die Hälfte reduziert werden. Die Flexibilität gegenüber Kundenanforderungen und der Handlungsspielraum für die Mitarbeiter in der Fertigung stieg an (Theerkorn 1991, S. 72).

Der Sonderforschungsbereich 187 "Neue Informationstechnologien und flexible Arbeitssysteme (NIFA): Entwicklung und Bewertung von CIM-Systemen auf der Basis teilautonomer flexibler Fertigungsstrukturen" der Ruhr-Universität Bochum greift durch die Entwicklung von alternativen Möglichkeiten der Gestaltung von CIM-Systemen auf der Basis teilautonomer flexibler Fertigungsstrukturen im Maschinenbau diese Thematik auf. Zu den Forschungszielen gehören die Realisation von Konzepten moderner Gruppen- und Teamarbeit bei der Entwicklung teilautonomer flexibler Fertigungsstrukturen und die Bewertung ihrer unterschiedlichen Gestaltungsformen. Ein wesentliches Ziel des NIFA-Panels besteht im Versuch, diese Entwicklungen im deutschen Maschinenbau zu beobachten, um in einem weiteren Schritt eine realistische Einschätzung von Entwicklungstendenzen zu ermöglichen.

B. Diffusion von Gruppenarbeit im westdeutschen Maschinenbau

Anders als in der Automobilindustrie scheinen sich im Maschinenbau alternative arbeitsorganisatorische Konzepte langsamer durchzusetzen. Über einige Pilotprojekte hinaus, z.B. bei der Sulzer Weise GmbH in Bruchsal oder bei Felten & Guilleaume in Nordenham, existieren hinsichtlich der Diffusion von Gruppenarbeit im westdeutschen Maschinenbau und ihrer jeweiligen Ausprägungen bzw. Erfolge nur relativ wenige verläßliche Erkenntnisse. Immerhin verzeichnen bekannte Betriebe, die mit dezentralen Organisationsformen experimentieren, Erfolge und realisieren oder planen daher die Erweiterung von Gruppenarbeit auf mehr Produktionsbereiche.

Im folgenden werden die Ergebnisse des NIFA-Panels 1991 zum Bereich Gruppenarbeit vorgestellt. Dazu sollen zunächst einzelne Indikatoren zur Ermittlung von Gruppenarbeit erläutert und theoretisch unterfüttert werden. In diesem Zusammenhang wird ihre jeweilige Diffusion zunächst einzeln betrachtet. Im Anschluß daran wird teilautonome Gruppenarbeit Stück für Stück über verschiedene Stufen bis zur "idealtypischen" Ausprägung eingegrenzt und somit die Diffusion unterschiedlicher Gestaltungsvarianten aufgezeigt.

1. Indikatoren für Team- und Gruppenarbeit

Arbeit in Gruppen ist prinzipiell auf allen betrieblichen Ebenen möglich. Sie kann fabrikübergreifend sein oder sich nur auf bestimmte Bereiche beziehen. Wir richten unser Augenmerk auf Gruppenarbeit in der Fertigung. Auch im Fertigungsbereich kann Gruppenarbeit entweder arbeitsteilig oder teilautonom organisiert sein, sich auf die Herstellung ganzer Teilefamilien im Sinne von Fertigungs- oder Produktinseln oder nur auf die Durchführung einer bestimmten temporär begrenzten oder dauerhaft anfallenden Tätigkeit beziehen. Unter Gruppenarbeit werden daher die unterschiedlichsten Formen von Team- oder Gruppenbildung verstanden. Gruppenarbeit bedeutet daher "keineswegs automatisch auch Aufgabenwechsel oder Arbeitsbereicherung mit entsprechender fachlicher Qualifikationserweiterung. Dieser Aspekt der Arbeitsorganisation bleibt vielmehr der jeweiligen betrieblichen Festlegung oder der gruppeninternen Entscheidung überlassen". (Krüger/ Nagel/Schlicht 1989, S. 15).
Die unterschiedlichen Gestaltungsvarianten müssen daher über Indikatoren ermittelt werden, die es erlauben, Aussagen zu treffen über Aufgabenbereiche, Gruppenstruktur und gestalterische Merkmale.

a) Indikator 1: Gruppenarbeit in der Fertigung

Direkt-produktive Tätigkeiten

Die Aufgaben, die zur Komplettbearbeitung einer Teilefamilie oder Baugruppe notwendig sind, umfassen neben den direkten produktiven Fertigungstätigkeiten an Bearbeitungsmaschinen oder Handhabungsgeräten auch Tätigkeiten aus den Funktionen, die der Fertigung vor-, neben- und nachgelagert sind. Ausgangspunkt dieses ganzheitlichen Aufgabenspektrums in der Fertigung sind jedoch immer direkt-produktive Aufgaben.

In fünf Betrieben, die angeben, Gruppenarbeit zu praktizieren, gehören direkt-produktive Tätigkeiten nicht zum Aufgabenspektrum der Arbeitsgruppen. Es handelt sich bis auf eine Ausnahme um Betriebe mit weniger als 100 Beschäftigten. Die Arbeitsgruppen in diesen Betrieben sind für indirekt-produktive Tätigkeiten, für dispositive Tätigkeiten oder wahrscheinlich temporär für Ausbildung zuständig.

Technikausstattung von Arbeitsgruppen

Vor dem Hintergrund der Einbeziehung indirekt-produktiver Tätigkeiten in eine Fertigungsinsel sowie der Frage nach der jeweiligen technischen Heimat von Gruppenarbeitskonzepten und somit der Analyse ihrer prinzipiellen Realisierbarkeit, sind Informationen über die verwendeten Produktionstechniken notwendig. Grundsätzlich ist Gruppenarbeit in der Fertigung in Verbindung mit jedem Niveau des Technikeinsatzes realisierbar. Bei einem ganzheitlichen Aufgabenspektrum in der Fertigung spielt die Bearbeitung von Teilen/Werkstücken mit mindestens konventionellen Maschinen jedoch eine zentrale Rolle.

Tab. 1: Anzahl der Betriebe nach in Arbeitsgruppen eingesetzten Produktionstechniken

Produktionstechnik		Anzahl der Betriebe
1	konventionelle Maschinen	176
2	einzelne computergestützte Maschinen und Handhabungssysteme	45
3	computergestützte Mehr-Maschinen-Systeme	6
0	nichts davon	56
1+2		156
1+3		4
2+3		13
1+2+3		21

Abb. 1: Technikausstattung von Arbeitsgruppen

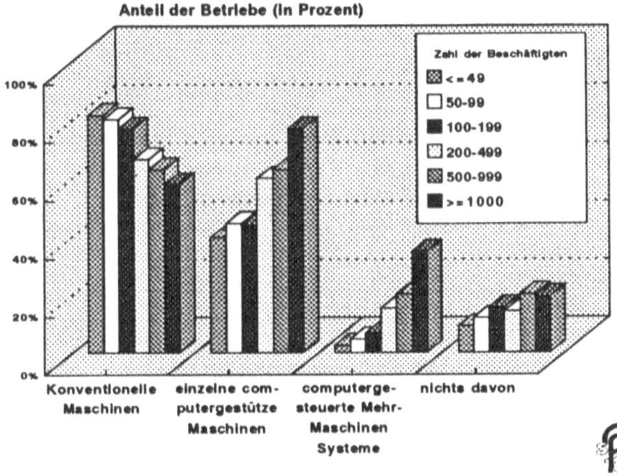

Im folgenden werden Arbeitsgruppen an konventionellen mit Gruppen an computergestützten Maschinen verglichen. Ausschließlich mit konventionellen Maschinen arbeiten Gruppen in 176 Betrieben (kon-Gruppen), ausschließlich mit computergestützten Maschinen Gruppen in 245 Betrieben (com-Gruppen). Der Technikeinsatz erklärt sich zum Teil durch die Betriebsgröße und die davon stark abhängige Diffusion computergestützter Techniken. Während Betriebe mit kon-Gruppen durchschnittlich 117 Mitarbeiter beschäftigen und nur zu ca. 70 Prozent überhaupt computergestützte Techniken einsetzten, beläuft sich die durchschnittliche Betriebsgröße bei Betrieben mit com-Gruppen auf 322 Mitarbeiter und zeigt davon abhängig einen generell höheren Diffusionsgrad computergestützter Produktionstechniken (ca. 90 Prozent). Ein weiterer Erklärungsfaktor ist die durchschnittliche Art der Verrichtungen. Betriebe mit kon-Gruppen weisen nur einen Anteil von ca. 22 Prozent an zerspanenden Tätigkeiten auf, gegenüber ca. 39 Prozent bei Betrieben mit com-Gruppen. Der Anteil an umformenden und montierenden Tätigkeiten zeigt eine umgekehrte Tendenz. Diese Tätigkeiten fallen in Betrieben mit com-Gruppen durchschnittlich in deutlich geringerem Umfang an.

Tab. 2: Verrichtungsanteile beim Einsatz konventioneller und computergestützter Maschinen

	Zerspanung	Umformung	Urformung	Beschichtung
kon-Betriebe	22%	20%	0,7%	3,7%
com-Betriebe	39%	11%	1,6%	3,6%
Durchschnitt	32%	14%	1,1%	3,6%

	Stoffeigenschaft-schaftveränderung	sonstige Bearbeitung	Montage
kon-Betriebe	0,9%	14,2%	37,4%
com-Betriebe	1,3%	11,1%	30,4%
Durchschnitt	1,1%	12,6%	34,4%

Die Ausstattung von Arbeitsgruppen mit ausschließlich konventionellen oder ausschließlich computergestützten Bearbeitungstechniken hat grundsätzlich auch Auswirkungen auf interne Gruppenstrukturen, die jedoch zum Teil wieder durch Betriebsgrößeneffekte erklärt werden können. Während indirekt-produktive Tätigkeiten nur 18,2 Prozent der kon-Gruppen durchführen, sind dies bei com-Gruppen immerhin 42,0 Prozent. Die Wahrnehmung dispositiver Tätigkeiten zeigt ein ähnliches Bild: 15,9 Prozent der kon-Gruppen gegenüber 36,3 Prozent der com-Gruppen. Auch Arbeitsplatzwechsel findet in com-Gruppen häufiger statt.

Während der Anteil der com-Gruppenbetriebe mit indirekten und dispositiven Tätigkeiten sowie Arbeitsplatzwechsel mit der Betriebsgröße tendenziell steigt, steigt dieser bei kon-Gruppenbetrieben tendenziell mit sinkender Betriebsgröße. Ein umfangreicher Tätigkeitsbereich ist bei kleineren Betrieben größenstrukturbedingt und daher typisch, ganzheitliche Ansätze der Arbeitsgestaltung bei Großbetrieben dagegen deuten auf strukturinnovative Tendenzen hin. Das Fehlen funktionaler Aufgabenerweiterung bei kon-Gruppen größerer Betriebe kann darauf zurückgeführt werden, daß hier Arbeitsgruppen für Rest- oder Hilfstätigkeiten gebildet werden und an computergestützten Maschinen nach wie vor Einzelarbeitsplätze bestehen bleiben. Für diese Interpretation spricht, daß entsprechende Betriebe über 100 Mitarbeiter auch computergestützte Techniken in der Produktion einsetzen.

In einem zweiten Vergleich werden Arbeitsgruppen an Mehr-Maschinen-Systemen und Gruppen an einzelnen computergestützten Bearbeitungsmaschinen betrachtet. Betriebe, die Arbeitsgruppen an computergestützten Mehr-Maschinen (MMS-Betriebe bzw. -Gruppen) einsetzen, sind mit durchschnittlich 512 Mitarbeitern größer als solche, bei denen Arbeitsgruppen ausschließlich mit einzelnen computergestützten Bearbeitungsmaschinen (EBM-Betriebe bzw. -Gruppen) arbeiten (durchschnittlich 365 Mitarbeiter). Der Einsatz von Arbeitsgruppen an Mehr-Maschinen-Systemen kann jedoch ebenfalls nicht allein mit einem Betriebsgrößeneffekt erklärt werden. Unterschiede zeigen sich z.B. auch hinsichtlich des Standardisierungsgrades der Erzeugnisse, der bei MMS-Betrieben im Durchschnitt etwa doppelt so hoch ist wie bei EBM-Betrieben und ebenfalls noch weit über dem Durchschnitt aller Betriebsgrößen liegt. Auch im Vergleich zu den Anwendern von Mehr-Maschinen-Systemen insgesamt zeigt sich noch ein deutlich höheres Standardisierungsniveau der Erzeugnisse. Festzuhalten bleibt: Je größer der Betrieb und je höher der Standardisierungsgrad der Erzeugnisse, desto größer die Wahrscheinlichkeit für den Einsatz von MMS. Im Falle des Einsatzes von MMS gilt: Je höher der Standardisierungsgrad der Erzeugnisse, desto höher die Wahrscheinlichkeit für Arbeitsgruppen an MMS.

Diese Ergebnisse legen die Vermutung nahe, daß Arbeitsgruppen an MMS gerade dann gebildet werden, wenn sich aufgrund eines hohen Standardisierungsgrades der Produkte der Planungs- und Programmierungsaufwand in überschaubarem Ausmaß bewegt. Da aber gerade durch Aufgabenintegration auf fachlicher sowie planender, kontrollierender und steuernder Ebene effizienzsteigernde Effekte nachgewiesen wurden, können Arbeitsgruppen an flexiblen MMS zunehmend auch bei einem höheren Anteil von Erzeugnissen nach Kundenspezifikation bzw. geringerem Standardisierungsgrad der Produkte eingesetzt werden.

In 56 Betrieben gehört zum Aufgabenspektrum von Arbeitsgruppen nicht die Arbeit mit Bearbeitungstechniken. Es handelt sich vor allem um Kleinstbetriebe mit weniger als 25 Mitarbeitern ohne Einsatz von computergestützter Technik oder um Betriebe, die einen besonders hohen Montageanteil aufweisen. Die Betriebe mit Arbeitsgruppen ohne Bearbeitungsmaschinen zeigen einen durchschnittlichen Montageanteil von 43,5 Prozent, die Betriebe mit Arbeitsgruppen an Maschinen jedoch lediglich von 33,4 Prozent. Generell sind in der Produktion des Maschinenbaus die Funktionen Fertigung und Montage personell oft nicht zu trennen. Es kann jedoch davon ausgegangen werden, daß Arbeitsgruppen, die nicht mit Maschinen arbeiten, im Montagebereich oder in sonstigen der Fertigung vor-, neben- oder nachgelagerten Bereichen tätig sind.

b) Indikator 2: Gruppengröße

Teilautonome Arbeitsgruppen können prinzipiell kurzfristig und zeitlich begrenzt zur Lösung technisch-organisatorischer Probleme (Heeg 1990, S. 22) oder langfristig zur dauerhaften Durchführung eines Aufgabenbereiches gebildet werden. Im Rahmen dezentraler, flexibler Fertigungsstrukturen interessieren uns v.a. dauerhaft gebildete Arbeitsgruppen zur teilautonomen Fertigung einer Teilefamilie bzw. Baugruppe.

Ziel der Arbeitsgruppenbildung mit einer überschaubaren, sich selbst steuerden Gruppengröße soll es sein, eine jederzeit voll funktionsfähige und hinsichtlich von Personalausfällen und kurzfristigen Produktionsschwankungen (z.B. Eilaufträge) flexibel reagierende Fertigungsinsel zu realisieren.

Abb. 2: Durchschnittliche Gruppengröße

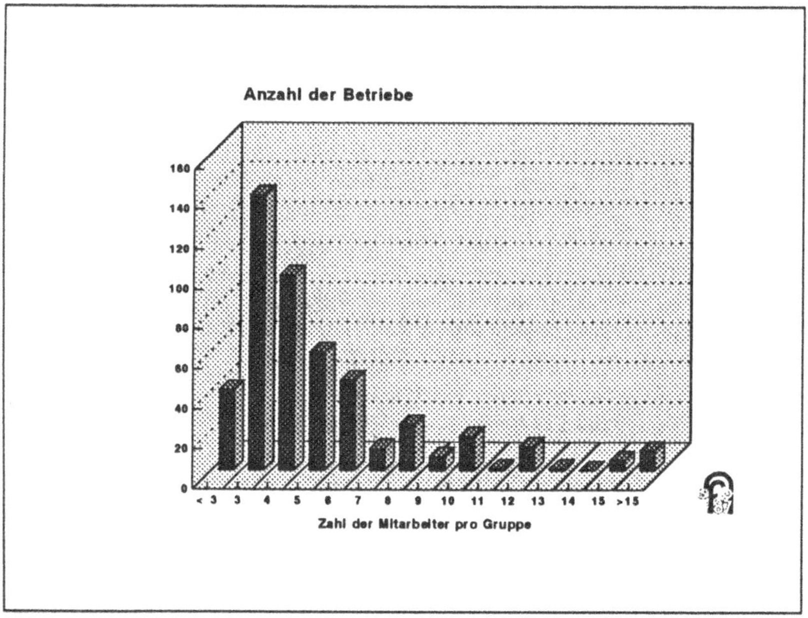

Die Koordinationsfähigkeit einer Arbeitsgruppe wird ab einer bestimmten Gruppengröße erheblich eingeschränkt. "Damit die Vorteile des übersichtlichen Zusammenwirkens erhalten bleiben, kann eine Gruppengröße von etwa 10 Personen mit Abweichungen von mehreren Personen nach oben und unten als grober Richtwert dienen" (AWF 1990, S. 24). Wir sprechen von einer Arbeitsgruppe ab drei Mitarbeitern. Bei einer Gruppengröße von mehr als 15 Mitarbeitern gehen wir davon aus, daß die Koordinations- und Flexibilitätsvorteile kleiner organisatorischer Einheiten wieder aufgehoben werden. Die Realisierung gemeinsamer Selbststeuerung wird unwahrscheinlicher, d.h. es bilden sich wieder stark arbeitsteilige Strukturen innerhalb der Gruppe heraus, eine zentrale Fertigungsfeinplanung bleibt erforderlich, Handlungs- und Dispositionsspielräume bleiben eingeengt.

c) Indikator 3: Stärke der Gruppenstruktur

Personaleinsatzflexibilität wird nicht zuletzt dadurch erreicht, daß möglichst viele Mitarbeiter einer Gruppe bei Ausfällen, z.B. Krankheit oder kurzfristigen Terminänderungen, in der Lage sind, jeweils mehrere Tätigkeiten zu beherrschen. Personelle Veränderungen sind stets mit einem erheblichen organisatorischen und sozialkommunikativen Anpassungsaufwand verbunden, der die Effizienz und Effektivität der Gruppenleistung zwar zeitlich begrenzt, aber dennoch beeinträchtigt. Wenn also nur wenige oder gar keine Gruppenmitarbeiter ihrer Gruppe fest zugeordnet sind, kann davon ausgegangen werden, daß nach wie vor stark arbeitsteilige Strukturen vorherrschen und somit im Bedarfsfall auf die Hilfe von An- und Ungelernten auf der einen Seite und Experten der fertigungsnahen Bereiche auf der anderen Seite zurückgegriffen werden muß - ein hoher Planungsaufwand bleibt erhalten. Lediglich bei starken Schwankungen der mengenmäßigen Zusammensetzung der Teilefamilie sowie aufgrund saisonal zu fertigender Teilespektren kann eine Anpassung der Gruppengröße sinnvoll sein. Generell sollte jedoch "das Teilespektrum durch Werkstücke ergänzt werden, um diese Beschäftigungsschwankungen auszugleichen" (AWF 1990, S. 31).

Abb. 3: Stärke der Gruppenstruktur

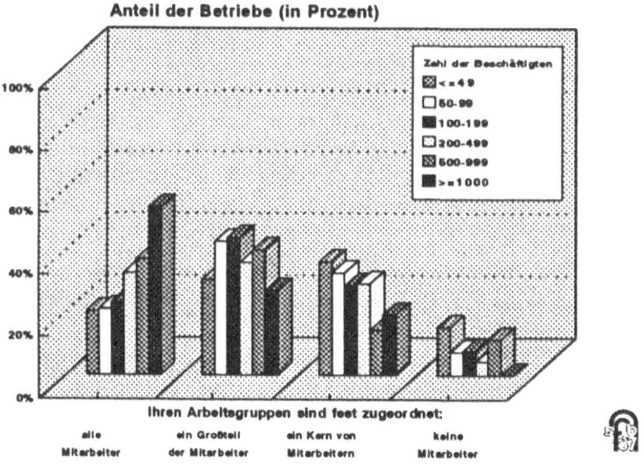

d) Indikator 4: Tätigkeitsniveau

Positive Effekte für die Verbesserung betrieblicher Zielgrößen ergeben sich langfristig in der Regel auch durch die Integration von Tätigkeiten aus den fertigungsvor-, -neben- und -nachgelagerten Bereichen und von dispositiven Aufgaben sowie den Abbau von Hierarchien, d.h. durch Verringerung der Komplexität der Fertigungssteuerung infolge Dezentralisierung der Entscheidungs- und Aufgabenstrukturen und den Abbau indirekter Fertigungsabteilungen zugunsten der Schaffung eines hochqualifizierten Typs von Fertigungsfacharbeitern. Bis dieses Ziel erreicht ist, sind erhebliche Investitionen für die Umstellung der Fertigungsorganisation und entsprechende Qualifizierungsprogramme erforderlich. Doch wie die AWF-Studien zeigen: Der Aufwand kann sich lohnen.

Durch die Integration von Fertigungshilfsmitteln (z.B. Werkzeuge, Vorrichtungen) kann eine schnelle Umrüstung gewährleistet werden. Die Integration von Funktionen des Material-, Transport- und Logistikwesens verringert ebenfalls den Steuerungsaufwand sowie Zwischenlagerungs- und somit Durchlaufzeiten und Kosten. Durch die Integration von Qualitätssicherungsaufgaben reduzieren sich Nacharbeitskosten. Über die Aufgaben des Messens und Prüfens hinaus soll Qualität erzeugt, nicht nur geprüft und so die Fachkompetenz der Mitarbeiter (z.B. durch Qualitätszirkel) genutzt werden. Durch die Übertragung von Aufgaben der Instandhaltung und Wartung können Maschinenstillstandszeiten erheblich reduziert, die Anlagenverfügbarkeit und die Personalauslastung durch die Nutzung von Leerlaufzeiten gesteigert werden. Lediglich für größere Instandsetzungsarbeiten sind auch in Zukunft noch entsprechende Spezialisten erforderlich.

"Die Aufgaben der Fertigungsplanung und -steuerung lassen sich nur partiell in Fertigungsinseln integrieren. Ziel muß es aber sein, soviel Funktionen und Aufgaben in die Fertigungsinseln zu delegieren, um den hohen Koordinationsaufwand zu senken, die Fertigung übersichtlicher und durchlässiger zu gestalten, durch den Abbau von Schnittstellen, um damit dem Gesamtziel Gesamtdurchlaufzeitverkürzung näher zu kommen." (AWF 1990, S. 61).

Bei kurzfristigen Terminänderungen und Eilaufträgen ist so eine hohe Reaktionsgeschwindigkeit durch Fertigen "auf Zuruf" gewährleistet.

Der Umfang der indirekt-produktiven Tätigkeiten sowie der dispositiven Aufgaben von Arbeitsgruppen konnte nicht im einzelnen erhoben werden. Insgesamt zeigt sich jedoch, daß in durchschnittlich 30,3 Prozent der Betriebe mit Gruppenarbeit auch indirekte und in durchschnittlich 25,7 Prozent auch dispositive Tätigkeiten durchgeführt werden. Mit der Betriebsgröße nimmt der Anteil der Gruppen mit indirekten und dispositiven Tätigkeiten zu. Hinsichtlich dieser Betriebsgrößeneffekte ist zu beachten, daß indirekte, aber vor allem dispositive Tätigkeiten in kleineren Betrieben in geringerem Ausmaße anfallen und somit mit sinkender Betriebsgröße an Relevanz verlieren. Beim Anlernen neuer Mitarbeiter dagegen ist keine Betriebsgrößenabhängigkeit erkennbar. Lediglich bei Großbetrieben mit über 1000 Mitarbeitern spielt das Anlernen neuer Mitarbeiter in Arbeitsgruppen bei deutlich mehr Betrieben eine Rolle.

Abb. 4: Aufgaben von Arbeitsgruppen

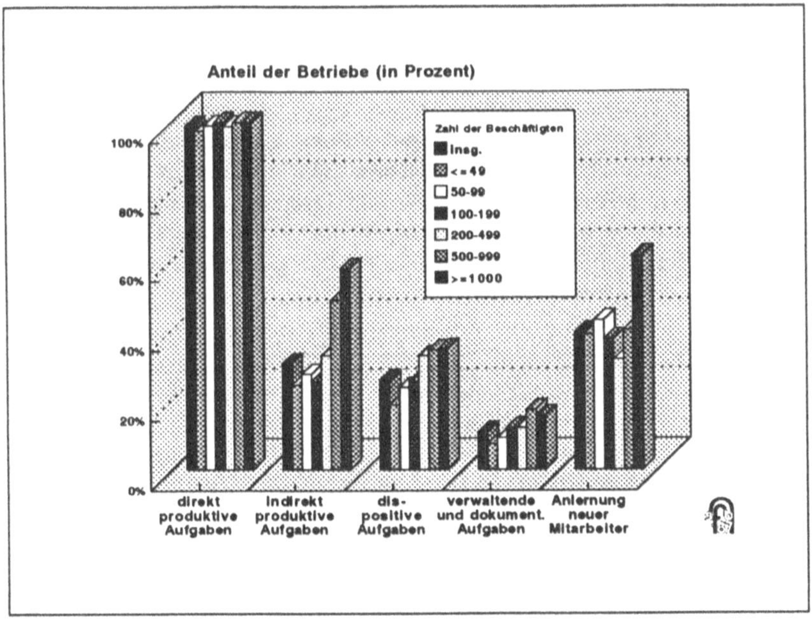

e) Indikator 5: Gestaltungsmerkmale

Heeg nennt als konkrete Maßnahmen zur Arbeitsstrukturierung:

"1. Verringerung von Zeitzwängen,
2. systematischer Arbeitsplatzwechsel (job rotation),
3. Arbeitserweiterung (job enlargement),
4. Arbeitsbereicherung (job enrichment) und
5. (teil-)autonome Arbeitsgruppen" (Heeg 1988, S. 78).

Maßnahmen der Arbeitserweiterung und Arbeitsbereicherung können zwar prinzipiell auch an Einzelarbeitsplätzen realisiert werden; größere positive Effekte für den Abbau von einseitigen körperlichen Belastungen und die Schaffung ausreichender Handlungsspielräume und somit größerer Arbeitszufriedenheit und -motivation ergeben sich jedoch erst durch die Zusammenfassung einzelner Arbeitsaufgaben zu teilautonomen Arbeitsgruppen, also die Reduzierung der Arbeitsteilung. Systematischer Arbeitsplatzwechsel innerhalb der Gruppe stellt am besten die Wahrnehmung möglichst vieler unterschiedlicher fachlicher und funktionaler Aufgabenspektren der einzelnen Gruppenmitarbeiter sicher. Dies ist in Arbeitsgruppen bei 26,8 Prozent der Gruppenarbeitsbetriebe der Fall. Durch Selbststeuerung der Gruppe kann auf einzelne Zeitvorgaben zugunsten von Eckdaten verzichtet werden, was bei entsprechender Gruppenorganisation die Verringerung von Zeitzwängen für den einzelnen zur Folge haben kann.

Einsatzflexibilität bei Personalausfällen ist dann am besten gewährleistet, wenn möglichst viele Mitarbeiter einer Arbeitsgruppe möglichst alle anfallenden Tätigkeiten beherrschen, also vergleichbare Qualifikationen besitzen. 74,7 Prozent der Gruppenarbeitsbetriebe geben an, diese Bedingung zu erfüllen. Erst durch ein annähernd gleiches Qualifikationsniveau unter den Gruppenmitarbeitern werden systematischer Aufgabenwechsel ermöglicht, und die Mitarbeiter werden für alle Tätigkeiten trainiert. Die so geschaffenen abwechslungsreichen Aufgabeninhalte tragen zur Motivationssteigerung und somit Reduzierung von Absentismusquoten und zur Steigerung von Leistung und Qualität bei.

Abb. 5: Weitere Merkmale für Arbeitsgruppen

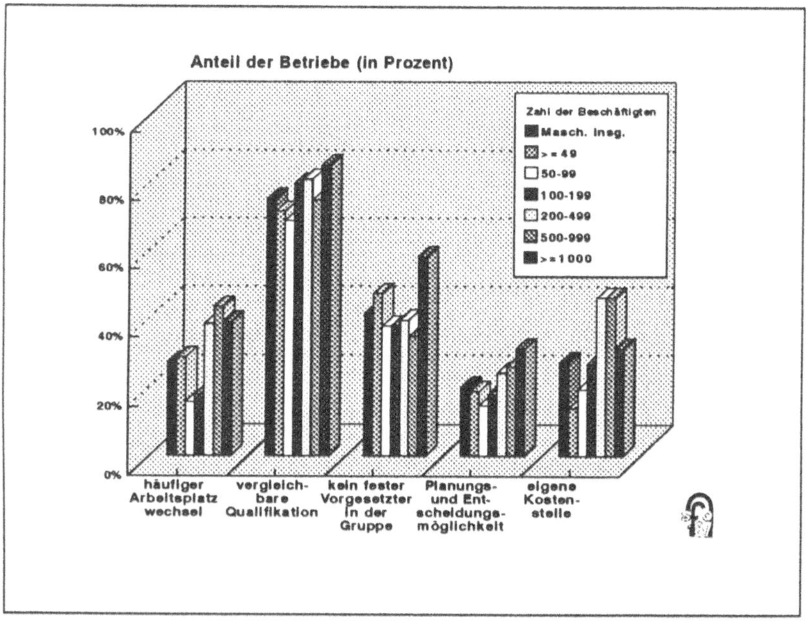

In vielen Pilotversuchen mit Gruppenarbeit wird auch auf einen festen Vorgesetzten innerhalb der Arbeitsgruppen zugunsten von rotierenden Gruppensprechern verzichtet. Diese Maßnahme fördert eine gemeinsame Planung des Fertigungsablaufes und zieht somit ständig oder temporär die einzelnen Mitarbeiter in den Fertigungssteuerungsprozeß mit ein. Durch die damit verbundene Übertragung von Verantwortung sollen ebenfalls Motivations- und Leistungssteigerungseffekte erzielt werden. In durchschnittlich 41,0 Prozent der Gruppenarbeitsbetriebe haben Arbeitsgruppen keinen festen Vorgesetzten.

2. *Die Diffusion teilautonomer Gruppenarbeit in der Fertigung*

Inwieweit die betriebliche Gestaltung von Gruppenarbeit gemäß den Indikatoren realisierbar ist und zur Effizienzsteigerung beitragen kann, muß betriebsindividuell geprüft werden, denn nicht in jedem Fall ist die vollständige Realisierung aller Indikatoren wirtschaftlich sinnvoll oder machbar. Prinzipiell jedoch sind über hohe Anforderungen an die Qualifikation der Beschäftigten hinaus keine strukturellen Hindernisse ermittelbar - etwa aufgrund des Erzeugnisspektrums, des Standardisierungsgrades der Produkte, der Betriebsgröße oder der Teilbranche -, die einer möglichst weitgehenden Umsetzung von Gruppenarbeitsindikatoren im Wege stehen würden. Eine arbeitsorganisatorische Umstrukturierung der Fertigung in Richtung Dezentralisation und Gruppenarbeit wird aufgrund der bisherigen Erfahrungen vor allem dann geplant und in der Regel erfolgreich realisiert, wenn sich die traditionellen betrieblichen Produktionsstrukturen als nicht mehr wettbewerbsfähig erweisen und die Existenz des Betriebes in Gefahr ist. Wenn Gruppenarbeit in der Fertigung also ein Weg ist, die Auftragslage und betriebliche Ergebnisse entscheidend zu verbessern, kann sie zur Verbesserung der Wettbewerbsfähigkeit und Erweiterung der Absatzmärkte und somit zur Vorbereitung auf den kommenden Wettbewerbsdruck auch in zur Zeit noch erfolgreichen Betrieben Anwendung finden.

Im folgenden wird das Ausmaß der Diffusion unterschiedlicher Formen von Team- oder Gruppenarbeit, d.h. der Realisierung von mehr oder weniger Gruppenarbeitsindikatoren, im westdeutschen Maschinenbau 1991 aufgezeigt. Dazu werden die Betriebe, die angeben, Gruppenarbeit zu praktizieren, auf einen rechnerischen Hindernisparcours geschickt. Nur solche Betriebe haben ein Chance, das Ziel zu erreichen, die einem "idealtypischen" Konzept von qualifizierter Gruppenarbeit in der Fertigung entsprechen, also alle beschriebenen Anforderungen realisiert haben.

31,0 Prozent der Betriebe haben die Frage nach der Anwendung von Formen des Personaleinsatzes gemäß dem Prinzip der Gruppenarbeit mit "ja" beantwortet; 28,4 Prozent davon können in die Rechnung einbezogen werden. Ausgehend von diesen Betrieben werden solche subtrahiert, deren Arbeitsgruppen weder direkte produktive Fertigungsaufgaben noch Arbeiten an Maschinen durchführen - Gruppenarbeit wird also auf die mechanische Fertigung als zentraler Aufgabenbereich eingeschränkt. Als Zwischenergebnis verbleiben 24,9 Prozent der Betriebe.

In 21,8 Prozent der Betriebe setzten sich die Arbeitsgruppen aus mindestens drei und höchstens 15 Mitarbeitern zusammen. Durch den nächsten Schritt wird teilautonome Gruppenarbeit auf einen bestimmten Organisationsgrad eingeschränkt. Nicht berücksichtigt werden Gruppen dann, wenn entweder gar keine oder nur wenige Mitarbeiter den Gruppen fest zugeordnet werden. Es verbleiben noch 13,6 Prozent der Betriebe, die sowohl eine effektive Gruppengröße als auch eine für Gruppenarbeitsstrukturen notwendige organisatorische Anbindung der Mitarbeiter an eine Arbeitsgruppe aufweisen.

Abb. 6: Gruppenarbeit in der Fertigung: Verbreitung unterschiedlicher Gestaltungsformen

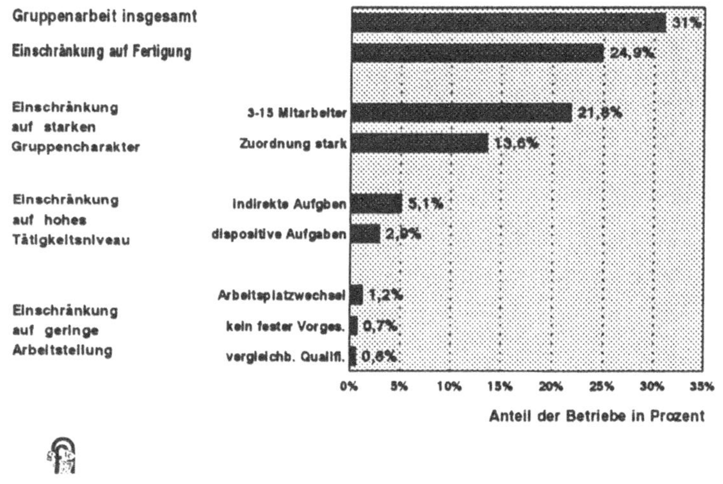

Nachdem der Kreis der Betriebe auf diejenigen eingeschränkt wurde, die die strukturellen Voraussetzungen für teilautonome Gruppenarbeit aufweisen, kann in einem weiteren Schritt der unterschiedliche Grad der Aufgabenintegration in die Arbeitsgruppen betrachtet werden. Wir sprechen von Ansätzen zu qualifizierter teilautonomer Gruppenarbeit in der Fertigung dann, wenn zusätzlich zu den direkten produktiven Aufgaben mindestens auch Tätigkeiten der indirekten Fertigungsbereiche integriert sind. Diese

Bedingung erfüllen noch 5,1 Prozent der Betriebe. Zusätzliche dispositive Aufgaben haben dann nur noch 2,9 Prozent der Betriebe ihren Arbeitsgruppen übertragen. Auf die Grundgesamtheit hochgerechnet ergeben sich dementsprechend ca. 140 Betriebe im westdeutschen Maschinenbau, die qualifizierte Gruppenarbeit im Sinne des Fertigungsinselkonzeptes praktizieren.

Treibt man die Berücksichtigung von Indikatoren für Gruppenarbeit auf die Spitze und betrachtet zusätzlich zu dem Tätigkeitsniveau noch weitere Gestaltungsmerkmale innerhalb von Gruppen, die auf eine Reduzierung von Arbeitsteilung schließen lassen, so reduziert sich die Anzahl der Betriebe auf eine "Handvoll" Pilotprojekte. Als Gestaltungsmerkmale wurden Arbeitsplatzwechsel, das Fehlen eines festen Vorgesetzten und vergleichbare Qualifikationen innerhalb von Arbeitsgruppen ermittelt. Diese "harten" Bedingungen erfüllen jedoch nur noch 0,6 Prozent (= 10) aller ausgewerteten Betriebe. Auf die Grundgesamtheit hochgerechnet wurde im westdeutschen Maschinenbau dementsprechend in ca. 33 Betrieben "idealtypisch" teilautonome Gruppenarbeit realisiert.

Schritte in Richtung auf dezentrale Fertigungsstrukturen mit Gruppenarbeit bedeuten zunächst erhebliche Investitionen in die Umstrukturierung der Aufbau- und Ablauforganisation der Fertigung sowie in das Qualifikationsniveau der Mitarbeiter. Der AWF sieht als Problem bei Fertigungsinselstrukturen den Nachweis der Wirtschaftlichkeit in der Planungsphase (Engroff 1991, S. 43), der in der Regel erst im laufenden Betrieb zu erbringen ist. Der fehlende Wirtschaftlichkeitsnachweis in der Planungsphase steht aber gerade einer größeren Verbreitung derartiger innovativer Fertigungsstrukturen im Wege. Eine wichtige Aufgabe des NIFA-Panels innerhalb des Sonderforschungsbereiches 187 der Ruhr-Universität Bochum ist es daher, die Entwicklungsverläufe bei der Einführung von Gruppenarbeit zu beobachten. Dabei muß auf einer repräsentativen Basis Wissen über die Diffusion und die Gestaltung unterschiedlicher Gruppenarbeitsmodelle sowie von Erfolgen und Hindernissen ermittelt und den Betrieben des deutschen Maschinenbaus zur Verfügung gestellt werden.

C. Literatur

AWF (Ausschuß für wirtschaftliche Fertigung) (Hrsg.) (1990): Integrierte Fertigung von Teilefamilien, Band 1: Das Konzept Fertigungsinseln und seine Gestaltungskomponenten, Köln (Schriftenreihe Neue Formen der Arbeitsorganisation).

AWF (Arbeitskreis für wirtschaftliche Fertigung) (Hrsg.) (1984): Flexible Fertigungsorganisation am Beispiel von Fertigungsinseln, Eschborn.

Engroff, B. (1991): Fertigungsinseln heute, in: AWF-Fachtagung "Fertigungsinseln '91", Tagungsband, Eschborn.

Frieling, E. (1991): Arbeitswelt der neunziger Jahre - Aspekte arbeitsorientierter Fabrikinnovation, in: REFA-Nachrichten, Heft 4, S. 12-20.

Heeg, F. J (1988): Moderne Arbeitsorganisation: Grundlagen der organisatorischen Gestaltung von Arbeitssystemen bei Einsatz neuer Technologien, München/Wien.

Heeg, F. J (1990): Integrierte Organisations- und Personalentwicklung als arbeitswissenschaftliche Gestaltungsaufgabe, in: REFA-Nachrichten, Heft 3, S. 19-26.

Hirsch-Kreinsen, H./Schultz-Wild, R./Köhler, C./Behr, M. v. (1990): Einstieg in die rechnerintegrierte Produktion: Alternative Entwicklungspfade der Industriearbeit im Maschinenbau, Frankfurt a.M./New York.

Hirsch-Kreinsen, H. (1990): Probleme der Arbeitsgestaltung bei CIM, in: REFA-Nachrichten, Heft 6, S. 21-27.

Kern, M./Schumann, H. (1984): Das Ende der Arbeitsteilung?, München.

Krüger, D./Nagel, A./Schlicht, H. (1989): Formen qualifizierter Produktionsarbeit, Dortmund (Schriftenreihe der Bundesanstalt für Arbeitsschutz).

Leibinger, B. (1992): Die neue Qualität der technischen Entwicklung am Beispiel des Maschinenbaus, Plenarvortrag auf dem zweiten internationalen Ingenieurkongreß der Friedrich-Ebert-Stiftung in Köln am 18. und 19. Mai, Manuskript.

Posth, M. (1989): Neue Technologien erfordern Integration im Unternehmen, in: REFA-Nachrichten, Heft 3, S. 21-30.

Schlund, M. (1991): Erfolgsfaktor Teamqualifizierung: Optimierung von Fertigungsinseln durch qualifizierte Produktionsarbeit, Köln (Schriftenreihe Neue Formen der Arbeitsorganisation).

Wildemann, H. (1991): Entwicklungstendenzen in der Fabrikorganisation, in: VDI-Z, Jg. 133, Heft 10, S. 40-43.

Womack, J. P./Jones, D. T./Roos, D. (1991): Die zweite Revolution in der Automobilindustrie, Frankfurt a.M./New York.

Technisch-arbeitsorganisatorische Konfigurationen: theoretische Grundlagen, Kontexteffekte und Auswirkungen

VII. Macht (geringe) Organisationsgröße einen Unterschied? Gründe, Dimensionen und Effekte kleinbetrieblicher Strukturen

Barbara Ostendorf / Josef Schmid

A. Einleitung: "Muddy Waters" (Kimberly 1976)

Sowohl in der Organisationsforschung als auch in der Industriesoziologie und in den Wirtschaftswissenschaften bildet die Größe von Betrieben ein bedeutendes Untersuchungsfeld und eine (potentiell) interdisziplinäre Schnittmenge. Generell wird zwar postuliert, daß die Wirkung des Organisationsumfanges allgegenwärtig sei (Meyer 1972, S. 437), allerdings bestehen hinsichtlich der konzeptionellen und theoretischen Bezüge sowie der Spezifikation der Effekte erhebliche Differenzen (vgl. zum folgenden die detaillierten Erörterungen bei Kimberly 1976 und Bartel 1990). Die Ursachen für diese Heterogenität der Forschungsergebnisse sind vielfältig. Zum einen weichen theoretische Erkenntnisinteressen und Analyseebenen voneinander ab. So macht es einen Unterschied, ob vorwiegend Strukturen und Prozesse innerhalb einer Organisation oder die Leistungen und komparativen Vorzüge einer Organisation mit bestimmter Größe im übergreifenden Zusammenhang bzw. im Vergleich untersucht werden. Zum anderen unterscheiden sich die konkreten Definitionen und methodischen Vorgehensweisen erheblich. In der Regel gilt die Zahl der Beschäftigten als Indikator für die Organisationsgröße. Doch treten hier schon Probleme auf, wenn es darum geht, ob und wie Teilzeitbeschäftigte oder Personen ohne formalen Mitarbeiterstatus einzubeziehen sind. Darüber hinaus gelten physische Kapazitäten, wie der räumliche Umfang, Maße für Input und Output (z.B. Kundenzahl, Umsatz) oder Ressourcenausstattung (Vermögen, Gewinn), als alternative Operationalisierungen (vgl. Kubicek/Welter 1985). Im Hinblick auf die Methode liefern Fallstudien, Querschnitts- und Längsschnittuntersuchungen sowie Samples mit einer homogenen oder einer heterogenen Gruppe von Organisationstypen jeweils spezifische Ergebnisse -

von den Feinheiten der angewandten statistischen Prozeduren ganz zu schweigen. Ferner bestehen erhebliche Unklarheiten über die grundlegende Natur der Zusammenhänge von Größe und anderen Variablen, die sich z.B. als stetige Linie, U-Kurve oder eher in S-Form zeigen können. Schließlich werden diese Divergenzen durch verschiedenartige disziplinäre Traditionen und Standards noch verstärkt (zum disziplinären Kontext vgl. Schmid/Lehner 1992).

Innerhalb der Organisationsforschung zählt die Größenproblematik zu den klassischen Fragestellungen. Sie ist dort im Vergleich zu den anderen Disziplinen wohl am intensivsten untersucht worden und hat zu bemerkenswerten kumulativen - sowohl theoretischen wie methodischen - Ergebnissen geführt. Konzeptioneller Ausgangspunkt sind hier vielfach das Webersche Bürokratiemodell (vgl. hierzu Mayntz 1968) oder kontingenztheoretische Ansätze (vgl. als Überblick Freriks 1992). In der Industriesoziologie werden nicht zuletzt durch die dominante Fallstudienorientierung (vgl. Hauptmanns/Rogalski 1992) Größeneffekte nur unsystematisch behandelt. Ihr zentraler Untersuchungsgegenstand war bislang der industrielle Großbetrieb; erst neuerdings findet die "soziale Welt der Kleinbetriebe" vermehrtes Interesse (Kotthoff/Reindl 1990). Im Zentrum der wirtschaftswissenschaftlichen Forschung stehen hingegen stark präskriptiv orientierte Überlegungen zur optimalen Betriebsgröße vor allem im Hinblick auf ökonomische Effiziez, Realisierung des technischen Fortschritts sowie Makroeffekte, wie Beschäftigung, Wachstum und Investitionstätigkeit (vgl. Bartel 1990). Neuere Arbeiten, die eher zwischen Industriesoziologie und Wirtschaftswissenschaften anzusiedeln sind, thematisieren den Faktor Größe im Rahmen der gegenwärtigen ökonomisch-technischen Umstrukturierungsprozesse. Eine arbeits- und industriepolitische Strategie der "flexiblen Spezialisierung", wie sie von Piore/Sabel (1989, s.a. Berger 1990) empfohlen wird, impliziert beispielsweise den massiven Wiederaufstieg des Kleinbetriebes.

Im folgenden soll angesichts der Disparität und Heterogenität erstens ein strukturierter, interdisziplinärer Überblick über den Forschungsstand gegeben werden. Dabei geht es weniger um Vollständigkeit der Literaturverarbeitung als um das Herausarbeiten der argumentativen Grundlinien. Zweitens werden einige zentrale Hypothesen aus der Literatur auf die Daten des NIFA-Panels angewendet sowie verschiedene Zusammenhänge zwischen Technik, Arbeit und Betrieb, die mit dem Faktor Größe in Zusammenhang stehen, untersucht. Dabei beschränken wir uns vorwiegend auf die Problematik kleiner Betriebe bzw. Organisationen mit geringer Größe und kontrastieren die Ergebnisse mit denjenigen für große Betriebe.

B. Grundzüge der Forschung

1. Ursachen und Bedeutung der Kleinheit von Organisationen

Als wichtigste Gründe der Kleinheit von Betrieben bzw. Organisationen sind die hergestellten Produkte (und Dienstleistungen), die verfügbaren Technologien, die quantitative und qualitative Nachfrage sowohl in bezug auf deren Umfang wie deren Stabilität, die industriellen Beziehungen und staatliche Regelungen und Maßnahmen (zum übergreifenden Problem der Entstehung von Organisation vgl. Scott 1986, S. 192ff.; Kieser 1989 und Aldrich 1979, S. 161ff.) zu nennen.

Die Art der hergestellten Produkte wirkt sich insofern auf die Betriebsgröße aus, als deren stoffliche Natur die Teilbarkeit des Produktionsprozesses bestimmt. Diese ist bei Maschinen oder modulisierbaren Erzeugnissen deutlich höher als etwa bei chemischen Grundstoffen. Der Zusammenhang von Produktionstechnik und Betriebsgröße wird gegenwärtig insbesondere anhand comutergestüzter Systeme thematisiert. Flexible, vielseitig einsetzbare und preisgünstige Technologien ermöglichen auch kleinen Betrieben deren effiziente Nutzung. Umfassende Untersuchungen haben darüber hinaus gezeigt, daß der Einsatz von NC- und CNC-Maschinen - im Unterschied zu programmierbaren Robotern - mit einer Zunahme an Kleinbetrieben verbunden ist (Acs u.a. 1988; Carlsson u.a. 1989). Eine geringe und/oder spezifische Nachfrage schafft die für kleine Betriebe vorteilhafte Nische; hier lassen sich gemäß klassischer Vorstellungen keine economies of scale erzielen. Im Zuge der verstärkten Individualisierung und Pluralisierung der Nachfrage stehen neuerdings dagegen die Flexibilitätsvorzüge der Kleinbetriebe im Zentrum der Diskussion. Sie operieren demnach marktnäher und sind intern beweglicher, was auch auf ihre günstigen sozialen und motivationalen Bedingungen zurückzuführen ist. Damit zusammen hängt der geringere gewerkschaftliche Organisationsgrad, der sich auf die Elastizität von Personaleinsatz und -kosten positiv auswirkt (vgl. Bartel 1990 und Berger 1990 mit weiteren Literaturhinweisen). Schließlich gelten gerade in diesem Bereich verschiedene rechtliche Ausnahme- und Sonderregelungen sowie explizit auf kleine und mittelständische Unternehmen ausgerichtete staatliche Förderprogramme (vgl. Kotthoff/Reindl 1990; Hilbert/Sperling 1990; Manz 1990; Hildebrandt 1991; kritisch zum gesellschaftspolitischen und -theoretischen Hintergrund der Renaissance des Kleinbetriebs Rainnie 1986).

Diese für die Entstehung und Existenz von Kleinbetrieben vorteilhaften Bedingungen variieren in ihrer Bedeutung und Wirkung erheblich nach Branchen und Organisationstypen. In weiterreichenden gesellschaftstheoretisch orientierten Arbeiten, wie etwa der Regulationsschule wird daneben auf die Bedeutung der Phase der Kapitalakkumulation ("Krise des Fordismus") sowie die Besonderheiten nationaler Entwicklungsmuster (vgl. Dörr/Naschold 1992; Piore/Sabel 1989) verwiesen. Zudem ist zu berücksichtigen, daß in der Regel Neugründungen in kleinem Betriebsumfang vollzogen werden, was wiederum mit den aufgeführten Faktoren zusammenhängt. Zugleich bestehen hinsichtlich der Kleinheit gewisse funktionale Äquivalente in Form von Dezentralisierungsmaßnahmen bei Großorganisationen. Dies läßt sowohl für historische wie vergleichende Studien die Frage nach dem Grenzwert für kleine Betriebe als relative erscheinen. Insofern mag es auch nicht verwundern, daß äußerst unterschiedliche operationale Abgrenzungen, etwa hinsichtlich der Zahl der Beschäftigten, verwendet werden, die zwischen 5 und 500 Mitarbeitern schwanken. Hinzu kommt, daß die Wahl der Schwellenwerte natürlich mit der verfolgten theoretischen Fragestellung in Beziehung steht.

2. *Konzeptionen der Organisationsgröße*

Die Organisationsgröße stellt eine Variable dar, die "auf der Grenzfläche zwischen Organisation und Umwelt angesiedelt ist" (Scott 1986, S. 316). Insofern liegt es nahe, erst einmal die folgenden zwei Konzepte von Organisationsgröße zu unterscheiden. Insbesondere in den Arbeiten der Aston Gruppe (Pugh u.a. 1969) wird die Größe einer Organisation als Kontextmerkmal aufgefaßt, das neben weiteren Restriktionen deren interne Struktur bestimmt. Im Unterschied dazu sehen andere Autoren (Meyer 1972; Hall u.a. 1967) die Größe als Charakteristikum der Organisationsstruktur an. Mit beiden Konzepten verbinden sich häufig unterschiedliche Analyseebenen, die jeweils spezifische Aspekte des Organisationsumfangs in den Vordergrund rücken:

"Specifically, the primarily internal level of analysis has associated with it the fundamental problem of social control; at the primarily external level of analysis lies the problem of survival and growth; and at the socio-technical level of analysis there is the problem of the structure of work" (Kimberly 1976, S. 592).

Solche Erwägungen sowie die Ergebnisse der industriesoziologischen Kleinbetriebsforschung führen ferner zu der Frage, ob Größe überhaupt als isolierbare Variable zu konzeptualisieren ist oder ob nicht besser von einer ganzheitlichen Konfiguration auszugehen wäre (zum jeweils zugrunde liegenden Verständnis von Organisation vgl. Slater 1985, S. 162ff.). Kleinbetriebe verfügen bei dieser Betrachtung über ein typisches, dicht verwobenes Ensemble an formalen Entscheidungs- und Kontrollstrukturen, persönlichen und qualifikatorischen Mitarbeiterprofilen sowie organisationskulturellen und sozialen Ordnungsmustern, die sie als eigene (Lebens- und Arbeits-) Welt erscheinen lassen (vgl. Kotthoff/Reindl 1990; Hilbert/Sperling 1990; Manz 1990; Hildebrandt 1991 sowie zur theoretischen Vertiefung des Konfigurationskonzepts Miller/Mintzberg 1983).

3. *Effekte der Organisationsgröße*

Wie zum Teil schon ausgeführt, wird Organisationsgröße mit verschiedenen anderen Faktoren in einen ursächlichen Zusammenhang gebracht (zu den Grundlagen und neueren Entwicklungslinien der organisationssoziologischen Kontingenztheorie vgl. Freriks 1992). Zu den klassischen Theoremen der Organisationsforschung zählt die positive Korrelation zwischen Organisationsumfang, Bürokratie und Differenzierung. Je größer die Organisation, desto höher wird demnach der Anteil an administrativem, nicht produktiv tätigem Personal - womit also der berüchtigte Parkinson-Effekt umschrieben wird. Auch steigt mit der Größe der Organisation das Ausmaß an struktureller Differenzierung - gemessen etwa an der Zahl der beschäftigten Berufskategorien oder der vorhandenen Hierarchieebenen (zu Einzelnachweisen und abweichenden empirischen Ergebnissen vgl. Scott 1986, S. 318ff.). Ganz ähnlich kommt im übrigen die Industriesoziologie zu dem Schluß, daß die funktionale und fachliche Arbeitsteilung bei Großbetrieben zunimmt.

Allerdings entwickelt sich der Zusammenhang nicht linear, sondern degressiv. "In summa steigert ein größerer Organisationsumfang durch vermehrte strukturelle Differenzierung - das heißt, durch die Erhöhung der Zahl unterschiedlicher organisationeller Untereinheiten - den Umfang der administrativen Komponente, die die Arbeit dieser Einheiten koordinieren muß; und gleichzeitig reduziert der größere Organisationsumfang durch eine Steigerung des Volumens der homogenen Arbeit innerhalb organisationeller Untereinheiten den Umfang der Verwaltungskomponente, die die Arbeit in diesen Einheiten zu überwachen hat" (Scott 1986, S. 319; s.a. Blau 1970).

Weiter wird eine enge Beziehung zwischen Organisationsgröße, Formalisierung und Zentralisierung behauptet. D.h. daß parallel zur Organisationsgröße die Dichte der Verhaltensvorschriften und das Ausmaß an unpersönlichen Verfahren zunimmt. Schwieriger gestalten sich die Beziehungen im Falle der Zentraliserung der Entscheidungskompetenzen. Zum einen muß bei großen Organisationen zwischen verschiedenen Entscheidungsarten (etwa unternehmens- und geschäftsbereichs- oder betriebsweiten) differenziert werden. Zum anderen erweisen sich Formalisierung und Zentralisierung als teilweise funktional äquivalent: Denn "stärker formalisierte Strukturen erlauben ein dezentraleres Entscheidungssystem" (Scott 1986, S. 321 mit weiteren wichtigen Verweisen auch zu gegenteiligen Ergebnissen).

Die Wirtschaftswissenschaften verfügen ebenfalls über einen breiten Satz von ähnlichen Hypothesen und empirischen Ergebnissen zu den komparativen Vorteilen kleiner, mittlerer und großer Betriebe (siehe hierzu Bartel 1990; Berger 1990; Sengenberger 1988; Pfohl u.a. 1982). Auch hier erweist sich die Forschungslage als disparat. Neben den schon genannten theoretischen, konzeptionellen und methodischen Unterschieden in der

Organisationsgrößenforschung spielt die Kontrolle weiterer Determinanten eine wichtige Rolle. Die Bedeutung der Erklärungskraft der Variable Größe wird nämlich eingeschränkt, wenn andere Einflußfaktoren, wie das Alter, (Stinchcombe 1965) das Wachstum (Filley/Aldag 1980; Hendershot/James 1972) oder die Produktionsform einer Organisation, kontrolliert werden. Beispielsweise zeigt die komplexe Einzelfertigung im Unterschied zur Großserien- oder Fließfertigung (- was in der Sprache der Organisationsforschung als "technology" bezeichnet wird und vielfach zu Mißver-ständnissen führt -) strukturelle Effekte, die denjenigen der Kleinheit entsprechen (vgl. vor allem Woodward 1965; Child/Mansfield 1972; Gerwin 1981). Eine ähnliche Verzerrung dürfte beim Zusammenhang zwischen Größe und (Kredit-) Finanzierungsmöglichkeiten auftreten.[1]

C. Überprüfung ausgewählter Thesen

Im folgenden sollen einige der vorgestellten Hypothesen anhand der Daten des NIFA-Panels getestet werden. Dabei beziehen wir uns auf das betriebliche Verhältnis zur Umwelt, auf klassische organisationstheoretische Fragestellungen sowie auf die im wirtschaftswissenschaftlichen Bereich angesiedelte Frage nach einer optimalen Betriebsgröße, wobei im wesentlichen Unterschiede zwischen Klein- und Großbetrieben herausgearbeitet werden.

1. Indikatoren

Bei der Betractung des Zusammenhangs der Organisationsgröße mit anderen Variablen bzw. bei der Untersuchung der Bedeutung von Organisationsgröße stellt sich zunächst einmal die Frage nach einem geeigneten Indikator zur Erfassung von Größe (vgl. A.). Im Rahmen einer standardisierten Befragung kommen vor allem quantitative Indikatoren in Frage. Der Rückgriff auf solche Indikatoren ist mit gewissen Problemen verbunden (vgl. etwa Kayser/Schwarting 1981), sie bieten aber nichtsdestotrotz den Vorteil, daß die entsprechenden Informationen relativ unproblematisch zu erheben sind und z.B. auch in der amtlichen Statistik verwendet werden. Der gebräuchlichste quantitative Indikator ist die Mitarbeiterzahl, die in der Regel zur Gruppierung der Daten benutzt wird[2]. Angaben zur Verteilung der im NIFA-Panel vertretenen Betriebe auf die ent-

---

1 Die Zugangsmöglichkeiten von Betrieben unterschiedlicher Größe zu staatlichen Ressourcen lassen sich auch am Beispiel von Förderprogrammen im Bereich neuer Technologien veranschaulichen; während nur 32,2 Prozent der Betriebe mit weniger als 50 Mitarbeitern schon einmal an einem solchen Programm beteiligt waren, sind dies bei den Betrieben mit über 1000 Beschäftigten 63,6 Prozent.

2 Nähere Ausführungen zu Gruppierungskriterien finden sich bei Kayser/Schwarting 1981. Zu weiteren Hinweisen zur Problematik des Indikators vgl. Abschnitt A.

sprechend der Mitarbeiterzahl gebildeten Betriebsgrößenklassen finden sich im Beitrag von Hauptmanns/Seitz in diesem Band.

Dabei wurde die Einteilung der amtlichen Statistik übernommen. Auffällig ist die große Bedeutung von Betrieben mit geringer Mitarbeiterzahl: knapp 31 Prozent der Betriebe beschäftigen weniger als 50 Mitarbeiter, in etwa 55 Prozent der Betriebe sind weniger als 100 Mitarbeiter beschäftigt.[3] Es handelt sich also um eine linkssteile Verteilung.[4]

Der Nachteil der hier verwendeten statistischen Abgrenzungen liegt darin, daß kein ausreichender Bezug zum jeweiligen Untersuchungsfeld hergestellt wird, so daß der "Versuch, einheitliche Abgrenzungsmerkmale für alle Wirtschaftsbereiche und Förderungszwecke zu finden (...) zwangsläufig zu einer willkürlichen Grenzziehung" führt (BDI 1976, zitiert nach Kayser/Schwarting 1981). Welcher Betrieb kann als "klein", welcher als "groß" bezeichnet werden? Gelegentlich werden Betriebe mit bis zu 500 Mitarbeitern noch der Kategorie "kleine und mittlere Unternehmen" zugeordnet, was angesichts der Datenlage im Maschinenbau wohl nicht zu rechtfertigen ist. Was "klein" und was "groß" im Maschinenbau ist, muß anders definiert werden als in anderen Teilzweigen des produzierenden Gewerbes. Im Verlauf der weiteren Analysen sollen daher Betriebe mit weniger als 50 Mitarbeitern als klein, solche mit mehr als 1000 Mitarbeitern als groß bezeichnet werden.

Auch aus anderen Gründen erscheint die starre Grenzziehung der amtlichen Statistik als problematisch: häufig wird Größe nicht als erklärende Variable betrachtet, sondern der Einfluß der Organisationsgröße steht stellvertretend für den Einfluß von anderen, dahinterliegenden Variablen, wie etwa vorhandenen Autonomiespielräumen, zur Verfügung stehenden Ressourcen usf. Wird nun der Einfluß der Betriebsgröße separiert, indem Betriebsgrößenklassen konstant gehalten werden, spricht nichts dafür, daß die amtliche Einteilung in jedem Fall auch inhaltlich interpretierbar ist, daß mithin durch die Kontrolle der Betriebsgröße auch der Einfluß der dahinterliegenden Variablen kontrolliert wird. Größe sollte insofern eher als Kovariate aufgefaßt werden oder eine je inhaltlich angemessene Klassifizierung vorgenommen werden. Dabei ergibt sich jedoch das Problem, daß über den Zusammenhang von Größe und dahinter liegenden Variablen nichts bekannt ist. In bezug auf die angemessene Erfassung der Betriebsgröße sind auch andere Indikatoren, wie etwa der Umsatz eines Unternehmens, diskutiert worden. Dagegen können verschiedene Argumente angeführt werden: Die intertemporale Vergleichbarkeit kann bspw. durch die Größe der Lagerbe-

---

3 Einige Zahlen aus der amtlichen Statistik zur Verdeutlichung der Bedeutung von kleinen und mittleren Unternehmen (KMU) im Maschinenbau: Der Anteil der zehn umsatzgrößten Unternehmen am Gesamtumsatz der Branche beträgt 11,6 Prozent - der Anteil dieser Unternehmen an allen Beschäftigten beträgt 9,7 Prozent (Statistisches Jahrbuch 1991).

4 Ein Hinweis darauf ergibt sich auch aus der Lage der Maße der zentralen Tendenz in der Verteilung der nicht-gruppierten Daten: Der Modus ist mit 40 Mitarbeitern kleiner als der Median (82); das arithmetische Mittel liegt mit 221 Mitarbeitern deutlich darüber.

stände beeinträchtigt werden. Auch aufgrund von Schwankungen in der Fertigungstiefe kann der Umsatz als problematischer Indikator betrachtet werden, insbesondere beim Vergleich über Branchen hinweg. Dieses Problem besteht beim NIFA-Panel allerdings nur zum Teil, da sich ausschließlich Maschinenbauunternehmen im Sample befinden.[5]

Diese Argumente und der enge Zusammenhang zwischen dem Umsatz und der Beschäftigtenzahl im Unternehmen - der (Pearson'sche) Korrelationskoeffizient beträgt r = 0,91 - haben schließlich zu einer Entscheidung zugunsten des Indikators "Beschäftigtenzahl" geführt. Sofern mit Betriebsgrößenklassen gerechnet wurde, ist die Größenklasseneinteilung der amtlichen Statistik trotz der dargestellten Bedenken übernommen worden.

2. *Organisationsgröße und betriebliche Umwelt*

Ein Ziel dieses Beitrags ist es, Licht auf die Frage nach der Bedeutung der Organisationsgröße zu werfen; macht Größe tatsächlich einen Unterschied? Dies soll zunächst am betrieblichen Verhältnis zur Umwelt überprüft werden. Diese Fragestellung ist von besonderer inhaltlicher Bedeutung für das NIFA-Panel, da ein (nicht-deterministischer) Zusammenhang von Umweltanforderungen, Technikeinsatz und der Ausgestaltung der Arbeitsorganisation angenommen wird. Nähere Ausführungen zum direkten Einfluß der Betriebsgröße auf den Technikeinsatz und die Arbeitsorganisation finden sich in verschiedenen weiteren Beiträgen dieses Bandes. Ein möglicher Indikator für unterschiedliche Umweltanforderungen bzw. unterschiedliches Umweltverhalten ist die wahrgenommene zukünftige Wettbewerbsintensität. Die Befragten wurden gebeten, auf einer Skala von +2 (= erheblicher Anstieg) bis -2 (= erheblicher Rückgang) die voraussichtliche Wettbewerbsintensität auf den Absatzmärkten des Betriebes in den nächsten drei Jahren zu beurteilen.

Zwischen den großen und den kleinen Betrieben ergeben sich mit Mittelwerten von 1,08 für Betriebe mit weniger als 50 Mitarbeitern und 1,52 für Betriebe mit mehr als 1000 Mitarbeitern signifikante Unterschiede. Kleine Betriebe erwarten also einen weniger starken Anstieg der zukünftigen Wettbewerbsintensität. Geht man davon aus, daß ein Zusammenhang zwischen der Einschätzung der betrieblichen Umweltanforderungen und den tatsächlichen Umweltanforderungen besteht, daß unterschiedliche Einschätzungen also kein Artefakt sind, das aus einem unterschiedlich entwickelten Problembewußtsein resultiert, dann kann dieser Unterschied als Indiz für das Gelingen einer Spezialisierungsstrategie der kleinen Betriebe

---

5 Ob "der Maschinen- und Anlagenbau" als homogene Kategorie angesehen werden kann, oder ob nicht vielmehr Unterschiede zwischen den Subbranchen bestehen, wäre zu diskutieren. Zur prinzipiellen Bedeutung von Branchen als analytischer Kategorie siehe Weißbach 1990.

gewertet werden. Bei sehr kleinen und sehr großen Betrieben macht Größe hinsichtlich der Umweltanforderungen eindeutig einen Unterschied. Den theoretischen Erwartungen entsprechend, läßt sich zwischen diesen relativ eindeutig definierten Extrempositionen aber kein einheitliches Muster erkennen. Im Bereich der mittleren Unternehmen herrschen offenbar komplexere Bedingungskonstellationen. Eine interessante Frage, die sich in diesem Zusammenhang unmittelbar anschließt, ist die nach den von den Unternehmen verfolgten Marktstrategien. Die Befragten wurden hierbei gebeten, vier mögliche Strategien der Produktplanung in eine ihrer Bedeutung für den jeweiligen Betrieb entsprechende Rangfolge zu bringen.[6]

Abb. 1: Betriebliche Geschäftsstrategien

	Derzeitige Märkte	Angrenzende bzw. neue Märkte
Derzeitige Produkte	Strategie der Intensivierung der Vertriebsaktivitäten	Strategie der Markterweiterung
Weiterentwickelte bzw. neue Produkte	Strategie der Produktneuplanung	Strategie der Diversifikation

Die Strategien der Markterweiterung, Produktneuplanung und Diversifikation sollen im folgenden als innovative Strategien bezeichnet werden, da entweder neue Produkte oder neue Märkte im Mittelpunkt stehen. Demgegenüber ist die Strategie der Intensivierung der Vertriebsaktivitäten eher als konservative Strategie zu betrachten, mit der die Betriebe nicht in "Neuland" vordringen (vgl. zu dieser Abgrenzung auch den Beitrag von

6 Frage: "Bringen Sie bitte die folgenden 4 Strategien der Produktplanung in eine Rangfolge entsprechend der Bedeutung für Ihren Betrieb in diesem Jahr. Vergeben Sie dazu bitte die 1 für die wichtigste Geschäftsstrategie, die 2 für die zweitwichtigste, die 3 für die drittwichtigste und die 4 für die viertwichtigste Strategie."

Widmaier/Dye in diesem Band). Beim Vergleich von Groß- und Kleinbetrieben hinsichtlich ihrer Marktstrategien zeigt sich, daß kleine Betriebe zu 55 Prozent die konservative Strategie als wichtigste Strategie nennen, Großbetriebe verfolgen in höherem Ausmaß innovative Strategien: 60 Prozent von ihnen setzen bei der Produktplanung entweder auf neue Produkte oder drängen auf neue Märkte, und nur 40 Prozent nennen die Intensivierung der Vertriebsaktivitäten als ihre wichtigste Strategie. Es ergibt sich somit ein signifikanter Unterschied bei der konservativen Strategie von 15 Prozentpunkten. Allerdings könnte dieses Ergebnis - bei aller gebotenen Vorsicht - wiederum als Beleg für die von Kleinbetrieben praktizierte Marktnischenstrategie interpretiert werden.

3. *Klassische Thesen: Organisationsumfang, Differenzierung und Bürokratisierung*

Es werden unterschiedliche Indikatoren verwendet, um den Grad der Differenzierung einer Organisation zu erfassen (vgl. Kubicek/Welter 1985). Ein häufig verwendeter Indikator ist die Zahl unterschiedlicher Stellenbezeichnungen innerhalb einer Organisation. Diese Größe gehört nicht zum Erhebungsprogramm des NIFA-Panels. In zahlreichen anderen Studien wird stattdessen die funktionale Abteilungsgliederung als Indikator für Differenzierung verwendet. Als Proxy-Variable für die funktionale Abteilungsgliederung ist in unserer Untersuchung die Zahl unterschiedlicher Abteilungen zu betrachten. Mit der Zahl der Beschäftigten ergibt sich, wie erwartet, eine Korrelation (r = 0,5915). Nicht überprüfbar ist anhand der Daten ein möglicher kurvilinearer Zusammenhang zwischen der Organisationsgröße und der Differenzierung innerhalb des Betriebs (vgl. Abschnitt 3.), der in der Zunahme homogener Arbeit begründet sein könnte, da der verwendete Indikator als zu grob betrachtet werden muß.

Der Anteil des Verwaltungspersonals unterscheidet sich bei Klein- und Großbetrieben deutlich.[7] Einen groben Überblick über diesen Zusammenhang bietet Abbildung 2. Demnach steigt der durchschnittliche Anteil des Verwaltungspersonals von 16 Prozent bei den Kleinbetrieben auf 26 Prozent bei den Großbetrieben. Etwas besser schneiden Betriebe mit einer Beschäftigtenzahl von 500 bis unter 1000 ab. Hier liegt der durchschnittliche Anteil des Verwaltungspersonals bei nur 22 Prozent. Dies kann als Hinweis auf einen, aufgrund der in Abschnitt B. dargestellten Überlegungen auch zu erwartenden, nicht-linearen Zusammenhang interpretiert werden.

---

7 Die Frage nach der Zahl der Beschäftigten in verschiedenen betrieblichen Funktionsbereichen wurde im Basisfragebogen gestellt. Sie erwies sich als nur bedingt auswertbar, da mit der Frage eine funktionale Ausdifferenzierung unterstellt wurde, die für Kleinbetriebe vielfach nicht gegeben ist und sie vor Zuordnungsprobleme stellte. Die vorliegenden Informationen konnten jedoch in aggregierter Form genutzt werden.

Abb. 2: Anteil des Verwaltungspersonals im Betrieb

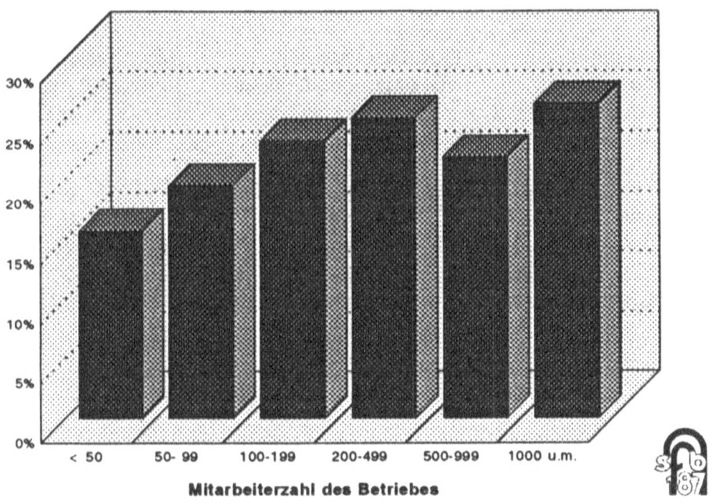

4. *Economies of Scale?*

Die wirtschaftswissenschaftliche Theorie und Forschung hat sich ausführlich mit der Frage nach der optimalen Betriebsgröße beschäftigt (zu dieser Diskussion vgl. Abschnitt B.3.). Die Frage, ob für den Maschinenbau anhand der vorliegenden Daten eine "optimale" Betriebsgröße feststellbar ist, soll anhand von zwei Indikatoren überprüft werden. Dies sind die Kapazitätsauslastung und der pro Beschäftigtem erzielte Umsatz. Zunächst zu den Effekten der Betriebsgröße auf die durchschnittliche Auslastung der betrieblichen Personal- und Maschinenkapazität. Tabelle 1 zeigt die durchschnittliche Kapazitätsauslastung für die Betriebsgrößenklassen. Für die durchschnittliche Maschinenauslastung ergibt sich ein Bild, das theoretisch auch erwartet werden konnte. Je größer der Betrieb, desto besser ist der vorhandene Maschinenbestand auszunutzen. Die Prozentsatzdifferenz von 8 Prozentpunkten zwischen den Klein- und den Großbetrieben erweist sich dann auch als hoch signifikant unterschiedlich.

Anders sieht es bei der Personalauslastung aus. Hier erreichen die Betriebe mit einer Beschäftigtenzahl von 500-999 positiv von den übrigen Klassen abweichende Werte. Ein anderer Indikator für die optimale Betriebsgröße könnte der durchschnittlich pro Beschäftigtem erzielte Umsatz sein.[8] Hier zeigt sich ein deutlicher Anstieg des durchschnittlichen Umsatzes mit der Betriebsgröße (vgl. Tabelle 2).

Tab. 1: Kapazitätsauslastung und Betriebsgröße

Beschäftigten-größenkassen	durchschnittliche Maschinenauslastung in %	durchschnittliche Personalauslastung in %
< 50 Mitarbeiter	82	95
50- 99 Mitarbeiter	84	95
100-199 Mitarbeiter	84	95
200-499 Mitarbeiter	87	97
500-999 Mitarbeiter	89	99
> 1000 Mitarbeiter	90	97
insgesamt	84	96

Tab. 2: Umsatz je Beschäftigtem und Betriebsgröße

Beschäftigte	Umsatz je Beschäftigtem in TDM (gerundet)
< 50 Mitarbeiter	172
50 - 99 Mitarbeiter	176
100 - 199 Mitarbeiter	192
200 - 499 Mitarbeiter	197
500 - 999 Mitarbeiter	221
> 1000 Mitarbeiter	229
Maschinenbau insgesamt	186

8 Hier ergab sich die Notwendigkeit zur Datenbereinigung, d.h. für 42 Betriebe (= 2,5 Prozent), deren Angaben zum Umsatz und zur Beschäftigtenzahl sich offensichtlich auf eine andere Ebene bezogen, wurden die Werte für die Variable "Umsatz pro Beschäftigtem" zu fehlenden Werten kodiert. Hier könnte es sich um einen Effekt handelt, der aus der Splittung in Basis- und Hauptfragebögen resultiert, da nach der Zahl der Beschäftigten im Basisfragebogen, nach dem Umsatz des Betriebes im Hauptfragebogen gefragt wurde. Aufgrund der unbereinigten Daten ergibt sich für das Sample ein Durchschnittswert von 185.473 DM Umsatz/Beschäftigtem, aufgrund der bereinigten Daten ein Wert von 185.878 DM. In jedem Fall stimmen diese Werte sehr gut mit den Angaben, z.B. des VDMA, überein. Der VDMA gibt für 1990, auf dieses Jahr beziehen sich auch die Angaben im NIFA-Panel, einen Umsatz von 185.850 DM pro Beschäftigtem an (Statistisches Handbuch für den Maschinenbau, Ausgabe 1991).

Abb. 3: Grad der Produktstandardisierung (nach Betriebsgrößenklassen)

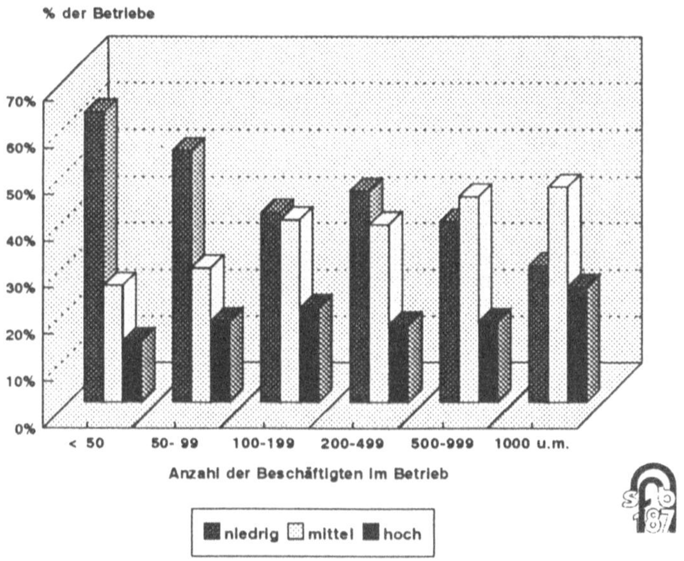

Wie bereits erwähnt, wird im Bereich der wirtschaftswissenschaftlichen Forschung angenommen, daß es andere Variablen mit strukturellen Effekten gibt, die denjenigen der Betriebsgröße entsprechen. Dies ist etwa die Produktionsform.

Kleinbetriebe produzieren in der Regel geringer standardisierte Produkte als Großbetriebe (Abbildung 3). Während 62,1 Prozent der Kleinbetriebe wenig standardisierte Produkte produzieren, trifft dies nur für 29,2 Prozent der Großbetriebe zu[9].

Zwischen dem Ausmaß der Produktstandardisierung und der Betriebsgröße besteht ein signifikanter Zusammenhang ($p = 0.000$). Andererseits übt der Grad der Produktstandardisierung einen deutlichen Einfluß auf den pro Beschäftigtem erzielten Umsatz aus. Während Betriebe mit niedrigem Grad an

9 Der Grad der Produktstandardisierung ist als gewichteter Indexwert ermittelt worden. Ein geringer Grad an Produktstandardisierung liegt dann vor, wenn der Betrieb einen hohen Anteil seiner Erzeugnisse nach Kundenspezifikation und -bestellung fertigt, ein hoher Grad an Produktstandardisierung ist bei hohem Anteil von Standardprodukten am Erzeugnisspektrum des Betriebes gegeben, Betriebe mit einem mittlerem Niveau der Produktstandardisierung fertigen kundenspezifische, teilstandardisierte aber auch standardisierte Produkte.

Produktstandardisierung durchschnittlich nur 171 TDM Umsatz pro Beschäftigten erzielen, liegt der durchschnittliche Umsatz pro Beschäftigten bei Betrieben mit hoher Produktstandardisierung bei 209 TDM.

Den kombinierten Effekt der Faktoren Betriebsgröße und Produktstandardisierung auf den durchschnittlichen Umsatz pro Beschäftigtem verdeutlicht Abbildung 4.

Abb. 4: Die Wirkung von Betriebsgröße und Produktstandardisierung auf den Umsatz von Betrieben

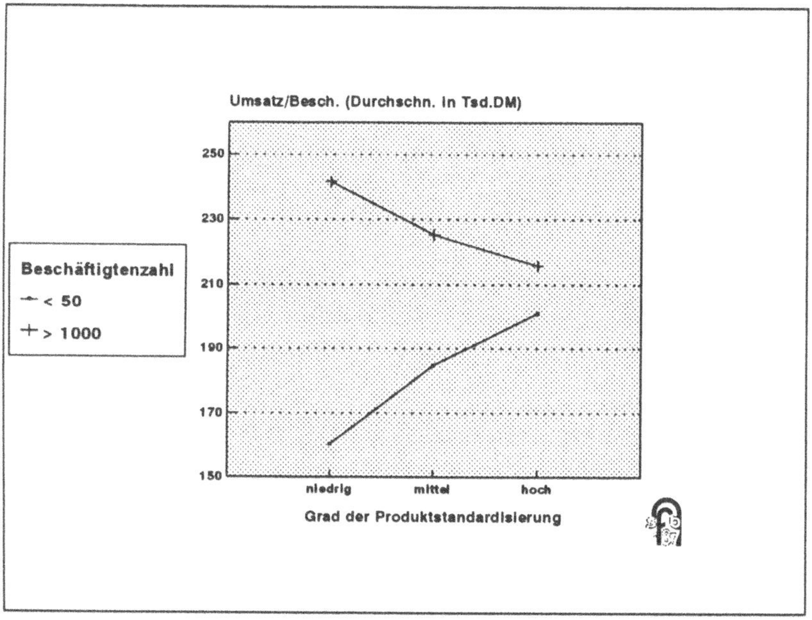

Während sich bei kleinen Betrieben das Ausmaß der Produktstandardisierung positiv auf den durchschnittlichen Umsatz pro Beschäftigten auswirkt, zeigt sich bei Großbetrieben die umgekehrte Wirkung. Dieses Ergebnis scheint durchaus plausibel, da Großbetriebe in diesem Fall die Vorteile, die aus großen Betriebseinheiten resultieren, mit den günstigen Bedingungen von Qualitätsproduktion verbinden können. Eindeutig ist in diesem Fall nur der Effekt der Betriebsgröße, da bei jeder Ausprägung der Variablen Produktstandardisierung der durchschnittliche Umsatz für große Betriebe höher liegt als für kleine Betriebe.[10]

10 Im Rahmen einer Varianzanalyse (vgl. etwa Bortz 1989) sind lediglich die Haupteffekte - Betriebsgröße, Produktstandardisierung - signifikant; der Interaktionseffekt - nach Bortz (1989, S. 364) als hybride Interaktion zu klassifizieren - ist mit einem p-Wert von 0.091 nicht signifikant.

Anhand der hier vorgestellten Befunde ist sicherlich kein abschließendes Urteil darüber zu fällen, ob es für den deutschen Maschinenbau eine "optimale" Betriebsgröße gibt. Auch wenn der Umsatz pro Beschäftigten mit der Betriebsgröße steigt, sind andere Faktoren zu berücksichtigen. Kleine Betriebe produzieren in der Regel weniger standardisierte Produkte (s.o.), bei denen die Gewinnspannen höher sein können. Es ist nicht anzunehmen, daß der Gewinn linear vom Umsatz abhängt, so daß aus solchen Analysen möglicherweise mehr Aufschluß über eine "optimale" Betriebsgröße zu gewinnen ist.

D. Fazit

Die Größe einer Organisation bzw. eines Betriebes macht also durchaus einen Unterschied, allerdings werden das genauere Ausmaß und die Richtung des Einflusses durch zusätzliche Faktoren bestimmt: Erstens durch die gewählte Variante bzw. Komponente des vielgestaltigen Konzepts Organisationsgröße (was in der Regel ebenfalls für die unabhängige Variable gilt) sowie durch die im Modell erfaßten und kontrollierten weiteren Randbedingungen. Diese Bilanz verweist daher auf die zentrale Bedeutung von theoretischen und methodischen Überlegungen.

Zu den Defiziten der Organisationsgrößenforschung, insbesondere in der Organisationssoziologie, zählt der strukturelle Determinismus, der für strategisches Handeln keinen Raum läßt. Eigentümlicherweise haben sich die neueren konzeptionellen Entwicklungen in der Kontingenztheorie (siehe dazu Freriks 1992) nicht mehr auf das Problem der Organisationsgröße ausgewirkt. Ebensowenig ist ein älterer Versuch von Pondy (1969) rezipiert worden, der strukturelle Determination und ökonomische Rationalitätskalküle verbinden wollte. Das Ausmaß an vorhandenem administrativem Personal in einer Organisation wird von ihm als Nutzenfunktion modelliert. Firmeneigentümer sind jedoch im Unterschied zu angestellten Geschäftsführern nicht bereit, ihre Kontrolle über die Organisation zu schwächen, was - ceteris paribus - das Ausmaß an Bürokratisierung reduziert (vgl. im Unterschied dazu die oben zitierte mainstream-Erklärung von Scott 1986).

Zu fordern ist darüber hinaus ein höheres Maß an Interdisziplinarität und Anwendungsorientierung um die unselige Arbeitsteilung zwischen Organisationsforschung/Methode, Industriesoziologie/Theorie und Wirtschaftswissenschaften/Praxis zu überwinden.

E. Literatur

Aldrich, H.E. (1979): Organizations and Environments, Englewood Cliffs.

Acs, Z.J./Audretsch, D.B./Carlsson B. (1988): Flexible Technology and Firm Size, Wissenschaftszentrum, FS IV 88-9, Berlin.

Bartel, R. (1990): Organisationsgrößenvor- und nachteile, in: Jahrbuch für Sozialwissenschaft, Nr. 41, Heft 2, S. 135-159.

Berger, J. (Hrsg.) (1990): Kleinbetriebe im wirtschaftlichen Wandel, Frankfurt.

Blau, P.M. (1970): A formal theory of differentiation in organizations, in: American Journal of Sociological Review, Vol. 35, pp. 201-218.

Bortz, Jürgen (1989): Statistik für Sozialwissenschaftler, 3. Auflage, Berlin u.a.

Carlsson, B./Audretsch, D.B./Acs, Z.J. (1989): The Effect of Flexible Technology on Plant Size, Wissenschaftszentrum, FS IV 89-25, Berlin.

Child, J./Mansfield, R. (1972): Technology, Size, and Organization Structure, in: Sociology, Vol. 6, pp. 369-380.

Dörr, G./Naschold, F. (1992): Umbrüche im Werkzeugmaschinenbau, in: F. Lehner/J. Schmid (Hrsg.): Technik - Arbeit - Betrieb - Gesellschaft, Opladen.

Filley, A.C./Aldag, R.J. (1980): Organizational Growth and Types, in: Research in the Sociology of Organizations, Vol. 2, pp. 279-320.

Freriks, R. (1992): Die Struktur kontingenztheoretischer Ansätze, in: F. Lehner/J. Schmid (Hrsg.), Technik - Arbeit - Betrieb - Gesellschaft, Opladen.

Gerwin, D. (1981): Relationships between structure and technology, in: P. Nystrom/W.H. Starbuck (Ed.), Handbook of organizational design, S. 3-38.

Hall, R.H./Haas, J.E./Johnson, N.J. (1967): Organizational Size, Complexity, and Formalization, in: American Sociological Review, Vol. 32, pp. 903-912.

Hauptmanns, P./Rogalski, W. (1992): Fallstudien in der Industriesoziologie - Zur Kritik der vorherrschenden Methode sozialwissenschaftlicher Technikforschung, in: Lehner, F./Schmid J. (Hrsg.), Technik - Arbeit - Betrieb - Gesellschaft, Opladen.

Hendershot, G.E./James, T.F. (1972): Size and Growth of Administrative-production Ratios in Organziations, in: American Sociological Review, Vol. 37, pp. 149-153.

Hilbert, J./Sperling, H. (1990): Die kleine Fabrik. Beschäftigung, Technik und Arbeitsbeziehungen, München.

Hildebrandt, E. (Hrsg.) (1991): Betriebliche Sozialverfassung unter Veränderungsdruck, Berlin.

Kayser, G./Schwarting, U. (1981): Definitorische Ansätze zur Klärung des Begriffs "kleine und mittlere Unternehmen", in: Institut für Mittelstandsforschung, Unternehmensgrößenstatistik 1981/82.

Kieser, A. (1989): Organizational, Institutional, and Societal Evolution: Medieval Craft Guilds and the Genesis of Formal Organizations, in: Administrative Science Quarterly, Vol. 34, pp. 540-564.

Kimberly, J.R. (1976): Organizational Size and the Structuralist Perspective, in: Administrative Science Quarterly, Vol. 21, pp. 571-597.

Klatzky, S.R. (1970): Relationship of Organizational Size to Complexity and Coordination, in: Administrative Science Quarterly, Vol. 15, pp. 428-438.

Kotthoff, H./Reindl, J. (1990): Die soziale Welt der Kleinbetriebe. Wirtschaften, Arbeiten und Leben in mittelständischen Industriebetrieben, Göttingen.

Kubicek, H./Welter, G. (1985): Messung der Organisationsstruktur, Stuttgart.

Manz, Th. (1990): Innovationsprozesse in Klein- und Mittelbetrieben: soziale Prozesse bei der Einführung neuer Technologien, Opladen.

Mayntz, R. (Hrsg.) (1968): Bürokratische Organisation, Köln/Berlin.

Meyer, M.W. (1972): Size and the structure of organizations, in: American Sociological Review, Vol. 37, pp. 434-440.

Miller, D./Dröge, C./Toulouse, J.M. (1988): Strategic Process and Content as Mediators Between Organizational Context and Structure, in: Academy of Management Journal, Vol. 31, pp. 544-569.
Miller, D./Mintzberg, H. (1983): The Case for Configuration, in: G. Morgan (Ed.), Beyond Method. Strategies for Social Research, Beverly Hills u.a., S. 57-73.
Pfohl, H.C. u.a. (Hrsg.) (1982): Betriebswirtschaftslehre der Mittel- und Kleinbetriebe, Berlin.
Piore, M.J./Sabel, Ch. (1989): Das Ende der Massenproduktion, Frankfurt a.M.
Pondy, L. (1969): Effects of Size, Complexity, and Ownership on Administrative Intensity, in: Administrative Science Quarterly, Vol. 14, pp. 47-60.
Pugh, D.S. (1983): Studying Organizational Structure and Process, in: Morgan G. (Ed.), Beyond Method. Strategies for Social Research, Beverly Hills u.a., S. 45-56.
Pugh, D.S./Hickson, D.J./Hinings, C.R./Turner,C. (1969): The Context of Organizational Structures, in: Administrative Science Quarterly Vol 14, pp. 91-114.
Rainnie, A. (1986): Small firms, big problem: the political economy of small business, in: Capital and Class, Vol. 25, pp. 140-168.
Schmid, J./Lehner, F. (1992): Technik, Arbeit und Betrieb in Industriesoziologie und Organisationsforschung, in: Lehner F./Schmid J. (Hrsg.), Technik - Arbeit - Betrieb - Gesellschaft, Opladen.
Scott, W.R. (1986): Grundlagen der Organisationstheorie, Frankfurt a.M.
Sengenberger, W. (1988): Economic and social perspectives of small enterprise, in: Labour and Society, Vol. 13, No. 3.
Slater, R.O. (1985): Organization Size and Differentiation, in: Research in the Sociology of Organization, Vol. 4, pp. 127-180.
Statistisches Bundesamt (Hrsg.) (1991): Statistisches Jahrbuch.
Stinchcombe, A. (1965): Social Structure and Organizations, in: March J.G. (Ed.), Handbook of Organizations, Chicago.
VDMA (Hrsg.) (1991): Statistisches Handbuch für den Maschinenbau, Ausgabe 1991, Frankfurt a.M.
Weißbach, H.-J. (1990): Zur Bedeutung der Kategorie "Branche" als analytischer Mesoebene, Vortrag anläßlich des Colloquiums im IAT Gelsenkrichen am 4.12.90, IuK-Arbeitspapier Nr. 2, Dortmund.
Woodward, J. (1965): Industrial Organization, New York.

VIII. Rationalisierung, Kontrolle und Autonomie im Maschinenbau

Rainer Freriks / Peter Hauptmanns / Josef Schmid

A. Die Kontrolldiskussion in den Sozialwissenschaften

Steigender Technikeinsatz in den Betrieben, industrielle Organisationsentwicklung, Veränderungen im Arbeitskräfteeinsatz und in der Qualifikationsentwicklung sowie der Wandel in den Arbeitsbedingungen stellen charakteristische Elemente eines komplexen Prozesses dar, der in der Industriesoziologie als Rationalisierung bezeichnet wird.

"Im Begriff der Rationalisierung ist offensichtlich ein grundlegendes industriegesellschaftliches Bewegungsmoment sowohl systematisch wie historisch-deskriptiv identifiziert" (Braczyk u.a. 1982, S. 26).

Diese gesellschafts- und betriebstheoretisch zentrale Kategorie verbindet seit Marx und Weber die beiden Struktur- und Handlungsprinzipien der Produktivitätssteigerung und der Herrschaftsstabilisierung. In der neueren Industriesoziologie werden ferner drei Dimensionen des Rationalisierungsgeschehens unterschieden: Technik, Organisation und Politik (Braczyk u.a. 1982, S. 28ff). Vergleichbares, wenngleich mit weitaus geringerem kritischen Impetus, gilt für die Organisationsforschung (zum Verhältnis beider Disziplinen vgl. Schmid/Lehner 1992).

Auf einer dementsprechend differenzierten analytischen Folie bildet das Phänomen Kontrolle, d.h. die Art und Weise, in der gewährleistet wird, daß Mitarbeiter die ihnen gestellten Aufgaben erfüllen, einen schwer eingrenzbaren Querschnittsbereich. Je nach theoretischem Hintergrund, Forschungsdesign und Erkenntnisinteresse kann das Problem der Kontrolle vorwiegend in eines oder mehrere der sechs möglichen Felder fallen.

Abb. 1: Dimension und Prinzipien des Rationalisierungsprozesses

	Produktivitätssteigerung	Herrschaftsstabilisierung
Technik Organisation Politik	K O N T R O L L E	

Aus der Vielfalt der potentiellen Bezüge erklärt sich auch die Heterogeniät der Konnotationen und operationalen Verwendungszusammenhänge: Als spezifische Formen von Kontrolle gelten "Verwaltung, Autorität, Automation, Grenzen, Bürokratisierung, Zentralisierung, Verträge, Koordination, Entscheidungsgrundlagen, Disziplin, Bewertung, Formalisierung, Hierarchie, Anreize, Integration, Leistungsprogramme, Macht bzw. Herrschaft, Verfahren, Standardisierung, Regeln, Sanktionen, Spezialisierung, Überwachung" - so die entsprechenden Stichworte des Organisationssoziologen Scott (1986, S. 366).

Seit Mitte der 70er Jahre ist zum Thema Kontrolle eine breite industriesoziologische Debatte in Gang gekommen. Ausgangspunkt dieser sogenannten Labor-Process-Debatte (vgl. dazu Wood 1986; Hildebrandt/Seltz 1987) bildet die Veröffentlichung von Bravermans "Die Arbeit im modernen Produktionsprozeß" (org. 1974), in der die Frage aufgeworfen wird, inwieweit, in welcher Form und mit welchen Folgen die Kontrolle von Leistung und Verhalten zu den Kernfunktionen des Managements zählt. Technik bildet dabei ein Instrument zur Unterwerfung der Arbeiter unter die Kontrolle des Kapitals, dessen Strategie auf eine Dequalifizierung und Degradierung der Arbeit abzielt. Verstärkt worden ist diese Diskussion durch den massierten Einsatz neuer computergestützter Technologien. Diese fungieren nicht mehr nur als Automatisierungs-, sondern zugleich als Informatisierungstechnologien (Barry 1989).

"Der qualitativ neuartige Charakter der Informationstechnologie bedeutet ein hohes Rationalisierungspotential für geistige Arbeit, ermöglicht die weitere Trennung von ausführender Arbeit, Planung und Organisation (Dissoziierungsprozesse), das Unterlaufen von erkämpften Regelungen und Normierungen und läßt herkömmliche Politikterrains obsolet werden" (Dörr u.a. 1983, S. 174; vgl. auch Malsch 1984; Dörr/Naschold 1992 sowie aus organisationssoziologischer Perspektive Stolz/Türk 1992).

Der Maschinenbau ist in diesem Kontext deshalb von Bedeutung, "weil er durch eine noch stark handwerklich geprägte Koordinationsweise charakterisiert wird, durch dezentrale und personengetragene Disposition" (Hildebrandt 1991, S. 8). Insofern liegt die Vermutung nahe, daß der Einsatz neuer Informations- und Kommunikationstechnologien in dieser Branche anders praktiziert wird als etwa in der stark tayloristisch geprägten Automobilindustrie. Darüber liegen verschiedene neuere Untersuchungen vor (Manske 1991; Dörr 1991), die jedoch alle auf Fallstudien basieren.

Im folgenden sollen einige Aspekte aus diesem breiten Diskussionsspektrum aufgenommen und mit unseren empirischen Befunden kontrastiert werden. Wir konzentrieren uns dabei auf das Ausmaß, mögliche Ursachen, Wechselbeziehungen und Folgen von Kontrolle. Eine detaillierte Analyse unterschiedlicher Kontrollmechanismen, ihrer spezifischen Wirkungen und Interaktionen mit anderen Aspekten der Arbeitsorganisation, ist im Rahmen des NIFA-Panels nur begrenzt leistbar. Das NIFA-Panel bietet dagegen die Möglichkeit, auf breiter Basis zu prüfen, in welchem Umfang die betrieblichen Voraussetzungen für einen direkten Zugriff auf Arbeitsvermögen einzelner Mitarbeiter bestehen.

B. Kontrollpotentiale im deutschen Maschinenbau

1. Steuerung und Kontrolle in der Fertigung

In der theoretischen Diskussion betonen insbesondere Manske u.a. (1986; vgl. aber auch Hirsch-Kreinsen 1984 oder Bergmann u.a. 1986) die besondere Bedeutung, die die Form der Auftragsweitergabe und der -rückmeldung für das Kontrollpotential besitzt. Unterschieden werden die beiden Idealformen Einzelsteuerung und Bündelsteuerung. Einzelsteuerung bezeichnet die Weitergabe und Rückmeldung von einzelnen Arbeitsaufträgen an die ausführenden Mitabeiter. Dieses Steuerungsprinzip erleichtert tendenziell die Rekonstruktion der Tätigkeiten einzelner Mitarbeiter in sachlicher und zeitlicher Hinsicht, erfordert auf der anderen Seite aber einen höheren und detaillierten Planungsablauf von Arbeitsvorgängen. Bündelsteuerung bezeichnet die Zusammenfassung von Arbeitsaufträgen zu Bündeln, die an die Mitarbeiter weitergegeben werden. Die Bündelsteuerung ist tendenziell mit größeren Handlungs- und Entscheidungsspielräumen der einzelnen Mitarbeiter verbunden sowie mit geringeren Möglichkeiten der exakten zeitlichen und sachlichen Rekonstruktion ihrer Tätigkeiten. Andererseits reduziert Bündelsteuerung tendenziell die Anforderungen an die Exaktheit und Komplettheit der Arbeitsplanung. Diese Idealform der reinen Bündelsteuerung kann durch eine Reihe von Maßnahmen in ihrer Unbestimmtheit für die Betriebsleitung reduziert werden. Beispielsweise können Arbeitsaufträge in Bündeln den Maschinenbedienern zugewiesen werden, während die Abmeldung jedes Arbeitsauftrages einzeln erfolgt, oder Arbeitsaufträge werden zwar zu Bündeln zusammengefaßt, die Reihenfolge der Abarbeitung der einzelnen Aufträge wird jedoch den ausführenden Mitarbeitern vorgeschrieben.

Aus dem Vorliegen eines bestimmten Steuerungstyps kann nicht unbedingt geschlossen werden, daß die damit verbundenen Kontrollpotentiale innerbetrieblich auch tatsächlich realisiert werden. Unterschiedliche Steuerungsmuster sind deshalb nur Indikatoren dafür, wie gut die infrastrukturellen Voraussetzungen für die Kontrolle der Arbeitsausführung sind. Bei einer einzelnen Zuweisung und Abmeldung von Arbeitsaufträgen sind die Voraussetzungen zur exakten zeitlichen und sachlichen Bestimmung der Tätigkeiten der individuellen Mitarbeiter wesentlich besser als bei einer reinen Bündelsteuerung.

Natürlich kann die Art der Zuweisung und Abmeldung von Arbeitsaufträgen innerbetrieblich variieren, zwischen einzelnen Abteilungen innerhalb des Produktionsbereiches wie auch innerhalb einzelner Abteilungen. Im NIFA-Panel 1991 wurden die Betriebe um Angaben gebeten, in welcher Form Aufträge an einzelne NC-Maschinen und an Mehrmroduktstandardisierung und der Betriebsgröße bnd abgemeldet werden. Zusätzlich wurde bei der Auftragsvergabe nach dem Bündelprinzip erfragt, in welchem Umfang die Maschinenbediener innerhalb der zusammengestellten Aufträge selbst über die Reihenfolge der Abarbeitung entscheiden können.

2. *Befunde zum Ausmaß des Kontrollpotentials*

Die Ergebnisse des NIFA-Panels zeigen ein eindeutiges Muster: In ca. 70 Prozent der Betriebe mit einzelnen NC-Maschinen erfolgt an diesen Maschinen die Auftragsweitergabe einzeln, und in etwa 9 von 10 Fällen werden an diesen Maschinen Aufträge einzeln abgemeldet. Eine reine Einzelsteuerung - die Aufträge werden einzeln an- und abgemeldet - wird von 69,5 Prozent der Betriebe praktiziert, eine reine Bündelsteuerung verwenden 8,1 Prozent der Betriebe. In 20 Prozent der Fälle werden die Aufträge in der Fertigung an einzelne NC-Maschinen bündelweise vergeben, während die Aufträge einzeln abgemeldet werden. Bei dieser Mischform können in der Regel die Maschinenbediener (70,4 Prozent) häufig oder gelegentlich über die Reihenfolge der Abarbeitung der Aufträge selbst entscheiden. Die Kombination der einzelnen Vergabe bei bündelweiser Abmeldung der Aufträge ist mit 2,4 Prozent außerordentlich selten. Dieses Ergebnis zeigt, daß in der überwiegenden Mehrzahl der Fälle die Voraussetzungen für die sachliche und zeitliche Rekonstruktion der Tätigkeiten der Maschinenbediener an NC-Maschinen in der Fertigung gegeben sind. Dies heißt allerdings nicht, daß diese potentielle Kontrolle in allen Betrieben auch praktiziert wird.

Einige leichte Veränderungen zeigen sich, wenn statt der einzelnen NC-Maschinen Mehr-Maschinen-Systeme betrachtet werden. Nahezu unverändert sind die Anteilswerte der reinen Einzelsteuerung (8,6 Prozent) und der

Kombination von einzelner Auftragsvergabe und bündelweiser Abmeldung der Aufträge (2,9 Prozent). Eine leichte Verschiebung ergibt sich bei den Anteilswerten der reinen Einzelsteuerung (59,6 Prozent) - die bei Mehr-Maschinen-Systemen um etwa 10 Prozentpunkte niedriger ausfällt - und der Kombination von bündelweiser Auftragsvergabe mit einzelner Auftragsabmeldung (29,3 Prozent), die um etwa den gleichen Wert steigt. Bei Mehr-Maschinen-Systemen scheint sich eine leichte Tendenz anzudeuten, die rigide Form der reinen Einzelsteuerung zugunsten der Kombination von Einzelauftragsvergabe und bündelweiser Auftragsabmeldung zurückzunehmen. Da Mehr-Maschinen-Systeme insgesamt noch nicht sehr verbreitet sind, können aufgrund der niedrigen Fallzahl zum derzeitigen Zeitpunkt noch keine gesicherten Beurteilungen abgegeben werden. Bei den weiteren Analysen wird deshalb nicht weiter auf Mehr-Maschinen-Systeme eingegangen.

3. *Betriebsspezifische Ursachen und Zusammenhänge*

Für den Versuch, betriebliche Faktoren zu bestimmen, die die Form der Auftragsvergabe und -rückmeldung beeinflussen, ist es sinnvoll, die im NIFA-Panel erfragten Informationen zum Potential der Kontrolle der Maschinenbediener zusammenzufassen. Zu diesem Zweck werden die Betriebe in drei Gruppen eingeteilt:

- Betriebe, mit einem geringen Kontrollpotential: Dies liegt vor, wenn Aufträge in Bündeln angemeldet werden und die Maschinenbediener häufig oder gelegentlich über die Reihenfolge entscheiden können und Aufträge in Bündeln abgemeldet werden.
- Betriebe mit einem mittleren Kontrollpotential: Dies liegt vor, wenn Aufträge in Bündeln angemeldet werden und die Maschinenbediener häufig oder gelegentlich über die Reihenfolge entscheiden können und Aufträge einzeln abgemeldet werden; oder wenn Aufträge einzeln zugewiesen und in Bündeln abgemeldet werden; oder wenn Aufträge in Bündeln angemeldet werden und die Maschinenbediener selten oder nie über die Reihenfolge entscheiden können und Aufträge in Bündeln abgemeldet werden.
- Betriebe mit einem hohen Kontrollpotential: Dies liegt vor, wenn Aufträge in Bündeln angemeldet werden und die Maschinenbediener selten oder nie über die Reihenfolge entscheiden können und Aufträge einzeln abgemeldet werden; oder wenn Aufträge einzeln zugewiesen und abgemeldet werden.

Die so gebildete Gruppierung der Fälle spiegelt die weiter oben geschilderten Beziehungen wider. 75,7 Prozent der Betriebe mit einzelnen NC-Maschinen weisen ein hohes Potential für die Kontrolle der Maschinenbediener auf, 18,1 Prozent ein mittleres und 6,2 Prozent ein geringes Kontrollpotential. Die beeinflussenden Faktoren des Kontrollpotentials sind in anderen Aspekten der Arbeitsorganisation, in der Fertigungsorganisation, in der Betriebsgröße und in der Technikausstattung, insbesondere in der Computerunterstützung von arbeitsvorbereitenden betrieblichen Funktionen zu vermuten. Die Arbeitsorganisation kann als System von vorstrukturierten Endscheidungs- und Handlungsfolgen aufgefaßt werden, wobei die einzelnen Entscheidungs- und Handlungssequenzen nur bedingt voneinander unabhängig sind. Bei der Betrachtung der Beziehung zwischen dem Kontrollpotential und dem Aufgabenspektrum der Maschinenbediener an NC-Maschinen und dem Kompetenzumfang der Fertigungswerkstatt ergibt sich ein wenig eindeutiges Bild. CHI-Quadrat ist signifikant, d.h. der Umfang des Kontrollpotentials und des Tätigkeitsspektrums des Maschinenbedieners sind nicht voneinander unabhängig, allerdings sind Maßzahlen für die Stärke des Zusammenhangs niedrig (Cramer's V = .07; p = .03). Gleiches gilt für die Beziehung zwischen dem Kontrollpotential und dem Kompetenzumfang der Fertigungswerkstatt (Cramer's V = .08; p = .003).[1] Bei der Kombination des Aufgabenspektrums der Maschinenbediener mit dem Kompetenzumfang der Werkstatt ergeben sich nur für eine Gruppe Unterschiede. 25 Prozent der Betriebe mit geringem bzw. mittlerem Kontrollpotential weisen ein überdurchschnittliches Aufgabenspektrum der Maschinenbediener bei gleichzeitig überdurchschnittlichen Kompetenzen der Werkstatt auf, während nur 16 Prozent der Betriebe mit hohem Kontrollpotential diese arbeitsorganisatorische Kombination aufweisen (t = 2.88; df = 1009; p = .004). Auf der anderen Seite zeigen 16,9 Prozent der Betriebe mit hohem Kontrollpotential ein unterdurchschnittliches Aufgabenspektrum der Maschinenbediener bei gleichzeitigen unterdurchschnittlichen Kompetenzen der Werkstatt, im Vergleich zu 9,4 Prozent der Betriebe mit geringem bzw. mittlerem Kontrollpotential (t = -2.91; df = 1009; p = .004). Bei allen anderen Kombinationen ergeben sich keine statistisch bedeutsamen Unterschiede.

Die Uneindeutigkeit der Beziehungen von Aspekten der Arbeitsorganisation könnte darauf zurückzuführen sein, daß unterschiedliche betriebliche Ausgangssituationen das Verhältnis von Aspekten der Arbeitsorganisation untereinander berühren. Als eine wesentliche betriebliche Situation für Form und Ausmaß von Kontrolle wird die Fertigungsorganisationsform betrachtet

---

1 Angesichts der sehr unausgewogenen Besetzungszahlen in den einzelnen Gruppen ist es sinnvoll, für weitere statistische Analysen die Gruppen mit niedrigem und mittlerem Kontrollpotential zusammenzufassen. Dabei zeigt sich die gleiche Uneindeutigkeit: Zwischen der Gruppe mit niedrigem bzw. mittlerem Kontrollpotential und der Gruppe mit hohem Kontrollpotential bestehen statistisch signifikante Unterschiede, diese sind in ihrem Ausmaß allerdings gering (z.B. Index des Aufgabenspektrums der Maschinenbediener: Mittelwert Gruppe 1 (niedrig/mittel): 23,5; Mittelwert Gruppe 2 (hoch): 24,5; t = -2.64; df = 1062; p = .000.

(vgl. z.B. Bergmann 1986; Schultz-Wild u.a. 1988; Schumann u.a. 1990, aber auch Woodward 1970). Bei dem Vergleich der Anteilswerte der Fertigungsorganisationsformen zeigt sich, daß ein bedeutsamer Unterschied nur bei der Organisationsform Werkbankfertigung besteht. Der durchschnittliche Anteil der Werkbankfertigung beträgt in der Gruppe mit niedrigem bzw. mittlerem Kontrollpotential 25 Prozent und in der Gruppe mit hohem Kontrollpotential 31,5 Prozent ($t = -2.63$; $df = 1156$; $p = .006$). Bei den anderen Organisationsformen der Fertigung zeigen sich keine bedeutsamen Unterschiede. Die unterschiedlichen Organisationsformen sind z.T. ein Reflex auf Form und Umfang des Produktionsprogramms. Statistisch bedeutsame Unterschiede zeigen sich dabei nicht im Bereich der standardisierten Produkte, sondern bei teilstandardisierten und kundenindividuellen Produkten.

In der Gruppe mit niedrigem bzw. mittleren Kontrollpotential beträgt der Anteil teilstandardisierter Produkte 33,8 Prozent und der Anteil kundenindividueller Produkte 46,9 Prozent. Die Gruppe mit einem hohen Kontrollpotential weist einen höheren Anteil kundenspezifischer Produkte (53,3 Prozent, $t = -2.51$; $df = 1160$; $p = .012$) und einen niedrigeren Anteil teilstandardisierter Produkte auf (28,1 Prozent, $t = 2.86$; $df = 1160$; $p = .004$).

Ein weiterer Indikator für die Art des Produktionsprogramms ist der Anteil zerspanender Bearbeitungen in der Werkstatt. In der Gruppe mit niedrigem bzw. mittlerem Kontrollpotential ist der Anteil zerspanender Bearbeitungen mit 40 Prozent geringer als in der Gruppe mit hohem Kontrollpotential mit 50 Prozent ($t = -5.37$; $df = 1154$; $p = .000$).

Unterschiede im Produktionsprogramm sollten sich auch in der technischen Ausstattung auswirken, aber bezogen auf das Spektrum der eingesetzten Techniken insgesamt zeigen sich keine Unterschiede ($t = -1.03$; $df = 1169$; $p = .301$). Stärker ausgeprägt als bei einer globalen Technikbetrachtung könnten Unterschiede in der Computerunterstützung betrieblicher Planungsfunktionen sein. Aber auch bei der Betrachtung von acht Planungsfunktionen, die innerbetrieblich automatisiert sein können, zeigen sich keine bedeutsamen Unterschiede.

Die These, daß mit der Betriebsgröße das Kontrollpotential steigt, findet in den Daten des NIFA-Panels 91 keine Unterstützung ($t = 1.62$; $df = 1170$; $p = .105$).

4. *Zwischenfazit*

Zusammenfassend läßt sich sagen, daß die Unterschiede zwischen Betrieben mit geringem bzw. mittlerem Kontrollpotential bzw. hohem Kontrollpotential insbesondere beim Produktprogramm bestehen, aber auch dort nicht so stark ausgeprägt sind, daß von einer Determination ausgegangen werden kann. Auch die Beziehungen zwischen Kontrollpotential und ausgewählten Aspekten der Arbeitsorganisation ergeben keine deutlichen Zusammenhänge. Bei der Benutzung der oben aufgeführten Variablen zur Vorhersage der Gruppenmitgliedschaft zeigt sich, daß insgesamt nur in ca. 60 Prozent der Fälle die Gruppenmitgliedschaft korrekt vorher gesagt werden kann. Dies legt nahe, von einer erheblichen Entkoppelung von Kontrollpotential und Arbeits- bzw. Fertigungsorganisation auszugehen.

C. Kontrolle, Rationalisierung und Arbeit

Ein in der neueren Diskussion stärker beachteter Einflußfaktor ist der Zentralisierungs- und Technisierungsgrad der betrieblichen Steuerung und Kontrolle. Dieser Argumentation folgt Manske (1991), der konstatiert, daß die Einführung neuer Kontrolltechnologien eine Rationalisierung auch im Maschinenbau möglich gemacht hat, die gleichzeitig mit einer Abkehr vom tayloristischen Konzept der Arbeitszerlegung und -steuerung verbunden sein kann. Besonders folgenreich ist dies für die Qualifikationsdimension. Manske geht davon aus, daß bisher höhere Qualifikation verbunden war mit mehr Dispositionsspielraum und somit besseren, da nicht strikt tayloristischen, Arbeitsbedingungen. Dieser Argumentation liegt die Differenzierung in eine "stoffliche" Dimension der Arbeit (d.h. den für die stoffliche Bearbeitung notwendigen Fähigkeiten) und einer "zeitlich-sachlichen Koordinierung der Teilprozesse" bei der Produktherstellung zugrunde.

Diese Differenzierung ist allerdings weniger für die Voraussetzungen betrieblicher Qualifikationsmaßnahmen als für deren Folgen relevant. Wird zwischen stofflicher und zeitlich-sachlicher Dimension nicht unterschieden, könnte die Schlußfolgerung sein, daß mehr Fertigkeiten und Fähigkeiten der Mitarbeiter auch mit mehr Handlungsspielraum und somit besseren Arbeitsbedingungen verbunden sein werden. Dagegen stellt Manske fest, daß über moderne Kontrolltechnologien der Dispositionsspielraum der Mitarbeiter beschnitten wird, ohne daß dies Auswirkungen auf ihre Qualifikation auf der stofflichen Dimension haben muß. Somit ergibt sich eine nach Manske qualifikationsneutrale Möglichkeit zur Kontrolle von Arbeit:

> "Die neuen Kontrolltechniken ermöglichen einen qualifikationsschonenden Umgang mit Arbeit, gleichwohl wird die Arbeit rationalisiert, nehmen die Leistungsanforderungen zu" (S.164).

Die Daten des NIFA-Panels scheinen diese Annahme tendenziell zu bestätigen. Die Automatisierung von Kontrollfunktionen bedeutet nicht, daß der Umfang betrieblicher Qualifikationsmaßnahmen abnimmt, im Gegenteil: Betriebe, die Weiterbildungsmaßnahmen für Mitarbeiter unterstützen, automatisieren im Mittel mehr Kontrollfunktionen als Betriebe, die keine Qualifikationsmaßnahmen durchführen ($t = -5.36$, $df = 1407$, $p= .0000$). Auch der Zusammenhang zwischen dem Umfang automatisierter Planungs-

und Kontrollfunktionen und der Qualifikationsstruktur in der Fertigung der Betriebe ist nur sehr schwach ausgeprägt. Die Korrelationen zwischen dem Anteil von Facharbeitern, Meistern, Ingenieuren und an-/ungelernten Mitarbeitern und der Zahl automatisierter Kontrollfunktionen sind zwar generell signifikant (größtes $p = .014$), aber gleichzeitig sehr schwach (größtes $r = .12$ zwischen Funktionen und Anteil der an-/ungelernten, $r = -.11$ zwischen Funktionen und Anteil der Facharbeiter in der Fertigung). Aus den Daten läßt sich somit ein Hinweis darauf, daß mit der tatsächlichen Nutzung von Kontrolltechnologie eine Dequalifizierung der Mitarbeiter in der Fertigung verbunden wäre, genausowenig ableiten wie darauf, daß die Nicht-Nutzung von Kontrolltechnologie zu einer höheren Qualifikationsstruktur in den Betrieben führt.

Wenn man diesen Ansatz weiterverfolgt, ergibt sich aber, daß er nicht unbedingt qualifikationsneutral bleiben muß. Durch enge zeitliche Kontrolle der einzelnen Arbeitsabläufe ergibt sich auch eine bessere Planbarkeit der Arbeit, die Möglichkeit der weiteren Zergliederung des Arbeitsprozesses und - damit verbunden - einer Dequalifizierung der Mitarbeiter bzw. einer Polarisierung der Produktionsarbeit in einen kleinen Bereich steuernder und planender Spezialisten und einen größeren Bereich ausführender Angelernter (umgekehrtes Pilz-Modell). Somit treffen sich bei einer konsequenten Weiterentwicklung der "Neuen Kontrollformen" (Manske) diese wieder mit dem hier (und auch vom ISF) beschriebenen Modell der polarisierten Produktionsarbeit.

Bei der Interpretation dieser Ergebnisse sind folgende Gesichtspunkte zu berücksichtigen:

- Im NIFA-Panel wird nur das Kontrollpotential erhoben und nicht das tatsächliche Ausmaß der Kontrolle.
- Im NIFA-Panel werden keine unterschiedlichen Kontrollformen (z.B. in der Woodwardschen Terminologie personalisierte, regelgebundene und automatisierte Kontrollformen) erfaßt. Bei einem Teil der Hypothesen über Zusammenhänge zwischen Kontrolle und betrieblichen Merkmalen wird implizit eine bestimmte Kontrollform (häufig die automatisierte) zugrunde gelegt.
- Die Gruppe der Betriebe, die über eine hohes Kontrollpotential verfügen, umfaßt etwa 75 Prozent der Betriebe. Die hohe Besetzung dieser Gruppe macht die statistische Identifizierung von Faktoren, die ein hohes Kontrollpotential in der Fertigung fördern oder hemmen, schwierig.

D. Zum theoretischen Stellenwert der Ergebnisse

Innerhalb der industriesoziologischen Diskussion bildet Kontrolle ein Schlüsselelement tayloristischer Produktion. Aspekte von Kontrolle finden sich in allen vier "wissenschaftlichen" Organisationsprinzipien Taylors: der Zwangsfestlegung von Arbeitsvollzügen, der zentralen Arbeitsplatzzuteilung, der konsequenten Verbindung von Leistungsabgabe und Entgelt sowie der Trennung von Planung und Ausführung (vgl. Littek u.a. 1982, S. 53).

Allerdings gilt - insbesondere verglichen mit der Automobilindustrie - der (Werkzeug-) Maschinenbau im allgemeinen als Sonderfall; hier "ist das Eingehen auf das Leistungs- und Qualifikationspotential der Facharbeiter Ausdruck einer langen Tradtion," und die betrieblichen Verhältnisse repräsentieren "geradezu exemplarisch das Modell einer facharbeiterzentrierten, wenig arbeitsteiligen und wenig hierarchisierten Betriebs- und Arbeitsorganisation" (Lutz 1988, S. 203). Insofern verwundert der verbreitete Einsatz von PPS-Systemen und das hohe Kontrollpotential im Maschinenbau doch einigermaßen.[2]

Dem mainstream entgegen steht die Überlegung Manskes (1991, S. 15), wonach die "neuen Kontrolltechniken" (besonders PPS- und BDE-Systeme) den Taylorismus als Rationalisierungsstrategie ablösen:

> "Setzte der Taylorismus direkt und punktuell beim einzelnen Teilprozeß an, so die Neuen Kontrollformen 'systemisch' beim Gesamtprozeß und außerdem von einer ganz anderen 'Ebene' her, d.h. indirekt" (Manske 1991, S. 261).

Damit werden sie aber - im Unterschied zu tayloristischen Strategien - auch für den Maschinenbau einsatzfähig, eben weil sie gerade nicht an konkreten Arbeitsinhalten und Qualifikationen ansetzen und den "empirisch-experimentellen Charakter im kleinserigen Maschinenbau" weitgehend aufrechterhalten (ebd.). Stattdessen wird über die neuen Kontrollformen und -technologien die sachlich-zeitliche (nicht stoffliche) Koordination von Teilprozessen verbessert und damit die ökonomische Effizienz und die Transparenz der Fertigung gesteigert.[3]

---

2 Die Identifikation von Ausnahmen bzw. Niedergangstendenzen des Taylorismus ist insofern problematisch, als das zugrunde liegende Konzept relativ unklar ist und "in Wirklichkeit mehr verdunkelt als erhellt" (Pries 1988, S. 7). Auch bilden unsere Indikatoren weiterreichende rationalisierungstheoretische Zusammenhänge nur begrenzt ab.

3 Wotschack (1987) spricht in diesem Zusammenhang von "kontrollierter Autonomie". Fraglich ist dann allerdings, ob hier noch von Kontrolle im strikten Sinne ("ability to determine a class of events or state of affairs") die Rede ist; vgl. hierzu Landau/Stout (1979).

Insofern paßt ein solches Erklärungsmuster in unsere empirischen Befunde eines hohen Einsatzes von Kontrolltechnologien und entsprechend ausgeprägter Kontrollpotentiale.[4]
Zu den weiteren Besonderheiten im Maschinenbau zählt ferner eine spezifische Form der "betrieblichen Sozialverfassung", die auf hohen Vertrauens- und Kooperationsverhältnissen basiert. An diesen betriebsstrukturellen Rahmenbedingungen sind viele Versuche, im Maschinenbau zentrale Steuerungssysteme zu implementieren, gescheitert: Rund 80 Prozent der verkauften PPS-Systeme gelten wegen dieser Inkompatibilität als CIM-Ruinen (Hildebrandt/Seltz 1989; Hildebrandt 1991). Da wir in bezug auf die faktische Nutzung und den Erfolg der eingesetzten Kontrolltechnologien keine Daten verfügbar haben, können wir dazu keine Aussagen machen. Allerdings läßt sich der Widerspruch zwischen Kontrollpraxis und Kontrollpotentialen u.E. auch anders als durch deren Scheitern erklären. Unsere Hypothese läuft darauf hinaus, daß die mittlerweile im Maschinenbau installierten technischen Kontrollpotentiale dazu beitragen, dieses Vertrauen und die Kooperationsbereitschaft auch unter veränderten soziokulturellen und ökonomischen Bedingungen zu stabiliseren. Die latente Kontrolle bildet eine strategische Interventionsreserve des Managements[5] - frei nach dem Motto: Vertrauen ist gut, Kontroll(potential)e ist besser.

E. Literatur

Barry, B. (1989): Information Technology and Organizational Development, in: Research in Organizational Change and Development, Vol. 3, pp. 213-231.

Braczyk, H.J./Knesebeck, J.v./Schmidt, G. (1982): Nach einer Renaissance. Zur gegenwärtigen Situation der Industriesoziologie in der Bundesrepublik Deutschland, in: Kölner Zeitschrift für Soziologie und Sozialpsychologie, Sonderheft 24 (Materialien zur Industriesoziologie), S. 16-56.

Dörr, G. (1991): Die Lücken der Arbeitsorganisation. Neue Kontroll- und Kooperationsformen durch computergestützte Reorganisation im Maschinenbau, Berlin.

---

4 Zu Recht verweist Manske (1991, S. 264) in seiner kritischen Diskussion der neuen Produktionskonzepte von Kern/Schumann auf das Problem der Ausgangslage in verschiedenen Branchen. In diesem Zusammenhang ließe sich der massierte Einsatz von Kontrolltechnologien gerade im Maschinenbau wie folgt interpretieren: Die aktuellen Rationalisierungsstrategien zielen auf die Erhöhung der organisatorischen Flexibilität und den verbesserten Einsatz des Faktors Arbeit, d.h. ein Mehr an Kontrolle/Koordination und an Qualifikation bzw. ganzheitlicher Arbeitsorganisation. In der Automobilindustrie liegt bereits ein hohes Kontrollniveau vor, deshalb konzentrieren sich die Strategien des Managements dort auf die Qualifikation und die Arbeitsorganisation. Im Maschinenbau ist die Ausgangslage geradezu umgekehrt. Hier findet sich ein hohes Maß an Qualifikation und eine ganzheitliche Arbeitsorganisation; die Defizite bestehen dagegen im Bereich der Kontrolle.

5 Eine vergleichbare Überlegung findet sich in der Literatur über neokorporatistische Systeme; demnach trägt die "Rute im Fenster", d.h. die Fähigkeit zur staatlichen Intervention bzw. rechtlichen Regulierung, zum kooperativen Verhalten von Gewerkschaften und Unternehmerverbänden bei.

Dörr, G./Hildebrandt, E./Seltz, R. (1983): Kontrolle durch Informationstechnologien in Gesellschaft und Betrieb, in: Jürgens, U./Naschold, F. (Hrsg.), Arbeitspolitik (Leviathan Sonderheft 5), Opladen.

Dörr, G./Naschold, F. (1992): Umbrüche im Werkzeugmaschinenbau - eine arbeitspolitische Betrachtung, in: Lehner, F./Schmid, J. (Hrsg.), Technik - Arbeit - Betrieb - Gesellschaft. Neue Informationstechnologien und flexible Arbeitssysteme, Band 1, Opladen.

Hildebrandt, E. (Hrsg.) (1991): Betriebliche Sozialverfassung unter Veränderungsdruck. Konzepte, Varianten, Entwicklungstendenzen, Berlin.

Hildebrandt, E./Seltz, R. (Hrsg.) (1987): Managementstrategien und Kontrolle. Eine Einführung in die Labour Process Debate, Berlin.

Hildebrandt, E./Seltz, R. (Hrsg.) (1989): Wandel betrieblicher Sozialbeziehungen durch Kontrolle?, Berlin.

Landau, M./Stout, R. (1979): To manage is not to control, in: Public Administration Review, Vol. 39, No. 2.

Littek, W./Rammert, W./Wachtler, G. (Hrsg.) (1982): Einführung in die Arbeits- und Industriesoziologie, Frankfurt.

Lutz, B. (1988): Wie neu sind die 'neuen Produktionskonzepte', in: Malsch, T./Seltz, R. (Hrsg.), Die neuen Produktionskonzepte auf dem Prüfstand, Berlin.

Malsch, T. (1984): Erfahrungswissen versus Planungswissen. Facharbeiterkompetenz und informationstechnische Kontrolle am Beispiel der betrieblichen Instandhaltung, in: Jürgens, U./Naschold, F. (Hrsg.), Arbeitspolitik (Leviathan Sonderheft 5), Opladen.

Manske, F. (1991): Kontrolle, Rationalisierung und Arbeit. Kontinuität durch Wandel: Die Ersetzbarkeit des Taylorismus durch moderne Kontrolltechniken, Berlin.

Pries, L. (1988): Taylorismus: Agonie eines Produktionstyps oder Abschied von einer Schimäre, Werkstattbericht des Landesprogramms Mensch und Technik, Nr. 53.

Schmid, J./ Lehner, F. (1992): Technik, Arbeit und Betrieb in Industriesoziologie und Organisationsforschung, in: Lehner, F./Schmid, J. (Hrsg.), Technik - Arbeit - Betrieb - Gesellschaft. Neue Informationstechnologien und flexible Arbeitssysteme, Band 1, Opladen.

Scott, W.R. (1986): Grundlagen der Organisationsforschung, Frankfurt.

Stolz, H.J./Türk,K. (1992): Organisation als Verkörperung von Herrschaft, in: Lehner, F./Schmid, J. (Hrsg.), Technik - Arbeit - Betrieb - Gesellschaft. Neue Informationstechnologien und flexible Arbeitssysteme, Band 1, Opladen.

Wood, S. (1986): Neue Technologien, Arbeitsorganisation und Qualifikation: die britische Labour-Process-Debatte, in: Prokla 62.

Woodward, J. (1970): Technology, Management Control and Organizational Behaviour, in: Woodward, J. (ed.), Industrial Organization, Behaviour and Control, S. 234-243, Oxford.

Wotschack, W. (1987): Vom Taylorismus zur kontrollierten Autonomie. Über Personaleinsatzkonzepte und Arbeitsanforderungen bei neuen Technologien, Berlin.

IX. Strukturierte Vielfalt - Determinanten von Arbeitsorganisation

Rainer Freriks / Ulrich Widmaier

A. Einleitung

Mit der Durchsetzung des Entkopplungsparadigmas für die Beziehung von Arbeit und Technik in der Industriesoziologie Mitte der 80er Jahre ist für die zentrale Kategorie Arbeitsorganisation ein "Erklärungsvakuum" entstanden. Arbeitsorganisation spielt weiterhin in den meisten Konzepten zur Analyse von Wirtschaftssystemen eine herausragende Rolle. Solange Arbeitsorganisation unter Wettbewerbsbedingungen als vom technisch Machbaren diktiert angesehen wurde, bestand wenig Bedarf und Interesse, sich intensiver mit den Bestimmungsgründen von Arbeitsorganisation auseinanderzusetzen, und es fand theoretisch und empirisch eine Konzentration auf die Untersuchung der unmittelbaren und mittelbaren Folgen von Arbeitsorganisation statt.

Eine ganze Reihe von Studien (z.B. Hirsch-Kreinsen 1984; Bergmann u.a. 1986; Kern/Schumann 1984; Braverman 1977) stellte Anfang bis Mitte der 80er Jahre das Dogma von der technischen Determinierung der Arbeitsorganisation in Frage. Die Infragestellung des Dogmas und schließlich dessen Fall hat mit zu der theoretischen Krisensituation beigetragen, in der sich Industriesoziologie und Organisationsforschung zur Zeit befinden (Stolz/Türk 1992). Der Paradigmenfall und die theoretische Umbruchsituation in der Industriesoziologie haben die Relevanz der Untersuchung der Einführung neuer Techniken und der Gestaltung der Arbeitsorganisation als sozialem Prozeß noch gesteigert. So stellt Schumm (1991) mit Blick auf den Perspektivenwechsel in der Industriesoziologie fest: "In den Mittelpunkt rückt damit das Verhältnis von technologischer Entwicklung und Wandel der Organisationsstruktur der Unternehmen" (S. 256).

Die Frage nach den Determinanten von Arbeitsorganisation ist dabei nicht nur von abstraktem theoretischen Interesse, sondern beeinflußt auch

Durchsetzungschancen und Gestaltungsvorstellungen von neuen Produktionskonzepten, wie sie z.B. im Sonderforschungsbereich 187 "Neue Informationstechnologien und flexible Arbeitssysteme" entwickelt werden.

Vereinfachend lassen sich drei unterschiedliche Strukturtypen DV-gestützter Produktionssysteme beschreiben, die jeweils unterschiedliche Rationalisierungskonzepte und arbeitsorganisatorische Muster miteinander verbinden (Köhler/Hirsch-Kreinsen 1989):

- Der "neo-tayloristische Strukturtyp" einer hohen fachlichen und funktionalen Arbeitsteilung läßt sich durch zwei Merkmale charakterisieren, nämlich durch die Zentralisierung von Entscheidungs-, Steuerungs- und Kontrollkompetenzen sowie eine ausgeprägte Arbeitszerlegung und -spezialisierung. Die Aufgaben der Fertigungsplanung und -steuerung werden ausschließlich in den technischen Büros der Arbeitsvorbereitung wahrgenommen. Die Fertigungswerkstatt erhält dezidierte Steueranweisungen, und der Auftragsfortschritt wird ständig überwacht. Die programmbezogenen Funktionen, Aufgaben der Qualitätssicherung und Instandhaltung sowie der Werkzeug- und Vorrichtungseinstellung werden durch spezialisiertes Personal in eigenständigen, aus der Werkstatt ausgegliederten Organisationseinheiten durchgeführt. In den Produktionswerkstätten verbleiben nur die direkt fertigungsbezogenen Aufgaben der Einrichtung, Handhabung, Bedienung und Überwachung. Diese Aufgaben werden wiederum in spezialisierte Tätigkeitsgruppen und Arbeitsplätze mit engem Zuständigkeitsbereich aufgespalten (Manske/Wobbe 1987).
- Der "Strukturtyp qualifiziert-homogener Produktionsarbeit" einer niedrigen fachlichen und funktionalen Arbeitsteilung ist ebenfalls durch zwei Merkmale bestimmt, nämlich durch die Dezentralisierung von Entscheidungs-, Steuerungs- und Kontrollkompetenzen sowie die Integration von Funktionen an einem Arbeitsplatz oder in einer Gruppe durch Zusammenführung von planenden und ausführenden Arbeiten. Die zentrale Planung beschränkt sich auf die Vorgabe von Eckterminen und generellen Arbeitsanweisungen. Terminfeinplanung, Auftragsverteilung und Auftragsüberwachung erfolgen fertigungsnah durch das Werkstattführungspersonal. Aufgaben der Vorrichtungs- und Werkzeugeinstellung, der vorbeugenden Instandhaltung, der Qualitätssicherung und der Programmierung werden zu einem großen Teil in die Fertigungswerkstatt integriert. Ausgelagert in fertigungsnahe technische Dienste bleiben allein die Spezialfunktionen der Werkzeugversorgung (Sonderwerkzeuge), Instandsetzung (größere, kompliziertere Reparaturen) und der fertigungsbereichsübergreifenden Qualitätsplanung. Die integrierte Bearbeitung aller direkten und möglichst vieler indirekter Funktionen erfolgt

durch eine Arbeitsgruppe mit weitgehend gleichartiger Qualifikation der Teammitglieder (Lutz 1990; Manske/Wobbe 1987).

- Der dritte Strukturtyp zeichnet sich bisher durch Uneindeutigkeit aus, so daß Schultz-Wild u.a. (1989) diese Variante als strukturverändernde benennen. Die beiden skizzierten grundlegenden Varianten der Arbeitsorganisation zeigen modellhaft die extremen Formen der Bündelung von Arbeitsaufgaben und deren Zuordnung zu Funktionsbereichen und Arbeitsplätzen bzw. Tätigkeitsgruppen. Die in der industriellen Fertigung praktizierten Schneidungen der fachlichen und funktionalen Arbeitsteilung"nähern sich solchen Strukturen mehr oder weniger stark an" (Köhler/Hirsch-Kreinsen 1989, S. 74).

Mit zunehmender Einführung und Diffusion flexibler Arbeitssysteme bilden sich jedoch immer Lösungen heraus, die nicht eindeutig in die eine oder andere Richtung verlaufen, sondern Elemente beider Strukturtypen verbinden. (Hildebrandt/Seltz 1989; Lutz/Moldaschl 1989).

Das läßt sich in vielen Betrieben des deutschen Maschinenbaus beobachten. Hier finden sich häufig DV-gestützte Produktionssysteme, die zwar einerseits durch eine Verringerung bzw. Aufweichung der funktionalen Arbeitsteilung über eine partielle Integration indirekter Produktions- und Serviceaufgaben in die Fertigung geprägt sind, gleichzeitig aber ein wachsendes Niveau gesamtbetrieblich-zentraler Steuerung und Kontrolle durch die zunehmende informationstechnische Vernetzung und Verlagerung von planenden, steuernden und kontrollierenden Aufgaben in die technischen Büros aufweisen. Dabei ist auch eine Konzentration der in der Werkstatt verbleibenden dispositiven Tätigkeiten auf wenige Arbeitsplätze für technische Angestellte in zentralen Instanzen innerhalb der Werkstatt zu beobachten. Trotzdem erfolgt eine Reduzierung der Arbeitszerlegung durch Zusammenfassung von bisher getrennt bearbeiteten Aufgaben an einem Arbeitsplatz, wobei sich allerdings die Funktionsintegration vielfach auf auszuführende Arbeitsaufgaben ohne Entscheidungscharakter bezieht (Köhler/Nuber 1988; Manske/Wobbe 1987; Pries u.a. 1990; Schultz-Wild u.a. 1989).

Unter welchen inner- und außerbetrieblichen Konstellationen sich welche Strukturtypen durchsetzen, ist bislang theoretisch wie empirisch ungeklärt. Die Spannweite der theoretischen Ansätze reicht von akteurszentrierten Ansätzen, die betonen, daß betriebliche Strukturen Momentaufnahmen außerordentlich komplexer innerbetrieblicher Aushandlungsprozesse sind, über strukturzentrierte Ansätze - die betriebliche Merkmale wie Größe, Leistungsprogramm, Produktionstechnik oder außerbetriebliche Situationen wie Arbeitsmarktlage oder Turbulenz der betrieblichen Umwelt in den Vordergrund stellen - bis hin zu evolutionistischen Ansätzen, die statt der Entstehung innerbetrieblicher Strukturen deren Bestand betrachten, wobei betriebliche Strukturen im Zeitverlauf als Resultat von Selektionsprozessen aufgefaßt werden, in dem unwirtschaftliche Lösungen sukzessive eliminiert werden (für eine etwas ausführlichere Darstellung vgl. Freriks/Schmid in diesem Band).

Aufgrund der theoretischen Vielfältigkeit und der empirischen Uneindeutigkeit der bisherigen Studien wird in diesem Beitrag versucht, anhand der Daten des NIFA-Panels Hinweise zu gewinnen, unter welchen betrieblichen Bedingungen welche Formen der Arbeitsorganisation wahrscheinlicher bzw. unwahrscheinlicher werden. Für die Frage nach den Determinanten der Arbeitsorganisation kann aus den unterschiedlichsten Studien ein Grundgerüst der Argumentation abgeleitet werden. Ausgangspunkt ist die Heterogenität und Komplexität des Produktionsprozesses[1]. Je homogener die herzustellenden Produkte sind, desto eher ist es möglich, ein deterministisches Produktionsmodell zu entwickeln und die dispositiven Kompetenzen zu zentralisieren. Andererseits steigt mit der Komplexität der Produkte der notwendige Aufwand für eine exakte deterministische Planung der Arbeitsprozesse. Der deterministische Planungsansatz beruht auf der Überlegung, daß durch exakte Festlegung der Inhalte und der Zeitpunkte der einzelnen Arbeitsschritte der Produktionsprozeß insgesamt effektiver und effizienter gestaltet werden kann. Die Anwendung eines deterministischen Planungsansatzes führt zu einer Einschränkung der dispositiven Kompetenzen auf der Werkstattebene und zu einer Reduktion des Aufgabenspektrums der Maschinenbediener. Je vollständiger und je exakter der Arbeitsprozeß vorhergeplant werden soll, desto höher wird der notwendige Planungsaufwand[2]. Komplexitätssteigernd oder -reduzierend wirkt die eingesetzte Produktionstechnik. Die Struktur der Produktmerkmale stellt Anforderungen an funktionale Merkmale der eingesetzten bzw. der einzusetzenden Technik. Merkmale der eingesetzten Technik haben Einfluß auf Art und Umfang fertigungssteuernder Tätigkeiten und auf die Ablaufstruktur. Ablaufstruktur und Determinationsgrad der Fertigungssteuerung beeinflussen Formen der Arbeitsorganisation. Auf die Gestaltung der Arbeitsorganisation wirken weiterhin betriebsstrukturelle Merkmale wie Mehrschichtbetrieb und Größe ein[3].

---

1 Die in der klassischen Kontingenztheorie formulierten Beziehungen zwischen der Umwelt eines Unternehmens und seiner Organisationsstruktur können teilweise als über Produktmerkmale vermittelt aufgefaßt werden. Anforderungen des Absatzmarktes materialisieren sich in Art und Umfang der hergestellten Produkte.

2 Der notwendige Planungsaufwand hängt u.a. direkt von den physikalischen und chemischen Eigenschaften der Ausgangsprodukte und den technischen Möglichkeiten zur Bearbeitung ab. Dies ist insbesondere für branchenübergreifende Vergleiche von Bedeutung.

3 Die Wirkungen betriebsstruktureller Merkmale auf Arbeitsorganisation sind in der Regel indirekt über die Verfügbarkeit von Ressourcen oder über Komplexitätssteigerung bzw. reduzierung für die Planung von Arbeitsabläufen. Betriebsgröße ist ein Indikator für verfügbare Ressourcen, während Mehrschichtbetrieb die Komplexität erhöht. Mit zunehmender Größe des Betriebes sinkt die wirtschaftliche Rentabilitätsschwelle für die Differenzierung von Funktionen, zum anderen nimmt die Bedeutung der Faktoren Koordination und Steuerung zu. Mit zunehmender Betriebsgröße sind auch komplexere Planungsaufwendungen realisierbar, und tendenziell steigt die Zentralisierung von Planungskompetenzen

Diese kurze Skizze über mögliche Entwicklungspfade und Vermutungen über Determinanten der Arbeitsorganisation in Maschinenbaubetrieben macht deutlich, daß Arbeitsorganisation eine zusammenfassende Bezeichnung für eine Reihe von unterschiedlichen Situationsmerkmalen ist, deren Beziehungen untereinander durch inner- wie außerbetriebliche Faktoren beeinflußt werden können. Zunächst ist deshalb zu prüfen, ob die Arbeitsorganisation im Maschinenbau zusammenfassend durch Sammelindikatoren beschrieben werden kann[4].

Exkurs: Zur Problematik der Verwendung von Sammelindikatoren zur Beschreibung der Arbeitsorganisation

Problematisch erscheint eine Sammelindikatorlösung für die Arbeitsorganisation, weil zwar bei einem solchen Indikator die Extreme eindeutig bestimmbar sind - etwa als sehr arbeitsteilig oder als gering arbeitsteilig -, der mittlere Wertebereich jedoch eine große interne Heterogenität aufweisen kann. Grob beinhalten die im NIFA-Panel erfragten elf Einzeltätigkeiten beim Tätigkeitsspektrum der Maschinenbediener theoretisch zumindest vier Dimensionen, und beim Aufgabenspektrum des Werkstattpersonals beinhalten die elf Einzelaufgaben zumindest drei unterschiedliche Dimensionen. Beim Tätigkeitsspektrum der Maschinenbediener sind dies:

- unmittelbar mit der Maschinenbedienung verbundene Tätigkeiten, wie Überwachung des Bearbeitungsprozesses und Beschickung der Maschinen mit Werkstücken;
- unqualifizierte Hilfstätigkeiten, wie Reinigung/Säuberung von Betriebsmitteln und Maschinen sowie Bereitstellung von Werkstücken, Materialien oder Werkzeugen;
- Wartungstätigkeiten, wie Inspektion und Instandsetzung;
- qualifizierte indirekt-produktive Tätigkeiten, wie Erstellung/Optimierung von NC-Programmen und Einstellung von Werkzeugen, Vorrichtungen und NC-Maschinen.

Auf der Ebene der Kompetenzen des Werkstattpersonals lassen sich unterscheiden:

---

und das Aufgabenspektrum der Maschinenbediener wird geringer. Bei Mehrschichtbetrieb steigen Umfang, Detaillierungsgrad und Exaktheit zeitnah weiterzuleitender Informationen.

4 Zur Begründung der Verwendung von Sammelindikatoren und zu verschiedenen Berechnungsmöglichkeiten vgl. Ostendorf/Seitz in diesem Band.

- Kompetenzen, die sich auf die Grobplanung der Arbeitsprozesse beziehen wie Material-/Mengenplanung, Durchlaufterminierung und Kapazitätsberechnungen;
- Funktionen zur Feinsteuerung der Arbeitsprozesse an den einzelnen Arbeitsplätzen wie Arbeitsverteilung, Auftragsüberwachung und Feinterminplanung;
- Kompetenzen, die sich auf Zusatzfunktionen beziehen wie Qualitätssicherung, Instandhaltung und Maschinenprogrammierung.

Der Versuch, diese zumindest sieben Dimensionen mit möglichst geringen Informationsverlusten auf eine Arbeitsorganisationsdimension zu reduzieren, kann nur dann gelingen, wenn die aufgeführten inhaltlichen Bereiche des Tätigkeitsspektrums der Maschinenbediener und der Kompetenzen des Werkstattpersonals systematische Beziehungen aufweisen, d.h., daß entweder global oder unter spezifischen Situationskonstellationen funktionale Notwendigkeiten bestehen, bestimmte Aufgaben der Maschinenbediener miteinander zu kombinieren, oder daß sich bestimmte Kombinationen von Tätigkeiten bzw. Kompetenzen gegenseitig ausschließen. Für das Vorhandensein spezifischer funktionaler Notwendigkeiten für einzelne Dimensionen von Arbeitsorganisation finden sich in der industriesoziologischen wie in der organisationstheoretischen Literatur wenig Hinweise[5]. Die Daten des NIFA-Panels zeigen, daß von eindeutigen Beziehungen der Dimensionen untereinander nicht ausgegangen werden kann.

Schon ein erster Blick auf die Häufigkeitsverteilungen der einzelnen Dimensionen deutet auf Probleme hin (vgl. dazu Ostendorf/Seitz in diesem Band). Von weiteren Analysen auszuschließen sind die Dimensionen der unmittelbar mit der Maschinenbedienung verbundenen Tätigkeiten und der Grobplanungskompetenzen des Werkstattpersonals. Die maschinennahen Tätigkeiten werden bis auf wenige Ausnahmen von den Maschinenbedienern wahrgenommen, während Grobplanungskompetenzen nur außerordentlich selten auf der Werkstattebene angesiedelt sind. Beide Dimension erweisen sich somit als nahezu konstante Größen. Während dieses Ergebnis für die Maschinenbedienung naheliegt - da notwendigerweise unmittelbar mit der Maschinenbedienung verbundene Tätigkeiten durch die Maschinenbediener wahrgenommen werden -, ist es für die Grobplanungskompetenzen

---

5 Größte Aufmerksamkeit haben in der Industriesoziologie die Struktur und die Verteilung von Planungskompetenzen (z.B. Manske/Wobbe 1987; Hirsch-Kreinsen 1984) und die Maschinenprogrammierung (z.B. Schultz-Wild u.a. 1986) gefunden, dabei standen jedoch in der Regel Fragen nach den Konsequenzen bestimmter Planungs- und/oder Programmierungsformen für die Mitarbeiter im Vordergrund, während Arbeitsorganisation in der Organisationsforschung eher ein intervenierender Faktor für Effektivität und Effizienz darstellte. Über das Verhältnis einzelner Dimensionen der Arbeitsorganisation untereinander finden sich kaum Hinweise.

ein wenig überraschend. Angesichts der zunehmenden Diskussion um die wirtschaftlichen und sozialen Vorzüge dezentraler Produktionskonzepte, die die Erfahrung und das Know-how der Mitarbeiter stärker für die Produktion nutzen wollen, ist es auf den ersten Blick ein wenig überraschend festzustellen, daß nur in wenigen Betrieben Grobplanungskompetenzen auch auf der Werkstattebene angesiedelt sind, zumal die Verteilung der Planungskompetenzen als wesentlicher Indikator für den Zentralisierungsgrad der Produktionssteuerung gilt (vgl. Manske/Wobbe 1987; Hirsch-Kreinsen 1984). Bei genauerer Betrachtung stehen aber nicht die Grobplanungsfunktionen im Mittelpunkt der öffentlichen Diskussion, sondern die Feinsteuerungskompetenzen. Grobplanung hat eine zentrale Koordinierungsfunktion zwischen allen Betriebsbereichen und ist Ausdruck unternehmenspolitischer Zielsetzungen. Auch und gerade für dezentrale Produktionsstrukturen ist es notwendig, Koordinierungsmechanismen zu entwickeln, da die Zielsetzung nicht die Optimierung isolierter Produktionsbereiche, sondern die Verbesserung der gesamten Produktionskette ist. Diese Koordinierungsmechanismen erfordern eine Abgrenzung von Autonomie und Fremdbestimmung einzelner Produktionsbereiche. Die Eindeutigkeit der Verteilung legt nahe, daß die Grenzen der Autonomie für den Fertigungsbereich im Maschinenbau bei Grobplanungsfunktionen, wie Material/-Mengenplanung, Kapazitätsberechnungen und der Durchlaufterminierung, erreicht sind.

Tab. 1: Häufigkeitsverteilung der sieben arbeitsorganisatorischen Dimensionen

	Grad der Wahrnehmung	
	Geringfügig	Weitgehend
Maschinennahe Tätigkeiten	0.7 %	99.3 %
Qualifiziert indirekt produktive Tätigkeiten	50.0 %	50.0 %
Unqualifizierte Hilfstätigkeiten	28.8 %	71.2 %
Wartungstätigkeiten	72.8 %	27.2 %
Grobplanungskompetenzen	94.6 %	5.4 %
Feinplanungskompetenzen	71.6 %	28.4 %
Sonstige Kompetenzen	56.4 %	43.6 %

Zwischen den verbleibenden Dimensionen bestehen zwar einige statistisch signifikante Zusammenhänge, deren Höhe ist aber relativ niedrig (so erreicht r^2 für die statistisch signifikanten Zusammenhänge maximal 0.05)[6]. Insgesamt kann davon ausgegangen werden, daß eine eindeutige Determination zwischen den einzelnen arbeitsorganisatorischen Dimensionen nicht besteht und somit Arbeitsorganisation nicht ohne erheblichen Informationsverlust durch einen Indikator abgebildet werden kann.

Dies bedeutet, daß bei der Verwendung nur einer Indikatorvariablen für die Arbeitsorganisation zumindest im mittleren Werteberich Betriebe mit sehr unterschiedlichen Formen der Arbeitsorganisation mit ähnlichen oder gleichen Werten versehen sind, die in der statistischen Analyse dementsprechend auch als ähnlich oder gleich betrachtet werden, obwohl sie real sehr unterschiedlich sind.

B. Die einzelnen Dimensionen der Arbeitsorganisation

Angesichts der empirisch weitgehenden Unabhängigkeit der Dimensionen der Arbeitsorganisation erscheint es sinnvoll, zunächst die einzelnen Dimensionen (mit Ausnahme der unmittelbar mit der Maschinenbedienung verbundenen Tätigkeiten sowie der Grobplanungskompetenzen des Werkstattpersonals) getrennt zu betrachten.

Zur Analyse der Dimensionen der Arbeitsorganisation wurde das Verfahren der logistischen Regression gewählt[7]. Der Vorteil bei diesem Verfahren ist, daß kategoriale und intervallskalierte unabhängige Variablen gleichzeitig benutzt werden können. Allerdings ist bei der Interpretation zu berücksichtigen, daß mit den unabhängigen Variablen die Wahrscheinlichkeit der Zugehörigkeit zu einer Kategorie einer dichotomen abhängigen Variablen vorhergesagt wird und nicht die Variable selbst. Für die Analyse der verbleibenden fünf Dimensionen der Arbeitsorganisation wurden dichotome abhängige Variablen gebildet, die jeweils angeben, ob die entsprechenden Funktionen bzw. Kompetenzen weitgehend oder nur geringfügig von den Maschinenbedienern bzw. vom Werkstattpersonal ausgeübt werden. Die Auswahl der unabhängigen Variablen und die Spezifikation der Beziehun-

---

6 Hiervon weicht nur ein Ergebnis notwendigerweise ab. Die Dimension der qualifizierten indirekt-produktiven Tätigkeiten von Maschinenbedienern beinhaltet die NC-Programmierung durch die Maschinenbediener. Dies überschneidet sich inhaltlich teilweise mit den sonstigen Funktionen des Werkstattpersonals, die NC-Programmierung durch Werkstattpersonal umfassen. Da Maschinenbediener ein Teil des Werkstattpersonals sind, ist bei der NC-Programmierung durch den Maschinenbediener auch eine NC-Programmierung durch das Werkstattpersonal gegeben. Allerdings gilt die Umkehrung nicht. Das relativ hohe r^2 von 0,16 zwischen qualifizierten indirekt-produktiven Tätigkeiten der Maschinenbediener und den sonstigen Funktionen des Werkstattpersonals ist in erster Linie darauf zurückzuführen. Wird dies korrigiert, so daß nur die NC-Programmierung durch Werkstattpersonal ohne Maschinenbediener in die sonstigen Funktionen eingeht, so sinkt r^2 auf etwa 0,05.

7 Eine kurze Erläuterung des Verfahrens befindet sich im statistischen Anhang dieses Textes. Auf eine detaillierte Wiedergabe der statistischen Ergebnisse wird in diesem Beitrag verzichtet. Bei Interesse können diese bei den Autoren angefordert werden.

gen der unabhängigen Variablen untereinander orientierte sich am skizzierten Argumentationsgerüst.

1. Die Wahrnehmung qualifizierter indirekt-produktiver Tätigkeiten durch die Maschinenbediener

Insgesamt läßt sich aus dem skizzierten Argumentationsgerüst - aus Produktmerkmalen, Produktionssteuerung, Technikeinsatz und Betriebsgröße - kein befriedigendes Modell entwickeln, mit dem die Wahrscheinlichkeit der Wahrnehmung indirekt-produktiver Tätigkeiten durch den Maschinenbediener korrekt vorhersagt werden kann.

Bedeutsame Variablen zur Vorhersage waren die Betriebsgröße, der Anteil an Fließ/-Reihenfertigung, der Anteil der Facharbeiter in der Produktion, der Automatisierungsgrad in der Fertigung, die Zahl der unterschiedlichen C-Techniken, die in diesem Betrieb eingesetzt werden, sowie die Kombination von Betriebsgröße und der Zahl unterschiedlicher C-Techniken. Relevant war weiterhin, ob es sich bei diesem Betrieb um einen Mehrschichtbetrieb gehandelt hat, sowie der Zeitpunkt, zu dem in diesem Betrieb erstmalig C-Techniken eingesetzt wurden. Auffällig ist, daß Indikatoren wie Seriengröße, Anteil kundenspezifischer Produkte und Automatisierungsgrad von Planungsfunktionen nicht in die Erklärung aufgenommen wurden.

Nach den Ergebnissen dieses Verfahrens ist die weitgehende Wahrnehmung von indirekt-produktiven Aufgaben durch Maschinenbediener in kleineren Betrieben wahrscheinlicher als in größeren Betrieben. Je höher der Anteil der Fließ-/Reihenfertigung, desto weniger wahrscheinlich ist es, daß diese Aufgaben weitgehend von Maschinenbedienern wahrgenommen werden, während die Wahrscheinlichkeit mit dem Anteil der Facharbeiter steigt. Wie zu erwarten, sinkt die Wahrscheinlichkeit mit dem Automatisionsgrad der Fertigung und der Zahl der eingesetzten C-Techniken. Je früher mit der Einführung der C-Technik begonnen wurde, desto unwahrscheinlicher wird die Wahrnehmung qualitativ anspruchsvoller indirekt-produktiver Tätigkeiten. Das Jahr der erstmaligen Einführung einer C-Technik ist in theoretischer Hinsicht ein interessanter Indikator. Je eher Betriebe mit der Einführung von C-Techniken begonnen haben, desto wahrscheinlicher ist es, daß ihr Einstieg in die computergesteuerte Produktion mit Techniken begann, die stark restriktive Voraussetzungen für die Gestaltung der Arbeitsorganisation darstellten und im Regelfall funktionale Differenzierungen und Zentralisierung der dispositiven Kompetenzen erforderten. Ein wesentliches Kennzeichen der neueren Generationen von C-Techniken ist ihre Anpaßbarkeit an gegebene organisatorische Strukturen. Trotz des technischen Strukturwandels scheinen Betriebe, die früh mit der Einführung begonnen haben, die Flexibilität der neueren C-Techniken nicht zu nutzen, um ihre Organisationsstruktur anzupassen. Für dieses Phänomen können zwei

Erklärungsmuster entwickelt werden. Die Betriebe, die früh mit der Einführung von C-Techniken begonnen haben, nutzen die älteren Maschinen mit ihren organisatorischen Restriktionen noch weiterhin, oder die im damaligen Implementationsprozeß gebildeten Strukturen weisen ein großes Beharrungsvermögen auf, da wichtige betriebliche Akteure ein Interesse an der Beibehaltung dieser Strukturen haben[8].

Der Mehrschichtbetrieb wurde bisher eher unter dem Gesichtspunkt der steigenden fixen Kosten aufgrund hoher Investitionen in die Produktionstechnik betrachtet. Die Einführung eines Mehrschichtbetriebes führt aber zudem tendenziell auch zu einer steigenden Formalisierung und Strukturierung der betrieblichen Organisation. Der Mehrschichtbetrieb erhöht den notwendigen Informationsaustausch und Koordinierungsbedarf innerhalb der Betriebe, da Informationen über Arbeitsaufträge und deren Bearbeitungsstand sowie technische Informationen von Schicht zu Schicht weitergegeben werden müssen. Ein Weg, um diesen erhöhten Informationsbedarf zeitgerecht und umfassend sicherzustellen, besteht in der Formalisierung der Organisation. Diese wiederum erleichtert die funktionale Spezialisierung von Tätigkeitsbereichen.

Soweit entsprechen die Ergebnisse den theoretischen Erwartungen. Daß sich hinter diesen Beziehungen aber komplexere Sachverhalte verbergen, deutet sich durch eine Wechselwirkung der Betriebsgröße mit der Zahl der eingesetzten C-Techniken an.

Nach dem bisherigen Muster wäre zu erwarten, daß mit steigender Betriebsgröße bei gleichzeitiger Zunahme der Zahl der eingesetzten C-Techniken die Wahrscheinlichkeit für die Wahrnehmung indirekt-produktiver Tätigkeiten durch die Maschinenbediener sinkt. Die Interaktion weist jedoch eine zwar schwache, aber positive Richtung auf, d.h. bei vergleichbarer Betriebsgröße steigt bei den jeweils höchsttechnisierten Betrieben die Wahrscheinlichkeit, daß diese Aufgaben von den Maschinenbedienern wahrgenommen werden, geringfügig an[9].

Dieses Ergebnis legt die Vermutung nahe, daß für die weitgehende Wahrnehmung indirekt-produktiver Tätigkeiten zumindest zwei unterschiedliche Mechanismen verantwortlich sind. Einmal ist dies der in der Literatur beschriebene Weg über relativ wenig technisierte Kleinbetriebe, bei denen eine funktionale Ausdifferenzierung nicht möglich bzw. nicht ökonomisch sinnvoll ist. Die Wahrnehmung indirekt-produktiver Tätigkeiten durch die Maschinenbediener entspricht in diesem Fall in der Regel keinem strategischen Konzept, sondern eher einer Notwendigkeit.

---

8 Für eine ausführlichere Auseinandersetzung zu dem Thema Widerstände gegen Veränderungen von Organisationsstrukturen vgl. Schmid/Scharfenorth (1992).

9 Dies erlaubt keine direkten Rückschlüsse auf die absolute Häufigkeit der Wahrnehmung indirekt-produktiver Aufgaben durch die Maschinenbediener. Allerdings kann aus den statistischen Kennzahlen die absolute Häufigkeit errechnet werden vgl. DeMaris (1991).

Bemerkenswert ist, daß mit Kleinbetrieben assoziierte Merkmale, wie ein relativ später Zeitpunkt der Einführung von C-Techniken, ein hoher Facharbeiteranteil sowie der Einschichtbetrieb, mit in das Modell aufgenommen wurden, aber die jeweiligen Interaktionen dieser Faktoren mit der Betriebsgröße nicht. Es scheint eine zweite Gruppe von Betrieben zu geben, die sich kaum bezüglich betriebsstruktureller Merkmale wie Größe oder Produktionsprogramm von den Betrieben unterscheiden, in denen Maschinenbediener indirekt-produktive Aufgaben nicht wahrnehmen. Diese Betriebe besitzen aber einige Merkmale, die häufig mit Kleinbetrieben in Verbindung gebracht werden. Insgesamt weist diese Gruppe von Betrieben nur geringfügige strukturelle Unterschiede auf, die eher im Bereich der strategischen Ausrichtung dieser Betriebe zu liegen scheinen.

Die Kombination der Effekte, nämlich unterschiedliche Mechanismen, die zum gleichen Ergebnis - der weitgehenden Wahrnehmung indirekt-produktiver Tätigkeiten durch die Maschinenbediener - führen und die Vermutung, daß für einen Teil der Betriebe die Differenzierung über die strategische Ausrichtung erfolgt, erschwert die Aufgabe, eine eindeutige empirische Abgrenzung vorzunehmen. Zwar können mit den aufgeführten Faktoren schätzungsweise etwa 13 Prozent der Varianz der Zielvariablen erklärt werden[10], aber die Maßzahl für die Güte der Anpassung des Modells an die Daten ist signifikant. Dies bedeutet, daß die aufgeführten Variablen und Interaktionen die Vorhersagegüte deutlich verbessern, aber insgesamt noch eine weitere Verbesserung notwendig ist, um zu einer im statistischen Sinne befriedigenden Erklärung zu gelangen.

2. *Unqualifizierte Hilfstätigkeiten*

Die Vorstellung eines ganzheitlichen Aufgabenzuschnitts für die Maschinenbediener beinhaltet auch die Wahrnehmung einfacher Hilfstätigkeiten. Die Verlagerung dieser Tätigkeiten auf nicht qualifizierte Mitarbeiter könnte eine Form der Arbeitsorganisation andeuten, die Kern/Schumann (1970) als Polarisierung beschrieben haben. Danach werden die anspruchsvollen Tätigkeiten zunehmend auf hochqualifizierte Mitarbeiter konzentriert, während auf der anderen Seite eine Verdichtung einfacher Hilfstätigkeiten auf wenig qualifizierte Mitarbeiter stattfindet. Innerhalb der Produktion würde die Stellung der Facharbeiter noch weiter gestärkt werden, während die Position der unqualifizierten Mitarbeiter sich weiter verschlechtern würde.

Insgesamt ist der Anteil der Betriebe, in denen auch Facharbeiter einfache Hilfstätigkeiten ausüben, relativ hoch. Mit den im Argumentationsge-

---

10 Berechnet nach einem Schätzverfahren von DeMaris (1992, S. 53), wonach r^2l (ein dem Determinationskoeffizienten analoges Maß in der logistischen Regression) sich annähernd über $((-2logL_0) - (-2logL_1)/(-2LogL_0))$ bestimmen läßt.

rüst benannten Beziehungen ist dieser Anteil nur schwer zu erklären. Die durch die Variablen bzw. Interaktionen erklärte Varianz beträgt etwa fünf Prozent, und wesentliche Parameter deuten darauf hin, daß es sich um eine eher zufällig gefundene Lösung handelt. Deshalb soll hier von einer weiteren Darstellung der Ergebnisse abgesehen werden. Das Argumentationsgerüst über Produkteigenschaften, deterministische Planungsansätze, Produktionstechnik und Betriebsgröße scheint für die Wahrnehmung der einfachen Hilfstätigkeiten durch Facharbeiter keine geeignete theoretische Grundlage zu sein.

3. *Wartungstätigkeiten*

Die Beschäftigung mit der Ausübung von Wartungstätigkeiten durch die Maschinenbediener gehört bisher eher zu den Randthemen der Industriesoziologie. Bei der betriebswirtschaftlichen bzw. ingenieurwissenschaftlichen Untersuchung der Arbeitsabläufe in der Produktion ist die Wartung bzw. die Möglichkeit, kleinere Störungen durch die Maschinenbediener beheben zu lassen, ein wesentliches Moment, um die Wirtschaftlichkeit von Produktionsanlagen zu steigern (Zimolong/Trimpop 1992). Daß in diesem Bereich noch erhebliche Produktivitätsreserven vorhanden sind, zeigt der relativ niedrige Anteil von Betrieben, in denen Wartungstätigkeiten durch die Maschinenbediener wahrgenommen werden.

Von den Variablen und Interaktionen des Argumentationsgerüstes beeinflussen Betriebsgröße, Mehrschichtbetrieb und die Interaktion zwischen Mehrschichtbetrieb und Betriebsgröße die Wahrscheinlichkeit, daß Wartungstätigkeiten von Maschinenbedienern wahrgenommen werden, am ehesten. Mit steigender Betriebsgröße und bei Mehrschichtbetrieb sinkt diese Wahrscheinlichkeit. Ähnlich wie bei den qualifizierten indirekt-produktiven Tätigkeiten deutet die Richtung der Interaktion von Betriebsgröße und Mehrschichtbetrieb an, daß kompliziertere Beziehungsmuster bestehen als anfänglich vermutet. Für größere Betriebe mit Mehrschichtbetrieb steigt nämlich die Wahrscheinlichkeit wieder an, daß hier Mitarbeiter auch Wartungstätigkeiten wahrnehmen. Sowohl Betriebsgröße als auch Mehrschichtbetrieb können als Indikatoren für Formalisierung und funktionale Differenzierung angesehen werden. Die Kombination von Größe und Mehrschichtbetrieb scheint aber nicht zu einer weiteren linearen Verstärkung von Formalisierungs- und Differenzierungstendenzen zu führen. Insgesamt können mit diesen beiden Variablen und der Interaktion ca. 10 Prozent der Varianz erklärt werden. Die Ergebnisse der logistischen Regression deuten darauf hin, daß für die (statistische) Erklärung der Wahrnehmung von Wartungstätigkeiten zusätzliche Faktoren wesentlich sind und daß zumindest teilweise die Beziehungen zur Erklärung der Wartungstätigkeit nichtlinear sind.

4. *Feinplanungskompetenzen des Werkstattpersonals*

Neben der Wahrnehmung der indirekt-produktiven Tätigkeiten durch die Maschinenbediener stellen die Feinplanungskompetenzen des Werkstattpersonals die Dimension dar, der die größte Bedeutung für die Kennzeichnung der Arbeitsorganisation zugemessen wird.

Während das Ergebnis der logistischen Regression für die Wahrnehmung der indirekt-produktiven Tätigkeiten auf Abgrenzungsprobleme zwischen zwei Gruppen von Betrieben hindeutet, die bei unterschiedlichen Situationskonstellationen die gleiche Maßnahme ergreifen, zeigt die logistische Regression für die Feinplanungskompetenzen ein eindeutiges, aber theoretisch wie empirisch unbefriedigendes Bild. So gelingt es zwar, mit den Variablen Anteil der Werkstattfertigung und der Interaktion von Betriebsgröße und Zeitpunkt der erstmaligen Einführung von C-Techniken relativ exakt, die Betriebe vorherzusagen, die nur in geringem Ausmaß Feinplanungskompetenzen in die Werkstatt verlagert haben (korrekte Vorhersage ca. 99 Prozent); so gut wie unmöglich erweist sich aber der Versuch, Betriebe vorherzusagen, die Feinplanungskompetenzen in die Werkstatt verlagert haben (korrekte Vorhersage ca. drei Prozent).

Je niedriger der Anteil der Werkstattfertigung ist, desto eher sind Feinplanungskompetenzen nicht in der Werkstatt angesiedelt, und je eher Betriebe bei vergleichbarer Betriebsgröße mit der Einführung von C-Techniken begonnen haben, desto unwahrscheinlicher sind Feinplanungskompetenzen in der Werkstatt. Eine positive Identifizierung der Betriebe, die Feinplanungskompetenzen in die Werkstatt integriert haben, ist mit den Variablen und den Spezifikationen der Beziehungen der Variablen untereinander nicht möglich. Die Heterogenität dieser Betriebe läßt vermuten, daß es nicht eine, sondern eine Vielzahl von Bedingungskonstellationen gibt, unter denen die Wahrnehmung von Feinplanungskompetenzen durch das Werkstattpersonal wahrscheinlicher wird.

5. *Sonstige Kompetenzen des Werkstattpersonals*

Mit der Diskussion um neue Produktionskonzepte wie "Lean Production" geraten auch bisher eher vernachlässigte Bereiche, wie Material-/Lagerdisposition, Qualitätssicherung und Instandhaltung, mehr in den Mittelpunkt des Interesses. Generell ist die Verlagerung dieser Kompetenzen in den Werkstattbereich eine Maßnahme, um Produktivitätsvorteile zu erzielen.

Auf die Wahrscheinlichkeit, in welchem Umfang diese Kompetenzen durch Werkstattpersonal wahrgenommen werden, wirken ähnliche Faktoren wie bei den indirekt-produktiven Tätigkeiten der Maschinenbediener. Dies sind Betriebsgröße, Mehrschichtbetrieb, Jahr der erstmaligen Einführung einer C-Technik sowie die Kombination von Betriebsgröße und Mehrschichtbetrieb.

Je größer der Betrieb ist und je früher mit der Einführung von C-Techniken begonnen wurde, desto wahrscheinlicher wird es, daß weitere Kompetenzen nicht durch das Werkstattpersonal wahrgenommen werden. Die Wahrscheinlichkeit, daß weitere Kompetenzen in der Werkstatt angesiedelt sind, sinkt auch, wenn es sich um einen Mehrschichtbetrieb handelt. Die Kombination von Betriebsgröße und Mehrschichtbetrieb führt aber nicht zu einer weiteren Erhöhung dieser Wahrscheinlichkeit, sondern zu einer Abnahme. Wie bei der Analyse der Wahrnehmung der Wartungstätigkeiten durch die Maschinenbediener skizziert, deutet dies darauf hin, daß nicht-lineare Beziehungen zwischen Faktoren bestehen, die in Richtung Formalisierung und Differenzierung wirken.

Insgesamt können mit diesem Modell etwa 10 Prozent der Varianz erklärt werden. Es zeigt sich jedoch, daß mit diesen Variablen bzw. Interaktionen das Nichtvorhandensein besser (korrekte Vorhersage 76,86 Prozent) als das Vorhandensein (korrekte Vorhersage 57,48 Prozent) erklärt werden kann. Die signifikante Maßzahl für die Güte der Modellanpassung weist darauf hin, daß mit den spezifizierten Variablen und Interaktionen zwar eine deutliche Verbesserung der Vorhersage möglich ist, dies aber noch weit entfernt ist von einer (im statistischen Sinne) befriedigenden Erklärung.

C. Zusammenfassende Betrachtung

Die Unterschiedlichkeit der Ergebnisse zu den einzelnen Teildimensionen ist ein Indiz dafür, daß für die einzelnen Aspekte von Arbeitsorganisation jeweils spezifische Bedingungen gelten. Das aus den unterschiedlichen organisationstheoretischen und industriesoziologischen Ansätzen zusammengestellte Argumentationsgerüst kann für die empirische Analyse der Arbeitsorganisation nur ein erster Anhaltspunkt sein. Die Ergebnisse zeigen, daß mit den in diesem Gerüst enthaltenen Variablen und Interaktionen einzelne Elemente der Arbeitsorganisation ansatzweise erklärt werden können, daß aber noch erhebliche Lücken bestehen. Fünf Aspekte scheinen von besonderer Bedeutung zu sein:

1. Zumindest bei einigen Elementen der Arbeitsorganisation scheint es, daß mehrere unterschiedliche Beziehungsmuster existieren, die zum gleichen Ergebnis führen. Das heißt, daß für den gleichen Sachverhalt unterschiedliche kausale Beziehungen verantwortlich sein können. Zudem deutet sich an, daß in einzelnen Fällen Beziehungsmuster nur teilweise über klassische Merkmale erfaßt werden können.

2. Bei fast allen Ergebnissen spielt die Größe des Betriebes eine besonders wichtige Rolle. Da Betriebsgröße aber ein Indikator für eine Vielzahl von betrieblichen Sachverhalten ist, erscheint es notwendig, theoretische Vorstellungen über diese Sachverhalte und ihre Beziehungen zur Arbeitsorganisation zu entwickeln.
3. Die Variablen und Interaktionen des Argumentationsgerüstes eignen sich besser, um die Nichtwahrnehmung von Tätigkeiten bzw. das Nichtvorhandensein von Kompetenzen zu erklären. Grob vereinfacht lassen sich mit dem Argumentationsgerüst eher neo-tayloristische Elemente der Arbeitsorganisation bestimmen als Elemente, die für andere Formen der Arbeitsorganisation kennzeichnend sind. Eine mögliche Ursache kann die Heterogenität anderer Arbeitsorganisationsformen sein, die sich nur schwierig voneinander abgrenzen lassen.
4. Technikvariablen spielen nur eine untergeordnete Rolle. Insbesondere Variablen bzw. Interaktionen mit Variablen, die differenzierte Informationen über den Automatisierungsgrad von Planungstechniken oder über die betriebliche Bedeutung von computergestützten Fertigungstechniken beinhalteten, leisteten in keinem Fall einen bedeutsamen Beitrag. Angesichts der Bedeutung, die gerade im industriesoziologischen Kontext die Untersuchung der Wirkungen von computergestützten Planungssystemen hat, ist dies ein bemerkenswertes Ergebnis. Es lassen sich dafür mehrere Erklärungen denken, wie z.B., daß Automation von Planungsfunktionen in einem engen Kontext zu Formalisierungs- und Differenzierungsmerkmalen stehen und bei den Berechnungen diese Variablen (wie Betriebsgröße, Mehrschichtbetrieb) in die Erklärung aufgenommen wurden, oder daß der Einfluß dieser Variablen durch die Tatsache verdeckt wurde, daß gleichzeitig mehrere Kausalmechanismen wirksam waren, in denen diese Variablen eine unterschiedliche Bedeutung haben.
5. Die zur Erklärung herangezogenen Variablen und Interaktionen bezogen sich primär auf innerbetriebliche Strukturmerkmale. Diese Merkmale leisten zwar einen bedeutsamen Beitrag, zugleich wurde aber in den Analysen deutlich, daß bisher noch nicht spezifizierte Variablen und Beziehungen die internen betrieblichen Strukturen beeinflussen. Angesichts der neueren Diskussion um überbetriebliche Produktionsverbünde, die mit Begriffen wie "Just in time" oder "Lean Production" verbunden sind, scheint es notwendig, die Außenbeziehungen von Unternehmen stärker zu berücksichtigen.

Die Analyse von einzelnen Aspekten der Arbeitsorganisation anhand der Daten der ersten Welle des NIFA-Panels hat weniger spektakuläre Ergebnisse erbracht, als vielmehr eine Reihe von neuen Fragen aufgeworfen, die zunächst weitere theoretische Überlegungen erfordern. Dies betrifft:

- die Vermutung, daß bei einzelnen Elementen der Arbeitsorganisation mehrere Kausalzusammenhänge zum gleichen Ergebnis führen können;
- die Frage, welche spezifischen Merkmale mit Betriebsgröße verbunden sind, und in welchen Beziehungen diese Mekmale zueinander stehen;
- die Hypothese, daß Außenbeziehungen von Betrieben systematische Konsequenzen für interne Strukturen haben;
- das Problem, wie sich nicht-tayloristische bzw. nicht-neotayloristische arbeitsorganisatorische Konzepte untereinander eindeutig abgrenzen lassen.

E. Statistischer Anhang

Die logistische Regression ist ein Verfahren zur Abschätzung einer Wahrscheinlichkeit, ob ein bestimmtes Ereignis eintritt oder nicht. Damit ist gesagt, daß die abhängige Variable kategorial sein muß und die einzige Bedingung genannt, die an das Skalenniveau der verwendeten Variablen geknüpft ist, denn alle unabhängigen Variablen können sowohl kategorial als auch intervallskaliert sein. Im Gegensatz zum allgemeinen multivariaten Regressionsmodell wird weder eine Normalverteilung der einbezogenen Variablen noch die Linearität der Beziehungen vorausgesetzt. Lediglich die errechnete Wahrscheinlichkeit der Gruppenzugehörigkeit muß in einem linearen Verhältnis zu den zur Klassifikation verwendeten Variablen stehen, was mit Hilfe eines Anpassungstests überprüft werden kann. Darüber hinaus gibt es keine Beschränkungen, die für andere Verfahren nicht auch gelten würden, z.B. die Notwendigkeit einer echten Zufallsstichprobe. Die logistische Regression wird mit Hilfe des Programmpakets SPSS-PC, Version 4.0, durchgeführt. Die aufgrund theoretischer Vorüberlegungen ausgewählten unabhängigen Variablen werden in der Prozedur auf ihr Potential überprüft, einen signifikanten Beitrag zur Vorhersage der Gruppenzugehörigkeit der Betriebe zu leisten. Die jeweils stärkste Variable wird dann in das Modell aufgenommen. Anschließend wird die neue Zusammensetzung des Modells dahingehend kontrolliert, ob durch die Herausnahme einer (anderen) Variable die Stabilität des Modells erhalten bleibt. Dieser Prozeß wird solange wiederholt, bis eine weitere Verbesserung des Modells durch die Aufnahme oder Entfernung einer zusätzlichen Variable nicht mehr erzielt werden kann. Neben einzelnen Variablen können (und müssen) auch Interaktionseffekte zwischen Variablen im Modell berücksichtigt werden. Die 'Qualität' eines Modells kann anhand einiger Parameter abgelesen werden, die die Linearität der Beziehung prüfen und die durch die Aufnahme von Variablen erzielte Abweichung vom sogenannten Null-Modell - in das nur eine Zufallsvariable eingeht - feststellen. Angestrebtes Ziel ist es, den Einfluß der Zufallsvariable, die auch Konstante genannt wird, auf die Vorhersagewahrscheinlichkeit so weit zu vermindern, daß er nicht mehr signifikant ist. Nähere Hinweise zum Verfahren geben z.B. DeMaris (1992); Afifi/Clark (1990); Alba (1987).

D. Literatur

Afifi, A.A./Clark, V. (1990): Computer-Aided Multivariate Analysis, 2nd ed., New York.

Alba, R.D. (1987): Interpreting the Parameters of Log-Linear Models, in: Sociological Methods and Research, Vol. 16, Nr. 1, pp. 45-77.

Bergmann, J./Hirsch-Kreinsen, H./Springer, R./Wolf, H. (1986): Rationalisierung, Technisierung und Kontrolle des Arbeitsprozesses, Frankfurt/New York .

Bravermann, H. (1977) Die Arbeit im modernen Produktionsprozeß, Frankfurt/New York.

DeMaris, A (1991): A Framework for the Interpretation of First-Order Interaction in Logit Modeling, in: Psychological Bulletin, Vol. 110, No. 3, pp. 557-570.

DeMaris, A. (1992): Logit Modeling: Practical Applications, Sage University Paper Series on Quantitative Application in the Social Sciences 07-086, Newbury Park CA.

Hildebrandt, E./Seltz, R. (1989): Wandel betrieblicher Sozialverfassung durch systemische Kontrolle, Berlin.

Hirsch-Kreinsen, H. (1984): Organisation mit EDV - Bedingungen und arbeitsorganisatorische Folgen des Einsatzes von Systemen der Fertigungssteuerung, Frankfurt a.M.

Kern,H./Schumann, M. (1970): Industriearbeit und Arbeiterbewußtsein, Frankfurt a.M.

Kern, M./Schumann, H. (1984): Das Ende der Arbeitsteilung? Rationalisierung in der industriellen Produktion, München.

Köhler,C./Hirsch-Kreinsen, H. (1989): Divergierende Rationalisierungsstrategien im Maschinenbau - Anmerkungen zum Beitrag von R. Seltz und E. Hildebrandt, in: Pries, L./Schmidt, R./Trinczek, R. (Hrsg.), Trends betrieblicher Produktionsmodernisierung, S. 72-86, Opladen.

Köhler, C./Nuber, C. (1988): Probleme und Strategien der Durchsetzung qualifizierter Gruppenarbeit, in: ISF (Hrsg.), Arbeitsorganisation bei rechnerintergrierter Produktion. Zur Einführung neuer Techniken in der Metallindustrie, KfK-PFT 137, S. 113-133, Karlsruhe.

Lutz, B./Moldaschl, M. (1989): Expertensysteme und industrielle Facharbeit. Ein Gutachten über denkbare Auswirkungen von Expertensystemen in der fertigenden Industrie, Frankfurt/New York.

Lutz, B. (1990): Trends in der Arbeitsorganisation in Anlagen mit hohen Automatisierungsgrad, in: Henning, K./Süthoff,M./Mai,M. (Hrsg.), Mensch und Automatisierung, S. 75- 90, Opladen.

Manske, F. (1987): Computerunterstützte Fertigungssteuerung im Kleinbetrieb, Düsseldorf.

Manske, F./Wobbe,W. (1987): Computergestützte Fertigungssteuerung im Maschinenbau, Düsseldorf.

Pries, L./Schmidt, R./Trinczek, R. (Hrsg.) (1990): Entwicklungspfade von Industriearbeit Opladen.

Schmid, J./Scharfenorth, K. (1992): Wenn auf jede Antwort neue Fragen auftauchen. Zur Problematik von Forschung und Entwicklung sowie Diffusion und Implementation von anthropozentrischen Produktionssystemen, in: v. Bandemer, S. u.a., Anthropozentrische Produktionssysteme. Zwischen Wettbewerbsfähigkeit und Sozialverträglichkeit, Opladen (i.E.).

Schultz-Wild, R. u. a. (1986): Flexible Fertigung und Industriearbeit, Frankfurt a.M.

Schultz-Wild u.a., (1989): An der Schwelle zu CIM. Verbreitung, Strategien und Auswirkung, Köln.

Schumm, W. (1991): Transformationsprozesse im modernen Kapitalismus. Forschungsperspektiven zur Analyse industrieller Rationalisierung, in: Zapf, W. (Hrsg.), Die Modernisierung moderner Gesellschaften, S. 248-259, Frankfurt/New York.

Stolz, H.J./Türk, K. (1992): Organisation als Verkörperung von Herrschaft - Sozialtheoretische und makrosoziologische Aspekte der Organisationssoziologie, in: Lehner,F./Schmid, J. (Hrsg.), Technik - Arbeit - Betrieb - Gesellschaft, S. 125-171, Opladen.
Zimolong, B./Trimpop, R. (1992): Managing Human Reliability in Advanced Manufacturing Systems, SFB 187-Arbeitspapier, Bochum.

X. Qualifizierung zwischen Determinismus und Voluntarismus? - Strategien und Determinanten betrieblicher Qualifizierungsmaßnahmen

Peter Hauptmanns / Beate Seitz / Ulrich Widmaier

A. Einleitung

Bei der Diskussion um Rationalisierungskonzepte, um die Einführung rechnergestützter Technologien oder allgemein um technisch-arbeitsorganisatorischen Wandel nimmt die betriebliche Qualifizierung einen breiten Raum ein. Es herrscht sowohl in Politik und Wissenschaft als auch in den Betrieben eine seltene Einmütigkeit über die Relevanz der beruflichen Weiterbildung; dennoch kann diese Wertschätzung nicht darüber hinwegtäuschen, daß es grundlegende Probleme und Widersprüche in der konkreten Ausgestaltung der beruflichen Weiterbildung gibt. Neue Technologien und die verschärfte Konkurrenz auf dem Weltmarkt stellen den Kostenfaktor der betrieblichen Weiterbildung in den Vordergrund und fordern eine Bewertung von Aufwand und Ertrag von Qualifizierungsmaßnahmen. Das Feld der beruflichen und vor allem auch der betrieblichen Weiterbildung ist von Heterogenität und Unübersichtlichkeit gekennzeichnet, und bislang liegen auch immer noch keine zufriedenstellenden Kenntnisse über diese Bereiche vor (vgl. Baethge u.a. 1990, S. 201 ff.; Kuwan u.a. 1991, S. 281 f.). In diesem Artikel soll auf der Grundlage der ersten Welle des NIFA-Panels eine Analyse des betrieblichen Weiterbildungsbereichs für die Branche des Maschinenbaus durchgeführt werden.

Das breite Spektrum von unterschiedlichen Möglichkeiten der Definition des Begriffs Weiterbildung macht es notwendig, vorab den unserer Untersuchung zugrunde liegenden Begriff von Weiterbildung kurz einzugrenzen. Unser Erhebungsinstrument für die erste Welle erfaßt die Qualifizierungsmaßnahmen in Form von Lehrgängen und Kursen, so daß die weniger formalisierten, "weicheren" Formen von Kenntniserwerb wie "Training on the Job" hier nicht mit einbezogen sind. Während die Inhalte solcher Qualifikationsmaßnahmen i.d.R. zu zusätzlichen Qualifikationen, aber nicht unbedingt zu formalen Qualifikationsabschlüssen führen, kann auf der anderen Seite, wenn auf Qualifikationsstrukturen im Betrieb Bezug genommen wird, nur über die formale Qualifikation Auskunft gegeben werden. Konkrete Zusatzkenntnisse der Mitarbeiter über den formalen Rahmen der Ausbildung hinaus sind in unserer Untersuchung nicht erfaßbar. Die von allen Seiten gestellte Forderung nach einer umfassenden Weiterbildung, die über eine Anpassungsqualifizierung hinausgeht (vgl. BMBW 1990, S. 6), steht im Widerspruch zu einer Reihe von Forschungsergebnissen, die auf ein Weiterbildungsangebot nach dem Prinzip eines "pragmatischen Reduktionismus" (Baethge 1992, S. 316) verweisen. Der Großteil der Betriebe praktiziert lediglich eine technisch-fachliche Anpassungsqualifizierung, da "im traditionellen Selbstverständnis des betrieblichen Personal- und Bildungswesens (...) die Qualifizierungspolitik der Technik- und Investionsplanung nachgeordnet" ist (vgl. Dobischat/Lipsmeier 1991, S. 346). Aber gerade in der Diskussion um "neue Produktionskonzepte" ist die Qualifikation eine zentrale Dimension, da durch diese ein Innovationspotential geschaffen werden kann, das für eine moderne Arbeitsorganisation erforderlich sein könnte. Eindeutige und sichere Aussagen über die Entwicklungstendenzen des technisch-organisatorischen Wandels sind allerdings bisher kaum möglich. Diese Verunsicherung der Industriesoziologie über die Rationalisierungstendenzen hat zu widersprüchlichen Aussagen und Vereinfachungen geführt. Einerseits wurde die Gefährdung der qualifizierten Produktionsarbeit vorausgesagt, andererseits eine "Rückkehr des Facharbeiters" postuliert. Die heutige Diskussion ist vor allem von dem Versuch bestimmt, die Einseitigkeiten aufzuheben und Differenzierungen vorzunehmen. Die Parallelität der Entwicklungen des Rationalisierungsprozesses hat zu vorsichtigen Neuformulierungen der unterschiedlichen Positionen geführt (vgl. Malsch/Seltz 1987). Im folgenden sollen die verschiedenen Diskussionslinien daher kurz dargestellt werden, um die Ergebnisse des NIFA-Panels in den entsprechenden Diskussionskontext stellen zu können.

B. Qualifizierungsstrategien

1. Allgemeine Qualfikationsentwicklung

Die Erkenntnis, daß der Einsatz neuer Technologien nicht mehr unmittelbar die Arbeitsorganisation und Qualifikationsanforderungen determiniert, war eines der wichtigsten Ergebnisse der industriesoziologischen Forschung. Die Annahme einer zu einer bestimmten Fertigungstechnik zugehörigen Form der Arbeitsorganisation wurde damit obsolet. Die gleiche Fertigungstechnik konnte unterschiedliche Formen von Arbeitsorgnisation, fachlicher und funktionaler Arbeitsteilung und damit unterschiedliche Qualifikationsprofile hervorbringen (vgl. Lutz 1987, S. 40). Das Ende der deterministischen Argumentation führte nahezu zwangsläufig zu einer Reihe von unterschiedlichen Prognosen über die Entwicklung der Qualifikationsstruktur und die Bedeutung der qualifizierten Facharbeit bei zunehmendem Einsatz rechnerintegrierter Produktionstechnologie. Diese unterscheiden sich dabei nicht nur graduell, sondern prognostizieren z.T. diametral gegenläufige Entwicklungen.

a) Allgemeine Dequalifizierung

Die pessimistische Variante (Benz-Overhage u.a. 1982) geht von einer allgemeinen Dequalifizierung der Mitarbeiter in der Produktion aus, da auch im Maschinenbau neue Technologien eine stärker an hochgradig arbeitsteiligen Strukturen orientierte Arbeitsorganisation ermöglichen. Zum einen soll die verstärkte Automatisierung Bereiche von menschlicher Arbeit sowohl in der direkten Produktion auch als im Bereich der Planung und Steuerung überflüssig machen, wodurch nur noch ein marginaler Restbereich für menschliche Arbeit vorbehalten bleibt, für den eine Technisierung noch nicht wirtschaftlich durchführbar ist. Zum anderen soll die Technisierung zu einer verstärkten Ausrichtung der Arbeit auf technische Erfordernisse führen und gleichzeitig die vorhandenen Entscheidungs- und Dispositionsspielräume der Mitarbeiter durch exakte zeitliche Vorgaben minimieren. Dies führt in der Konsequenz zum Szenario der "mannlosen" Fabrik, in der nur noch einige wenige qualifizierte Mitarbeiter zur Steuerung und zur Instandhaltung der Anlagen sowie eine Reihe von unqualifizierten Mitarbeitern zur Reinigung, zum Materialtransport und ähnlichen Aufgaben benötigt werden. Die Struktur des Maschinenbaus - seine mittelständische Orientierung, seine Facharbeiterzentriertheit, seine häufig auf Einzel- oder Kleinserienfertigung ausgerichtete Produktion, kurz die "betriebliche Sozialverfassung" (Hildebrandt/Seltz 1989) - bildet allerdings eine deutliche Hemmschwelle für ein solches, ausschließlich technikzentriertes Konzept.

b) Reprofessionalisierung der Facharbeit

Eine der bedeutendsten industriesoziologischen Studien lieferten 1984 Kern und Schumann mit dem "Ende der Arbeitsteilung". Sie konstatieren darin einen Wandel von der Ausrichtung auf rein technische Rationalisierung hin zu "Neuen Produktionskonzepten", die sich durch eine Abkehr von der "technischen Autonomisierung der Produktionsprozesse um jeden Preis" und einer Hinwendung zu einer "wachsenden Wertschätzung von Qualifikation und fachlicher Souveränität" charakterisieren lassen. Verbunden sind diese neuen Produktionskonzepte mit einer Reprofessionalisierung, d.h. einer zunehmenden Bedeutung der Facharbeiterqualifikationen, wenn auch auf einem geringeren Beschäftigtenniveau.

Diese "Reprofessionalisierung" wird allerdings zunehmend in Zweifel gezogen (z.B. Minssen 1991; Pries u.a. 1990). Reprofessionalisierung, so Pries u.a., verstanden als "generelle Anhebung des durchschnittlichen formalen Qualifikationsniveaus" könne zwar durchaus allgemein konstatiert werden, Reprofessionalisierung allerdings verstanden als "relative Bedeutungszunahme qualifizierter beruflicher Facharbeit im Verhältnis zu niedrigeren und höheren Qualifikationsstufen" ließe sich nicht nachweisen.

c) Polarisierung der Qualifikationsstruktur

Mit ihrer These der Reprofessionalisierung wandten sich Kern/Schumann selbst von ihrer noch 1977 aufgestellten "Eieruhr-" oder Polarisierungsthese ab (Kern/Schumann 1977). Diese geht von der Entwicklung einer wachsenden Zahl einerseits hochqualifizierter Anlagenführer sowie andererseits niedrig qualifizierter Zuarbeiter bei gleichzeitigem Bedeutungsverlust des traditionellen Facharbeiters als Maschinenbediener aus. Diese These wird aber dessenungeachtet in anderen Studien weiterverfolgt. So konstatieren beispielsweise Döhl/Sauer (1989) eine Polarisierung der Qualifikationsstruktur in der Möbelindustrie sowie Malsch (1989) in der Automobilindustrie. Auch für den Maschinenbau wird diese These neuerdings wieder vertreten: Köhler (1991) prognostiziert z.B. die wachsende Gefahr einer Polarisierung der Produktionsarbeit, die nur durch Eingriffe von außen aufgehalten werden könne.

d) Refeudalisierung bzw. Japanisierung

Die Refeudalisierungsthese (Baethge/Oberbeck 1986) betrifft nur mittelbar die Qualifikationsentwicklung. Sie geht davon aus, daß durch betriebsspezifische Qualifizierungs- und Entlohnungsmechanismen sowie durch stärkere Sozialintegration die Arbeitskräfte an den Betrieb gebunden werden und so ihre übliche Mobilität aufgehoben wird. Zusätzlich werden die tariflich bzw. überbetrieblich ausgehandelten Arbeits- und Beschäftigungsbedingungen durch betriebsspezifische Vereinbarungen und Maßnahmen ersetzt. Voraussetzung dieser Strategie ist die Bedeutungszunahme betriebsspezifischer Aus- und Weiterbildung bei sich beschleunigendem technischen und organisatorischen Wandel. Ziel ist es, die qualifizierten Arbeitskräfte enger an den Betrieb zu binden, um nicht "Investitionen in Humankapital" zu verlieren. Diese Strategie impliziert allerdings eine umfassende "Fürsorge" für die Arbeitskräfte, die i.d.R. (so Pries u.a. 1990) nur für einen Teil der Belegschaft - die Stammbelegschaft - Gültigkeit hat. Langfristig führt diese Strategie damit zu einer verschärften Fragmentierung der Belegschaft und Polarisierung der Qualifikationsstruktur.

e) Qualifikationserweiterung

Der letzte hier dargestellte Entwicklungstrend ist zugleich auch der allgemeinste. Er postuliert ein gleichbleibendes Qualifikationsniveau, wobei sich die Qualifikationsinhalte ändern. Danach wird es weder eine allgemeine Höher- noch eine allgemeine Dequalifizierung geben, sondern eine "Anders-Qualifikation" (Pries u.a. 1990), da zu den üblichen prozeßbezogenen Fähigkeiten nun prozeßunabhängige Fähigkeiten wie Sozialkompetenz, Steuerungswissen etc. hinzukommen.

2. *Betriebliche Qualifizierungsstrategien*

Auf der betrieblichen Ebene ist Qualifizierung nicht primär eine kurzfristige Reaktion auf aktuelle Personalengpässe[1]. Die Unterstützung von Weiterbildungsmaßnahmen kann generell angesehen werden als:

- eine Folge der Einführung neuer Techniken
- eine Voraussetzung (und Konsequenz) für neue Formen der Arbeitsorganisation, insbesondere für die Zurücknahme der Arbeitsteilung
- ein Teil der betrieblichen Politik und Strategie.

Betrachtet man Qualifizierung als Teil betrieblicher (Mikro-)Politik, stehen die Interessen der Akteure sowie die betrieblichen Weiterbildungsstrategien im Zentrum der Analyse. Die rationalen Strategien der Akteure lassen sich vereinfacht wie folgt charakterisieren: Die Unternehmensleitung reagiert auf externe Anforderungen (wie Markt- oder Kundenanforderungen) mit der Einführung neuer Techniken und/oder veränderter arbeitsorganisatorischer Konzepte (wie z.B. Gruppenarbeit), um dadurch die wirtschaftliche Leistungsfähigkeit des Unternehmens zu steigern oder - prinzipieller - den Erhalt der Organisation zu sichern (vgl. Hauptmanns 1991). Dabei muß bereits auf die Schwierigkeit hingewiesen werden, daß einerseits die Qualifizierung im engen Zusammenhang mit Technikeinsatz, Arbeitsorganisation und Kontrolle im Betrieb steht, andererseits aber neue, d.h. weniger arbeitsteilige Formen der Arbeitsorganisation nicht generell mit einem höheren Qualifizierungsaufwand der Betriebe einhergehen müssen. Qualifizierung von Mitarbeitern wird einer Strategie folgen, die für die gegebenen betrieblichen Rahmenbedingungen möglichst optimal ist. Bei den möglichen Qualifizierungsstrategien unterscheiden wir im wesentlichen vier unterschiedliche Wege:

---

1 Wenngleich dies einen signifikanten Effekt auf die Durchführung von Qualifikationsmaßnahmen hat, wie später nachgewiesen wird.

a) Die Technisierungstrategie

Diese zeichnet sich durch eine geringe Qualifizierungsintensität auf allen Ebenen aus, da versucht wird, durch weitere Arbeitszergliederung und Automatisierung der Arbeitsschritte Qualifizierungsnotwendigkeiten auf ein Minimum und im wesentlichen auf "training on the job" zu beschränken.

b) Die Segmentierungs- oder Polarisierungsstrategie

Diese zeichnet sich aus durch verstärkte Maßnahmen im Bereich der qualifizierten Kräfte (Facharbeiter, Meister etc.), um schnell zu verwertbaren Erfolgen zu kommen. Dies führt letztlich zu einer weiteren Öffnung der Qualifikationsschere.

c) Die Homogenisierungsstrategie

Diese ist geprägt durch eine verstärkte Qualifizierungsintensität auf den untere Qualifikationsstufen, um so eine annähernd homogene Qualifikationsstruktur zu erreichen.

d) Die Verlagerungsstrategie

Diese Strategie, die sich leider kaum durch die Daten des NIFA-Panels identifizieren läßt, ist gekennzeichnet durch eine Verlagerung bzw. Umverteilung von Qualifikationen, z.B. aus der Fertigung in vor- oder nachgelagerte Bereiche (oder umgekehrt). Im Prinzip läuft dies auf eine innerbetriebliche Rekrutierung von benötigten Fachkräften in spezifischen Aufgabenbereichen hinaus. Diese Strategie steht zu den anderen insofern etwas quer, als sie zusätzlich zu einer anderen gewählt werden kann und auch gewählt wird (sie spiegelt z.B. den nicht unüblichen Karriereweg eines Facharbeiters "Maschinenführer - Vorarbeiter - Arbeitsvorbereiter" wider). Für die beteiligten Arbeitnehmer ist Qualifizierung i.d.R. verbunden mit der Möglichkeit zu beruflichem Aufstieg oder zumindest geänderten (oft verbesserten) Arbeitsbedingungen und Verdienstmöglichkeiten. Auch wenn die neuere Diskussion die Möglichkeit einer Entkopplung von Qualifikation und Arbeitsbedingungen durch moderne Kontrolltechnologie thematisiert (vgl. Manske 1991 sowie Freriks/Hauptmanns/Schmid in diesem Band), kann wohl nach wie vor unterstellt werden, daß zusätzliche Qualifizierung zumindest keine negativen Folgen für die Mitarbeiter impliziert und von diesen daher allgemein positiv bewertet wird[2]. Die individuellen Vorteile, die die Mitarbeiter aus der Qualifizierung ziehen können, relativieren sich

2 Es sollte aber nicht unerwähnt bleiben, daß durchaus auch Tendenzen bei Arbeitnehmern bestehen, zusätzliche Qualifikation und zusätzliche Verantwortung abzulehnen, um nicht dadurch einer höheren psychischen oder physischen Belastung ausgesetzt zu werden (vgl. Köhl u.a. 1989).

allerdings, wenn diese als kollektives Gut angeboten werden. Die Möglichkeiten des beruflichen Aufstiegs, der Verdienstverbesserungen etc. ergeben sich ja hauptsächlich dann, wenn sich der Mitarbeiter durch die Teilnahme an den Maßnahmen für andere bzw. weitere Aufgaben qualifiziert hat und somit einen Vorteil gegenüber anderen Arbeitnehmern gewinnt. In dieser Logik des rational handelnden Akteurs wäre eine selektive Qualifizierungsstrategie des Betriebs (d.h. die o.g. Segmentierungsstrategie) wünschenswert. Auch für die Betriebe ist diese Strategie aus rationaler Sicht erwünscht, da durch die "Qualifizierung der Qualifizierten" am schnellsten für den Betrieb nutzbare Resultate erzielt werden können. Allerdings sind in dem politischen Aushandlungsprozeß von Qualifikation weitere Akteure (wie Betriebsräte, Unternehmerverbände, Gewerkschaften) beteiligt, für die eher eine Orientierung auf "Qualifikation als kollektives Gut" unterstellt werden muß. Dies kann dann zu den (mikro-)politischen Aushandlungsprozessen führen (vgl. Ortmann u.a. 1990), die wesentlich durch Machtverhältnisse und die Suche nach einem für alle Beteiligten tragbaren Konsens unter den spezifisch gegebenen Rahmenbedingungen (vgl. Ortmann 1990; Minssen 1990) geprägt sind. Letztlich führt dies auch dazu, daß kein Determinismus zwischen technisch-arbeitsorganisatorischen Ausgangskonstellationen und betrieblichen Qualifikationsstrategien besteht. Vielmehr bietet sich im Bereich der Qualifikation - wie auch in anderen Bereichen betrieblicher Rationalisierungspolitik - ein Korridor möglicher Entscheidungsalternativen an, dessen konkrete Ausnutzung primär durch die betriebsspezifischen Adäquatheitsbedingungen bestimmt wird (vgl. dazu Freriks/Schmid in diesem Band).

C. Betriebliche Qualifizierung

1. Qualifikationsstruktur in der Fertigung

Der Maschinenbau gilt nach wie vor als eine Domäne der qualifizierten Facharbeit. Im Durchschnitt sind zwei Drittel der Mitarbeiter in der Fertigung der Maschinenbaubetriebe Facharbeiter, nur rund 18 Prozent dagegen an- bzw. ungelernte Kräfte (siehe Abbildung 1). Im gesamten Produktionsbereich, also in der direkten Fertigung sowie in den vor- und nachgelagerten Bereichen wie Konstruktion, Arbeitsvorbereitung und Montage, sind im Durchschnitt der Betriebe zwar nur noch rund 57 Prozent der Beschäftigten Facharbeiter, allerdings ist dies nach wie vor eine deutliche Mehrheit. Die Qualifikationsstruktur verschiebt sich in diesem Bereich leicht zugunsten der Meister und technischen Angestellten, die wahrscheinlich in Konstruktion und Arbeitsvorbereitung stark vertreten sind. Darüber hinaus ist - betrachtet man die Produktion insgesamt - fast eine Verdreifachung des Anteils der nicht-technischen Mitarbeiter festzustellen (4,5 Prozent in der

Fertigung, 13,5 Prozent in der Produktion insgesamt). Nur bei 2,5 Prozent der Maschinenbaubetriebe stellen an- bzw. ungelernte Kräfte in der Fertigung mehr als die Hälfte aller Mitarbeiter. Hierbei handelt es sich fast ausschließlich um Betriebe, die ihre Produkte in Massen- oder Großserienproduktion herstellen. Generell ist der von Köhler (1991) beschriebene Zusammenhang zwischen dem Typus der dominierenden Arbeitssysteme[3] und der Seriengröße des Hauptprodukts zu bestätigen. Während nur rund 12 Prozent der Betriebe mit überwiegend Facharbeitern in der Fertigung zu den Großserien- und Massenfertigern zu rechnen sind, sind dies immerhin 52,4 Prozent der Betriebe, in denen Angelernte mehr als die Hälfte aller Fertigungsmitarbeiter stellen[4].

Abb. 1: Beschäftigtenanteile in Fertigung und Produktion

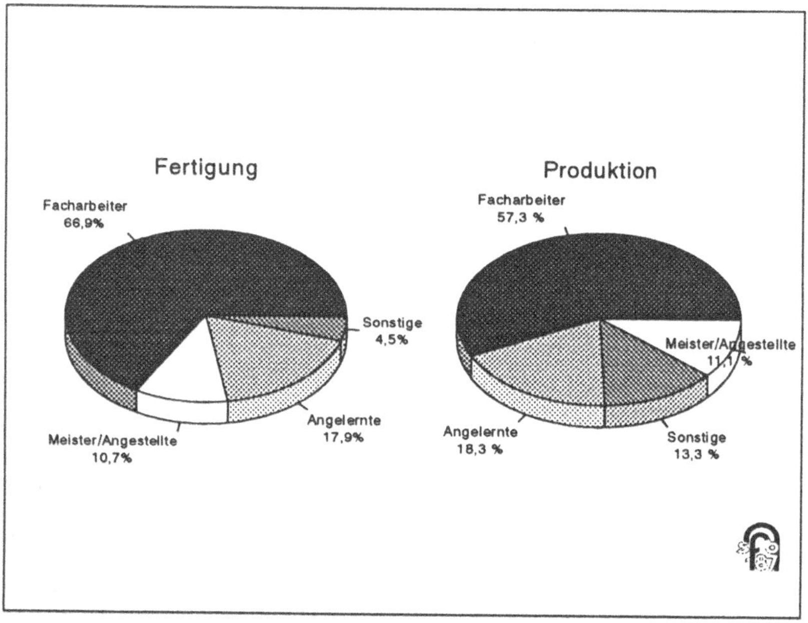

Wenngleich auch, wie oben beschrieben, eine Reihe divergierender Entwicklungstrends in bezug auf eine sich wandelnde Qualifikationsstruktur

3 Köhler unterscheidet im Maschinenbau die Arbeitssysteme "Facharbeiterfertigung" und "Angelerntenfertigung", die sich nicht nur durch unterschiedliche Qualifikationsstrukturen, sondern auch und gerade durch unterschiedliche arbeitsorganisatorische Strukturen unterscheiden.

4 Wir vermeiden hier absichtlich die vom ISF geprägten Termini der "Facharbeiter-" und "Angelerntenfertigung", da wir an dieser Stelle auf die mit diesen Begriffen verbundenen Implikationen für die Arbeitsteilung nicht eingehen wollen (vgl. dazu Ostendorf/Seitz in diesem Band).

postuliert worden sind, läßt sich heute noch immer sagen, daß die zunehmende Technisierung bzw. die verschiedenen Formen der Rationalisierung nichts an der prinzipiellen Facharbeiterorientierung des Maschinenbaus geändert hat. Der Einsatz computergestützter Technik hat - jedenfalls bis zum heutigen Zeitpunkt - zumindest nicht die befürchtete Dequalifizierung der Mitarbeiter mit sich gebracht. In bezug auf den Technisierungsgrad, d.h. die Anwendung unterschiedlicher C-Techniken, läßt sich zwischen Betrieben mit Facharbeiter- und Angelerntendominanz kein signifikanter Unterschied feststellen, so daß auf der Basis der vorliegenden Daten die Behauptung einer Wandlung der Qualifikationsstrukturen durch den Einsatz rechnerbasierter Technologie nicht gestützt werden kann. Allerdings ist dabei zu bedenken, daß solche Wandlungsprozesse i.d.R. langwierig sind und somit eine genauere Überprüfung erst im weiteren Verlauf des NIFA-Panels erfolgen kann.

2. *Betrieblicher Qualifizierungsumfang*

Die Einführung neuer, computergestützter Technologien geht i.d.R. einher mit neuen Arbeitsanforderungen und somit neuen Qualifikationsanforderungen an die Mitarbeiter. Da die Betriebe auf diese Anforderungen reagieren müssen, wird Qualifizierung der Mitarbeiter - und sei es nur zur Einarbeitung an neuen Maschinengenerationen - zu einer ständigen Aufgabe der Betriebe zur Erhaltung der Konkurrenzfähigkeit werden. Daß diese Argumentation inzwischen auch von fast allen Betrieben akzeptiert wird, ist in der sich mit Qualifikation befassenden Forschung im Prinzip unumstritten (vgl. Bauerdick u.a. 1991). Dies zeigen auch die Daten unserer Untersuchung, wonach immerhin ca. 67 Prozent[5] aller Betriebe im letzten Jahr Qualifikationsmaßnahmen für Mitarbeiter durchgeführt bzw. unterstützt haben (vgl. Abb. 2). Die meisten dieser Maßnahmen wurden dabei nicht vom Betrieb selbst durchgeführt: 62,7 Prozent der Betriebe, die Quaifikationsmaßnahmen unterstützten, schickten Mitarbeiter auf betriebsexterne Lehrgänge, nur bei 34,1 Prozent der Betriebe wurden (auch) interne Qualifikationsmaßnahmen unterstützt[6]. Kurse von Herstellern bestimmter Maschinen oder technischer Systeme wurden von Mitarbeitern aus 65,6 Prozent der Betriebe besucht. Obwohl die meisten Betriebe eine Polarisierung der Qualifikationsstruktur ablehnten, deutet sie sich in der Realität dennoch an: In 45,4 Prozent der Betriebe nahmen mehr Meister an Qualifizierungsmaßnahmen teil als Mitarbeiter aus jeder anderen Qualifikationsgruppe. In immerhin 32,9 Prozent der Betriebe wurden überwiegend Facharbeiter qualifiziert, während die Qualifizierung von un- bzw. ange-

5 Dabei wurden die Betriebe, die ausschließlich Ausbildung oder Pflichtmaßnahmen durchgeführt haben, nicht mit eingerechnet.

6 Mehrfachnennungen waren möglich.

lernten Mitarbeitern dagegen fast keine Rolle spielt: Nur in 5,5 Prozent der Betriebe nahmen überwiegend Mitarbeiter aus dieser Gruppe an Qualifikationsmaßnahmen teil.

Abb. 2: *Unterstützte Qualifizierungsmaßnahmen*

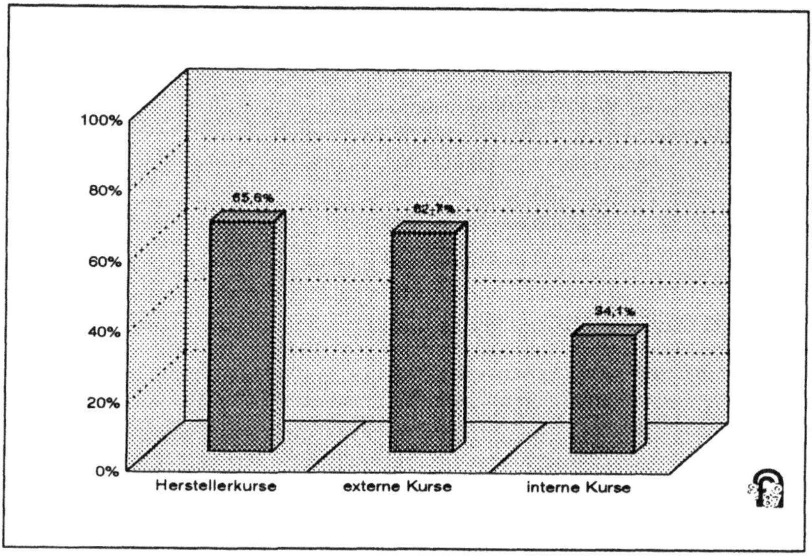

Abb. 3: *Meistqualifizierte Mitarbeitergruppen*

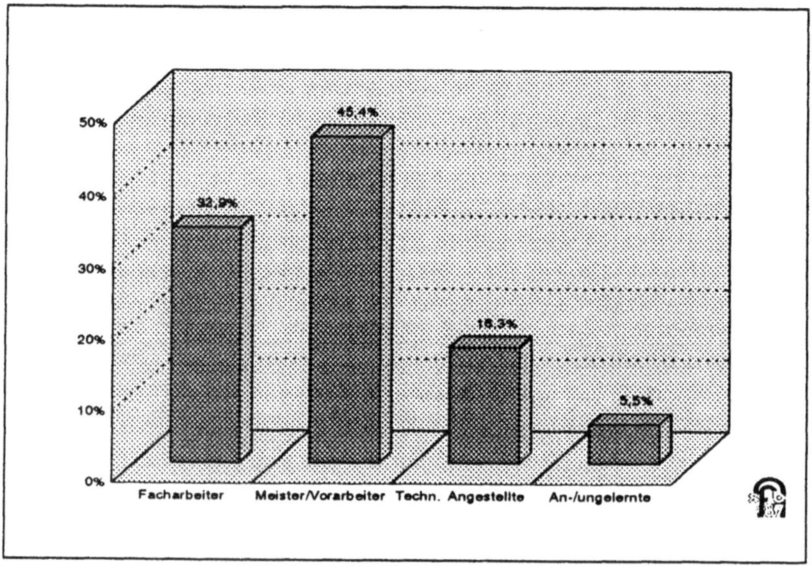

Differenziert man die Betriebe in zwei Gruppen, wobei in die eine Gruppe die Betriebe fallen, bei denen die Qualifizierung von Facharbeitern und/oder un-/angelernten Mitarbeitern überwiegt, und die andere Gruppe von den Betrieben gebildet wird, die Qualifikation überwiegend für Meister und technische Angestellte unterstützen, so zeigt sich eine deutliche Tendenz, eher in "Qualifizierung von Qualifizierten" zu investieren: in ca. 63 Prozent der Betriebe wurden überwiegend Meister und technische Angestellte qualifiziert, nur bei ca. 37 Prozent der Betriebe waren dies Facharbeiter und un-/angelernte Kräfte. Hier zeigt sich auch eine deutliche Diskrepanz zwischen dem tatsächlichen Vorgehen der Betriebe und ihrer prinzipiellen Einstellung zu Qualifizierungsstrategien. Der Aussage "Qualifiziert werden müssen bevorzugt die Mitarbeiter, die schon gutes Vorwissen besitzen, um möglichst schnell einen Nutzen für den Betrieb zu erreichen" stimmten nur 55 Prozent der antwortenden Betriebe zu.

Es ist also festzustellen, daß, wie schon oben skizziert wurde, in der Mehrzahl der Betriebe eine Qualifikationsstrategie verfolgt wird, die eine weitere Polarisierung der Qualifikationsstruktur zur Folge hat. Eine Homogenisierung der Qualifikationsstruktur durch die verstärkte Durchführung von Maßnahmen für an- bzw. ungelernte Arbeitskräfte spielt dagegen in der betrieblichen Realität offensichtlich nur in Ausnahmefällen eine Rolle. Die Dominanz der Qualifizierungsmaßnahmen für Meister läßt allerdings auch darauf schließen, daß diese aus der Sicht der Betriebe eine Multiplikatorrolle in einer "training on the job"-Politik übernehmen sollen. Ob die erworbenen Kenntnisse im laufenden Arbeitsprozeß dann allerdings allgemein weitergegeben werden, oder ob nicht vielmehr eine selektive Informationsweitergabe erfolgt, wodurch dem Meister eine Kontrolle von Unsicherheitszonen und damit "Aushandlungsmacht" im Sinne der Mikropolitik erhalten bleibt - also die traditionellen Attribute der Meisterposition -, kann mit den vorliegenden Daten leider nicht festgestellt werden.

3. *Einflußgrößen auf betriebliche Qualifizierungspolitik*

In der Literatur wird davon ausgegangen, daß der Stellenwert betrieblicher Qualifikationsmaßnahmen um so größer sein wird, je innovativer der Betrieb insbesondere im Bereich der Arbeitsorganisation und der technischen Ausstattung ist (vgl. Köhl u.a. 1989; Hajen u.a. 1990). Die Durchsetzung neuer Formen der Arbeitsorganisation erfordert die "Entwicklung zentraler Qualifikationskomponenten von Facharbeit" (Hildebrandt/Seltz 1989, S. 57, vgl. in diesem Zusammenhang auch Dostal 1991, Dobischat/Lipsmeier 1991.). Vereinfacht ließe sich die These aufstellen, daß die betriebliche Qualifikationspolitik durch die technisch-arbeitsorganisatorische Konfiguration im Betrieb maßgeblich beeinflußt wird - allerdings ist diese These für die Definition von Effekten auf die Qualifikationsentscheidungen zu oberflächlich und nicht ausreichend.

a) Technische Innovation

Vielmehr gingen wir von folgenden Thesen aus: ein großer Teil der Qualifikationsmaßnahmen ist ausschließlich technisch bedingt. Darunter fallen alle die Maßnahmen, die zur Beherrschung einer neuen Maschine durchgeführt werden müssen. Dieser Anteil wird um so größer sein, je größer der Betrieb ist, da in größeren Betrieben mit einem größeren Maschinenpark fast zwangsläufig öfter neue Maschinen eingesetzt werden. Die Analyse zeigt, daß Betriebe, die in den Jahren 1989 oder 1990 eine neue Technik eingeführt haben, eher Qualifikationsmaßnahmen unterstützen als Betriebe, bei denen die letzte technische Innovation weiter zurücklag ($Chi^2 = 18.06$; $df = 1$; $p = .0000$). Es zeigt sich aber auch, daß nur ein sehr schwacher Zusammenhang zwischen diesen Variablen besteht, ein eindeutiger oder gar linearer Zusammenhang kann keinesfalls postuliert werden (Phi = .1138).

b) Technisierungsgrad

Signifikant ist auch der Zusammenhang zwischen der Durchführung von Qualifizierungsmaßnahmen und dem Grad der betrieblichen Technisierung, unabhängig davon, ob dieser über automatisierte Arbeitsfunktionen ($Chi^2 = 100.27$; $df = 22$; $p = .0000$; Cramer's $V = .2501$) oder über die Zahl der verschiedenen im Betrieb eingesetzten computergestützten Techniken ($Chi^2 = 128.35$; $df = 15$; $p = .0000$; Cramer's $V = .2796$) gemessen wird.

c) Aufgabenintegration

Eine weitere These ist, daß die Durchführung von Qualifikationsmaßnahmen wesentlich abhängig von der Ausprägung der horizontalen und vertikalen Arbeitsteilung bzw. dem Grad der Aufgabenintegration am Arbeitsplatz ist. Danach wird die Qualifikation der Mitarbeiter an den Maschinen um so bedeutender, je geringer der Anteil der verlagerten Funktionen ist (Programmierung, Einrichtung, Beschickung etc.), d.h., je weniger ausgeprägt die horizontale oder fachliche Arbeitsteilung ist. Die Analyse der NIFA-Daten zeigt aber, daß diese These nicht aufrechterhalten werden kann - die Gruppe der Betriebe, die Qualifikationsmaßnahmen durchführt, unterscheidet sich von der Gruppe, die dies nicht tut, weder beim Aufgabenumfang der Maschinenbediener ($t = -1.1$; $df = 462$; $p = .27$) noch beim Umfang der Aufgaben des Werkstattpersonals ($t= -.6$; $df = 495$; $p = .55$). Wenngleich der Aufgabenumfang als alleiniger Indikator für arbeitsorganisatorische Konfigurationen nicht als ausreichend angesehen werden kann, wird schon deutlich, daß arbeitsorganisatorischen Teilaspekten kaum ein Einfluß auf die betriebliche Qualfizierungspolitik zugewiesen werden kann.

d) Personalbedarf

Von den befragten Betrieben gaben 54,5 Prozent an, im Jahr 1990 Probleme bei der Deckung ihres Personalbedarfs gehabt zu haben. Auf diese Probleme mit verstärkten Weiterbildungsmaßnahmen bzw. speziellen Schulungen zu reagieren, gehört aber nur bei einem geringen Teil der Betriebe zur Problemlösungsstragie. Nur gut ein Fünftel der Betriebe mit Personalbedarfsproblemen gab an, darauf mit Weiterbildungsmaßnahmen reagiert zu haben, noch weniger (ca. 16 Prozent) reagierten mit speziellen Schulungen. Obwohl dies nachvollziehbar ist - da ein kurzfristiges Personaldefizit durch i.d.R. längerfristige Qualifikationsmaßnahmen kaum abgefangen werden kann - scheint dieses Problem doch Einfluß auf längerfristige personalpolitische Strategien zu nehmen. Immerhin unterstützen 70 Prozent der Betriebe mit Personalproblemen Qualifikationsmaßnahmen, aber nur 64 Prozent der Betriebe ohne Personalprobleme ($Chi^2 = 4.0$; $df = 1$; $p = .0445$). Wenn also betriebliche Qualifizierungsstrategien auch keine Sofortmaßnahme zur Lösung von Personalproblemen sind, scheint es doch so, daß die Erfahrung solcher Probleme zu einer Intensivierung der längerfristigen Qualifikationspolitik führen kann.

e) Betriebliche Auslastung

Neben dem akuten Personalbedarf ist festzustellen, daß die betriebliche Auslastung einen signifikanten Unterschied bei der Frage bewirkt, ob Betriebe Qualifizierungsmaßnahmen unterstützen oder nicht. Betriebe, deren Fertigung eine höhere Auslastung (Maschinenauslastung) aufweist, unterstützen eher Qualifizierungsmaßnahmen als solche, deren Fertigung weniger hoch ausgelastet ist ($t = -3.86$; $df = 1592$; $p = .0000$). Die Auslastung der Betriebe spiegelt sich dann auch in den gewählten Arbeitszeitregelungen wider. So finden sich in der Gruppe der qualifizierenden Unternehmen mehr Betriebe mit Mehrschichtbetrieb und regelmäßigen Überstunden als in der Gruppe der nicht qualifizierenden Betriebe.

Zusammengefaßt läßt sich sagen, daß als "objektive" Variablen, für die auf theoretischer Basis eine Beziehung zu "Durchführung betrieblicher Qualifikationsmaßnahmen" postuliert wird, zu nennen sind: die technische Ausstattung des Betriebes, die Betriebsgröße, der Zeitpunkt der letzten technischen Innovation, die betriebliche Auslastung und im Betrieb vorhandene bzw. wahrgenommene Probleme, den Personalbedarf zu decken. Darüber hinaus werden verschiedene "subjektive" Variablen eine Rolle spielen, wie z.B. die generelle Einstellung der Betriebsleitung zu Qualifikationsmaßnahmen.

f) Einstellung zu Qualifikationsmaßnahmen

Diese ist durchweg sehr positiv: 84,2 Prozent der befragten Betriebe halten für die Zukunft eine weitere Erhöhung des Qualifikationsniveaus ihrer Mitarbeiter für sehr wichtig oder wichtig, nur 0,6 Prozent dagegen für nicht wichtig[7]. Dies muß aber - aus der Sicht der Betriebe - offensichtlich nicht zwangsläufig zu einem größeren Engagement in der betrieblichen Weiterbildung führen; die Durchführung von mehr Weiterbildungsmaßnahmen sahen nur 55,3 Prozent der Betriebe als sehr wichtig oder wichtig an. Dabei ist allerdings festzustellen, daß Betriebe, die Qualifikationsmaßnahmen durchführen, zusätzliche Maßnahmen im Durchschnitt für wichtiger halten als die Betriebe, die nicht qualifizieren ($t = 5.38$; $df = 964$; $p = .000$). Bei der Frage nach der Bedeutung eines höheren Qualifikationsniveaus ist dagegen zwischen diesen beiden Gruppen kein signifikanter Unterschied in der Einschätzung vorhanden ($t = 1.14$; $df = 1012$; $p = .251$).

4. *Kontrollierte Effekte auf die betriebliche Qualifizierungspolitik*

Da die Technikausstattung in einem starken Zusammenhang mit der Größe des Betriebes steht (vgl. Hauptmanns/Saurwein/Dye in diesem Band), muß bei der Analyse der bivariaten Zusammenhänge für Drittvariablen (wie z.B. Größe) kontrolliert werden. In einer Kovarianzanalyse[8] (siehe Tabelle 1) wurden daher die Haupteffekte Technikausstattung, Arbeitszeitregelung Mehrschichtbetrieb, Arbeitszeitregelung Überstunden und Personalprobleme im Betrieb mit Betriebsgröße als Kovariat getestet. Es zeigt sich, daß sich Betriebe - auch unabhängig von ihrer Größe - hinsichtlich Ihrer Unterstützung von Qualifikationsmaßnahmen für alle Effekte unterscheiden. Betriebe mit höherer Technikausstattung unterstützen auch mehr Qualifikationsmaßnahmen, ebenso Betriebe, die Probleme haben, ihren Personalbedarf zu decken[9] oder Betriebe, die an mehr Wochenstunden fertigen. Betriebe, die weniger als drei verschiedene C-Techniken einsetzen, unterstützen dabei im Durchschnitt zu rund 54 Prozent Weiterbildungsmaßnahmen, während höher technisierte Betriebe dies zu über 80 Prozent praktizieren.

---

7 Es ist allerdings zu fragen, ob nicht in gewissem Umfang ein Effekt von "sozialer Erwünschtheit" hier eine Rolle spielt (vgl. Esser 1975, Reinecke 1991).

8 Zu methodischen Erläuterungen siehe Widmaier/Dye in diesem Band.

9 Wobei dies unabhängig davon ist, ob diese Probleme nur bei einer bestimmten Mitarbeitergruppe existierten.

Tabelle 1: Ergebnisse der Kovarianzanalyse[10]

	F^1_{1633}	p
Kovariat: Betriebsgröße	43,63	.000
Effekte:		
Technisierung	34,11	.000
Pers.probleme	4,49	.034
Überstunden	5,29	.022
Mehrschichtbetrieb	13,09	.000

Abb. 4: Anteil qualifizierender Betriebe (bei gegebenen Bedingungen)

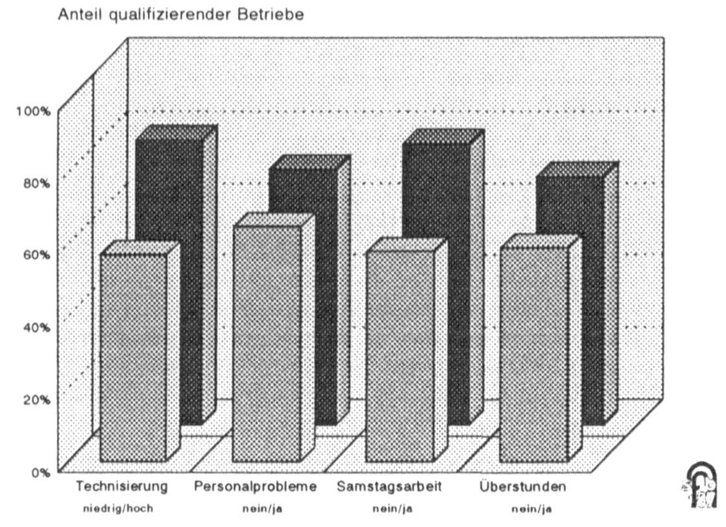

10 Abhängige Variable: Unterstützung von Qualifikationsmaßnahmen. Aufgrund der theoretischen Bedeutung des Kovariats wurde die Berechnung mit dem "classical experimental approach" (vgl. Norusis 1990, S. 43ff.) gewählt, bei dem zuerst der Beitrag des Kovariats zur Varianzerklärung berechnet wird; erst anschließend werden die Effekte der Faktoren und Interaktionen überprüft.

D. Fazit

Unsere Analyse der qualifikatorischen Maßnahmen im deutschen Maschinenbau verdeutlicht, daß die Betriebe durchaus im breiten Maße Qualifizierungsmaßnahmen ihrer Mitarbeiter unterstützen, ohne daß aber von einer Qualifizierungsoffensive gesprochen werden kann, die alle Mitarbeitergruppen umfaßt. Es zeigt sich, daß die betriebliche Einschätzung der Bedeutung qualifikatorischer Maßnahmen sich nicht in der Umsetzung breitgestreuter Qualifizierungsmaßnahmen für alle Mitarbeitergruppen widerspiegelt. Eine Homogenisierung der Qualifikationsstruktur und damit verbunden eine Erhöhung des allgemeinen Qualifikationsniveaus läßt sich aus den vorliegenden Daten noch nicht ableiten. Stattdessen zeigen die Ergebnisse zur betrieblichen Weiterbildung eher einen nach wie vor bestehenden Trend zur Polarisierung der Qualifikationsstruktur (vgl. Hirsch-Kreinsen/Springer 1984, S. 118). Aufgrund der oben beschriebenen Komplexität der jeweils spezifischen (mikro-)politischen Aushandlungsprozesse kann dies jedoch nicht einschränkungslos für den Maschinenbau insgesamt postuliert werden. Allerdings bleibt als Ergebnis festzustellen, daß - selbst bei unterschiedlichen betriebsspezifischen Ausgangsbedingungen - für die Mehrzahl der Betriebe die Polarisierungsstrategie bei der Durchführung von Qualifikationsmaßnahmen präferiert wird.

Der signifikante Zusammenhang zwischen dem Technisierungsgrad und der Durchführung von Qualifizierungsmaßnahmen sowie der hohe Anteil an bereits "Qualifizierten" bei diesen Maßnahmen bestätigt die Anhebung der Qualifikationsanforderungen von Tätigkeiten, die im unmittelbaren Zusammenhang mit der Einführung Neuer Technologien stehen. Die sich öffnende Qualifikationsschere führt aber nicht zwangsläufig zum Wegfallen der mittleren Tätigkeitsprofile, sondern eher zu einer ausgedünnten Schnittstelle zwischen hochqualifiziertem Fachpersonal und gering qualifiziertem Personal. Der verstärkte Rückgriff auf Weiterbildungsmaßnahmen angesichts bestehender Personalprobleme[11] deutet ebenfalls darauf hin, daß die Maschinenbaubetriebe in wachsendem Maße auf eine qualifizierte Belegschaft angewiesen sind. Die Personalengpässe vor allem im Bereich der Facharbeiter zeigen auch, daß der Facharbeiterstatus im Maschinenbau nicht gefährdet ist. Der Mangel an Fachkräften auf dem externen Arbeitsmarkt und die Verstärkung der Qualifikationsmaßnahmen könnten Chancen für An- und Ungelernte bieten, die Segmentationslinie zur qualifizierten Facharbeit zu überbrücken.

Eine notwendige Voraussetzung wäre allerdings eine Änderung der Einstellung von entscheidenden betrieblichen Akteuren zur Qualifizierbarkeit der Mitarbeiter. Unsere qualitativen Vorstudien zum NIFA-Panel haben ge-

11 Nicht als kurzfristige Maßnahme gegen den Personalmangel, aber als von der Erfahrung des Mangels beeinflußte Langfriststrategie.

zeigt, daß offenbar in manchen Betrieben ein mangelndes Zutrauen in die Qualifizierbarkeit der An- und Ungelernten neben den ökonomischen und Effizienzvorteilen eine weitere Ursache für die bevorzugte Qualifizierung von bereits Qualifizierten sein kann.

Auch wenn ein eindeutiger Technikbezug offenkundig scheint und - durch die Einbeziehung von Schulungen an neuen Maschinen - zwangsläufig ist, so sind die Weiterbildungsaktivitäten der Betriebe ebenso von der Produktstruktur, der Fertigungsorganisation, der Arbeitsorganisation und dem Personalwesen entscheidend beeinflußt. Auf die weiteren Entwicklungen haben darüber hinaus auch wirtschaftliche und soziale Veränderungen einen Effekt. Um das Ausmaß und die Wirkungen von betrieblicher Weiterbildung beurteilen zu können, ist nicht nur die Einbeziehung von Determinanten wie Technikeinsatz und Arbeitsorganisation entscheidend, sondern auch eine kontinuierliche Beobachtung der Entwicklung der betrieblichen Weiterbildung. Das NIFA-Panel bietet damit die Möglichkeit - über eine aktuelle Bestandsaufnahme hinaus -, eine Längsschnittanalyse der betrieblichen Weiterbildung im Maschinenbau zu liefern[12]. Die zweite Welle, deren Schwerpunktthema "Qualifikation" ist, wird uns - hoffentlich - neben den erforderlichen Vergleichsdaten auch Kenntnisse über die aus betrieblicher Sicht auftretenden Probleme mit Weiterbildungsanbietern ermöglichen.

E. Literatur

Baethge, M. (1992): Die vielfältigen Widersprüche beruflicher Weiterbildung, WSI-Mitteilungen 6, S. 313-320.

Baethge, M./Dobischat, R./Husemann, R./Lipsmeier, A./Schiersmann, C./Weddig, D. (1990): Forschungsstand und Forschungsperspektiven im Bereich betrieblicher Weiterbildung - aus der Sicht von Arbeitnehmern, in: Bundesminister für Bildung und Wissenschaft (Hrsg.), Betriebliche Weiterbildung. Forschungsstand und Forschungsperspektiven, Bonn.

Bauerdick, J./Eichener, V./Huppertz, M. (1991): Qualifikationsanforderungen und berufliche Weiterbildung beim Einsatz von CIM und flexiblen Arbeitssystemen. Ein Überblick über Ergebnisse sozialwissenschaftlicher Forschung, SFB 187 Arbeitspapier, Bochum.

Benz-Overhage, K. (1982): Neue Technologien und alternative Arbeitsgestaltung, Frankfurt a.M.

Bundesminister für Bildung und Wissenschaft (Hrsg.) (1990): Betriebliche Weiterbildung. Forschungsstand und Forschungsperspektiven, (Schriftenreihe Studien zu Bildung und Wissenschaft, 88) Bonn.

Dobischat, R./Lipsmeier, A. (1991): Betriebliche Weiterbildung im Spannungsfeld von Technikanwendung, Qualifikationsentwicklung und Personaleinsatz, in: Mitteilungen aus Arbeitsmarkt- und Berufsforschung 2.

Döhl, V./Sauer, D. (1989): Zur Entwicklung von Markt, Technik und Arbeit in der Möbelindustrie - Eine Stellungnahme, in: Pries, L./Schmidt, R./Trinczek, R. (Hrsg.), Trends betrieblicher Produktionsmodernisierung. Chancen und Risiken für Industriearbeit, S. 438-446, Opladen.

---

12 Zu den Defiziten der Weiterbildungsstatistiken im Bereich der betrieblichen Weiterbildung vgl. Baethge u.a. (1990), Kuwan u.a. (1991).

Dostal, W. (1991): Weiterbildungsbedarf im technischen Wandel, in: Mitteilungen aus der Arbeitsmarkt- und Berufsforschung 2, S. 304-316.
Esser, H. (1975): Soziale Regelmäßigkeiten des Befragtenverhaltens, Meisenheim am Glan.
Hajen, L./Oppolzer, A./Steuer, M. (1990): Technische Entwicklung und betriebliche Weiterbildung. Eine empirische Untersuchung in der Metallindustrie. Frankfurt a.M./New York.
Hauptmanns, P. (1991): Zwischen detektivischer Archäologie und wissenschaftlicher Erklärung, in: Schmid, J. (Hrsg.), Mikropolitik in Betrieben - Kritische Kommentare zu M. Huppertz, SFB 187 Arbeitspapier, Bochum.
Hildebrandt, E./Seltz, R. (1989): Wandel betrieblicher Sozialverfassung durch systemische Kontrolle? - Die Einführung computergestützter PPS-Systeme im bundesdeutschen Maschinenbau, Berlin.
Hirsch-Kreinsen, H./Springer, R. (1984): Alternativen der Arbeitsorganisation bei CNC-Einsatz, in: VDI-Z 126, S. 114-118.
Kern, H./Schumann, M. (1977): Industriearbeit und Arbeiterbewußtsein, Frankfurt a.M.
Kern, H./Schumann, M. (1984): Das Ende der Arbeitsteilung? - Rationalisierung in der industriellen Produktion: Bestandsaufnahme, Trendbestimmung, München.
Köhl, E./Esser, U./Kemmner, A./Förster, U. u.a. (1989): CIM zwischen Anspruch und Wirklichkeit - Erfahrungen, Trends, Perspektiven, Köln.
Köhler, Ch. (1991): Vom Primat der Ökonomie zur Primat der Politik? Thesen zum Wandel von Arbeits- und Qualifikationsstrukturen im deutschen Maschinenbau, in: WSI-Mitteilungen 7/91, S. 409-419.
Kuwan, H./Gnahs, D./Seusing, B. (1991): Weiterbildungsstatistik in Deutschland - Ausgangslage und zukünftige Anforderungen, in: Mitteilungen aus der Arbeitsmarkt- und Berufsforschung 2, S. 277-290.
Lutz, B. (Hrsg.) (1987): Technik und sozialer Wandel, Frankfurt a.M.
Malsch, T. (1989): Flexibilisierung der Massenproduktion in der Automobilindustrie und ihre arbeitspolitischen Gestaltungsperspektiven, in : Pries, L./Schmidt, R./Trinczek, R. (Hrsg.), Trends betrieblicher Produktionsmodernisierung. Chancen und Risiken für Industriearbeit, S. 139-185, Opladen.
Malsch, T./Seltz, R. (Hrsg.) (1987): Die neuen Produktionskonzepte auf dem Prüfstand. Beiträge zur Entwicklung der Industriearbeit, Berlin.
Manske, F. (1991): Nicht die Qualifikation allein... - Zur Ersetzbarkeit des Taylorismus durch die Neuen Kontrollformen - neue Anforderungen an die Gewerkschaftspolitik?, in: WSI-Mitteilungen 7, S. 400-409.
Minssen, H. (1991): Soziale Muster von Rationalisierung - Umrisse eines Konzeptes, in: Minssen, H. (Hrsg.), Rationalisierung in der betrieblichen Arena. Akteure zwischen inneren und äußeren Anforderungen, S. 49-61, Berlin.
Minssen, H. (1990): Kontrolle und Konsens - Anmerkungen zu einem vernachlässigten Thema der Industriesoziologie, in: Soziale Welt, Jg. 41, Heft 3.
Norusis, M.J. (1990): SPSS/PC+ Statistics 4.0, Chicago.
Ortmann, G. (1990): Mikropolitik und systemische Kontrolle, in: Bergstermann, J./Brandherm-Böhmker, R. (Hrsg.), Systemische Rationalisierung als sozialer Prozeß, S. 99-120, Bonn.
Ortmann, G./Windeler, A./Becker, A./Schulz, H.J. (1990): Computer und Macht in Organisationen, Opladen.
Pries, L./Schmidt, R./Trinczek, R. (Hrsg.) (1989): Trends betrieblicher Produktionsmodernisierung. Chancen und Risiken für Industriearbeit, Opladen.
Pries, L./Schmidt, R./Trinczek, R. (1990): Entwicklungspfade von Industriearbeit - Chancen und Risiken betrieblicher Produktionsmodernisierung, Opladen.
Reinecke, J. (1991): Interviewer- und Befragtenverhalten, Opladen.
Schumann, M./Baethge-Kinsky, V./Neumann, U./Springer, R. (1990): Breite Diffusion der Neuen Produktionskonzepte - zögerlicher Wandel der Arbeitsstrukturen, in: Soziale Welt, Jg. 41, S. 47-69.

XI. Beschäftigungswirkungen des Einsatzes von Informations- und Kommunikationstechnologien in der Fertigung

Ulrich Widmaier / Louise Dye

A. Einleitung: CIM - "Job-Killer" durch Rationalisierung oder Schlüssel zur Beschäftigungssicherung durch wirtschaftlichen Unternehmenserfolg?

Die Meinung, daß Computer, Maschinen und Roboter immer mehr Arbeitsplätze für Menschen vernichten, gehört zu den verbreitetsten Ansichten in der allgemeinen Öffentlichkeit. Dahinter steckt die Vorstellung, daß die Beschäftigung von Menschen in der Produktion von Waren und Dienstleistungen nur ein Ausdruck (noch!?) imperfekter Technik darstelle und die Vision der "menschenleeren Fabrik" bei entsprechendem technischen Fortschritt in nicht allzu ferner Zukunft Realität werde. Diese Entwicklung beschleunige sich auch - so das Argument - durch relative Verteuerung des Produktionsfaktors Arbeit und einen dadurch ausgelösten Prozeß der Faktorsubstitution. Bei dieser Meinung handelt es sich nicht zuletzt um die "Spätfolgen" einer wissenschaftlichen Diskussion, die über längere Zeit von der These beherrscht wurde, daß Informations- und Kommunikationstechnologie ein prinzipieller "job-killer" sei (vgl. dazu die Diskussion bei Dostal 1982). Zur empirischen Untermauerung dieser These wurde und wird häufig entweder die Schrumpfung ganzer, vor allem arbeitsintensiver Wirtschaftszweige einer Volkswirtschaft oder der Wegfall von Arbeitsplätzen auf der Betriebsebene angeführt.

In diesem Beitrag wollen wir dagegen davon ausgehen, daß technischer Fortschritt (zum Begriff des technischen Fortschritts und seiner Operationalisierung vgl. Schettkat/Wagner 1989) und damit auch CIM eingebettet sind in eine umfassendere Wirtschaftsdynamik, die es sowohl auf der volksbzw. weltwirtschaftlichen wie auch der betrieblichen Ebene zu untersuchen gilt. Diese Dynamik zeichnet sich durch eine permanente Veränderung des Beschäftigungsvolumens von Branchen/Sektoren sowie von Betrieben bzw. Unternehmen aus. Die Ursachen dieser Veränderungsdynamik sind äußerst komplex und reichen von rein privaten Gründen bis hin zum Auslaufen ganzer Produktgruppen, weil sie am Markt nicht mehr gefragt sind oder nicht mehr konkurrenzfähig hergestellt werden können. Es ist ein Prozeß der dauernden "schöpferischen Zerstörung" (Schumpeter), der dem innovativen "Unternehmer" "Monopolgewinne" für eine gewisse Zeit ermöglicht und damit wirtschaftliches Wachstum für das Unternehmen wie für die Branche bzw. die Volkswirtschaft insgesamt trotz paralleler Schrumpfungsprozesse in anderen Unternehmen bzw. Branchen sichert. Innovationen können sich dabei auf Produkte, Märkte, Rohstoffe und vor allem Produktions- und Fertigungsprozesse beziehen. Letztere sind im Zusammenhang mit der Einführung von CIM von besonderem Interesse. Hier zeigt sich auch die Komplexität des Problems unter anderem in der Interdependenz von mikro- und makroskopischer Betrachtung: die schon genannte "menschenleere Fabrik" wurde lange Zeit als Folge einer einheitlichen globalen CIM-Revolution angesehen, während heute in Reaktion auf den weltweiten Wettbewerb z.B. für den deutschen Maschinenbau erneut auf qualifizierte Arbeit zur Sicherung der Wettbewerbsfähigkeit gesetzt wird. Neue Produktionskonzepte für die flexible Fertigung qualitativ hochwertiger Produkte scheinen nur auf der Basis qualifizierter Arbeit mit einer intelligenten Verzahnung von Mensch und Maschine sinnvoll realisierbar. Arbeit - vor allem qualifizierte - ist also weiterhin gefragt, und die These von der weitgehenden oder gar kompletten Substituierbarkeit durch kapitalintensive Technik hat zur Zeit wenig Konjunktur. Die neuen Produktionskonzepte (z.B. Fertigungsinseln mit teilautonomer Gruppenarbeit im Rahmen des Konzepts der "schlanken" Produktion) schließen dabei Arbeitsplatz- und Beschäftigungsverluste auf betrieblicher Ebene einerseits nicht aus. Im Gegenteil, die neuen arbeitsorganisatorischen Konzepte gewinnen unter anderem deswegen an Attraktivität, weil sie mit weniger Beschäftigung - insbesondere in den vor- und nachgelagerten Produktionsbereichen - mehr Output versprechen (steigende Produktivität z.B. durch "schlanke" Produktion). Andererseits bedeutet die Herstellung von preislich und qualitätsmäßig wettbewerbsfähigen Produkten Wachstumschancen für Unternehmen auf alten und neuen Marktsegmenten (steigende Produktion). Ferner steigt mit großer Wahrscheinlichkeit, z.B. durch Verringerung der Fertigungstiefe, die Nachfrage des Unternehmens nach externen Leistungen, die von anderen Unternehmen erbracht werden (steigende Vor- und Fremdleistungen).

Die gängige Unterscheidung in Produkt- und Prozeßinnovationen hat allerdings bei der Einführung neuer Produktionskonzepte weitgehend analytischen Charakter. In der Realität soll, z.B. durch die Prozeßinnovation CIM und teilautonome Gruppenarbeit, auch die Qualität der Produkte durch Integration der Qualitätssicherung in die Arbeitsgruppe gesteigert werden. Die Folge sind Produktinnovationen. Mit anderen Worten, Produkt- und Prozeßinnovationen sind nicht nur zwischenbetrieblich aufeinander bezogen (z.B. Maschinenhersteller liefert neue Maschine, die den Fertigungsprozeß beim Anwender verändert), sondern auch innerbetrieblich.

Entscheidend für die Frage, ob neue Produktionstechnologien Arbeitsplätze vernichten oder erhalten bzw. sogar neue schaffen, ist damit nicht der Technikeinsatz per se, sondern die mit ihm verbundenen Innovationen bei der Gestaltung des Produktions- und Fertigungsprozesses einerseits und den hergestellten Produkten und ihrer Marktgängigkeit andererseits.

In den folgenden Analysen werden wir diese Frage auf der Grundlage unserer Erhebung im deutschen Maschinenbau näher untersuchen. Dadurch entscheiden wir uns auch für einen mikroskopischen, "bottom-up" oder betrieblichen Zugang zum Problem (vgl. dazu die vergleichbar angelegte Untersuchung von Ewers/Becker/Fritsch 1989) und klammern die volkswirtschaftliche und branchenbezogene Betrachtung des Problems aus (vgl. dazu z.B. die Prognosen von Hofer/Weidig/Wolff 1989; zu den unterschiedlichen Fragestellungen von Mikro- und Makroanalyseen vgl. auch Schettkat/Wagner 1989 und Fritsch 1991). Durch diese Entscheidung ist die Erfassung wirtschaftlicher und arbeitsmarktrelevanter Kreislaufeffekte nicht möglich. Einheit unserer Analyse ist der Betrieb, der sich mit Hilfe der Daten der ersten Welle des NIFA-Panels durch fast 400 Variablen beschreiben läßt. Dazu gehören auch Indikatoren, die die quantitative Veränderung der Zahl der Mitarbeiter in der Fertigung des Betriebes erfassen. Sie dienen aufgrund unserer Fragestellung als abhängige Variablen. Unabhängige Variable ist zunächst das Ausmaß des Technikeinsatzes bzw. der Umfang, in dem Betriebe computergestützte Technik nutzen. Das simpelste Design für die Datenanalyse wäre folglich die Berechnung eines geeigneten Assoziations- bzw. Korrelationsmaßes zwischen diesen beiden Indikatoren und die Entscheidung für oder gegen die "job-killer"-Hypothese, je nachdem, ob das Ergebnis signifikant positiv oder negativ ausfällt. Bei diesem Versuch ergibt sich zwar ein signifikantes Ergebnis ($r = 0.158$; $p < 0.000$), das aber nicht viel Varianz erklärt. Dafür sorgen nicht zuletzt die dabei unkontrollierten Kontextfaktoren, die die Auswirkungen des Technikeinsatzes für die Beschäftigung in erheblichem Maße bestimmen (vgl. Ewers/Becker/Fritsch 1989, S. 28). Ziel des folgenden Abschnitts ist es deshalb, auf der Basis theoretischer Überlegungen das Verhältnis von Technikeinsatz und Beschäftigung so durch Indikatoren (intervenierende Variablen) zu "qualifizieren", daß dabei signifikante positive Beschäftigungseffekte vor allem für die Betriebe entstehen, bei denen die Einführung computergestützter Produktions- und Fertigungstechnologie Teil einer umfassenderen Innovationsstrategie darstellt, die sich nicht auf die innerbetriebliche Ebene beschränkt, sondern die Produkte und deren Vermarktung mit einbezieht. Dahinter steht die grundsätzliche Überlegung, daß es die (!) Technikfolgen nicht gibt (vgl. auch Freriks/Widmaier in diesem Band). Es hängt von weiteren Bedingungen und Kontexten ab, ob der Technikeinsatz positive oder negative Beschäftigungswirkungen zeitigt. Daraus folgt auch, daß nur ein komplexeres, multivariates Modell eine ausreichende Anpassung an die betrieblichen Realitäten liefern kann.

Leider sind auch bei dieser begrenzten empirischen Fragestellung weitere Einschränkungen zu machen, da insbesondere die betriebliche Umwelt sowie die wirtschaftliche Situation der Betriebe nicht oder nur unzureichend in unserer Studie erhoben werden konnten. Mit anderen Worten, wir müssen die Kontrolle des Kontextes (vgl. dazu Ewers u.a. 1989) auf einige zentrale Charakteristika der Betriebe beschränken. Welche dies sind, wird im nächsten Abschnitt diskutiert. Eine weitere Einschränkung ergibt sich aufgrund des (noch!) Querschnittscharakters der Datenbasis. Dadurch können zeitliche Verzögerungseffekte von Investitionen in CIM und deren potentielle Wirkungen auf die Belegschaft nicht untersucht bzw. modelliert werden.

B. Quantitative und qualitative Beschäftigungswirkungen von CIM im deutschen Maschinenbau

Analysen zur Arbeitsregulierung und Arbeitsorganisation des deutschen Maschinenbaus im internationalen Vergleich kommen häufig zum Ergebnis, daß zumindest in der Vergangenheit diese Branche ihre Wettbewerbsfähigkeit aufgrund ihrer Qualitätsproduktion, die auf qualifizierter Facharbeit beruht, sichern konnte (Jürgens/Naschold 1991; Dörr 1991; Dörr/Naschold 1992). Ergebnisse unserer Erhebung (z.B. Freriks u.a. in diesem Band) deuten darauf hin, daß zumindest eine hohe fachliche (tayloristische) Zergliederung der Arbeit für die Maschinenbediener im deutschen Maschinenbau auch nach der Einführung von CIM-Komponenten eher die Ausnahme darstellt. Auch die Tatsache, daß der Facharbeitermangel das Beschäftigungsproblem Nummer eins der überwiegenden Zahl der Betriebe (ca. 75 Prozent aller Betriebe) darstellt, indiziert einerseits, daß die Verfügbarkeit von qualifizierten Arbeitskräften im besonderen und der "Humankapitaleffekt" im allgemeinen für den wirtschaftlichen Erfolg der Betriebe unerläßlich ist. Andererseits stellt sich die Frage, ob angesichts der veränderten wirtschaftlichen Rahmenbedingungen und des chronischen Fachkräftemangels, der sich demographisch und durch den Trend zu höherer Bildung bedingt in den nächsten Jahren verstärken wird, weiterhin mit diesen Pfunden gewuchert werden kann, oder ob nicht mit rein technisch bestimmten Leitbildern der Rationalisierung und Kostensenkung die Flucht nach vorne angetreten werden muß. Bislang haben viele Betriebe des Maschinenbaus ihren wirtschaftlichen Erfolg vorwiegend mit Produktinnovationen bestritten, die in gewisser Weise die Schumpeter'schen Monopolgewinne versprachen. Andere Länder - insbesondere Japan - haben vor allem die Fertigung ihrer Produkte durch Prozeßinnovationen verbessert und sind heute in der Lage, vergleichbare Qualität zu geringeren Kosten produzieren und damit zu günstigeren Preisen anbieten zu können. Will der deutsche Maschinenbau auch in Zukunft erfogreich sein, so muß er seine produktions- und fertigungstechnischen Strategien ändern. Aus vielen Gründen ist der japanische Weg kaum begehbar, und so müssen in der BRD die traditionellen Stärken im Bereich der Qualifikation von Arbeitskräften optimiert werden. Dazu gehört vor allem eine Steigerung der Produktivität pro Arbeitsplatz. Innovative arbeitsorganisatorische Konzepte sehen die Integration von Aufgaben aus den vor- und nachgelagerten Produktionsbereichen, z.B. in Fertigungsinseln, vor, auf denen Arbeitsgruppen mit geringer fachlicher und funktionaler Arbeitsteilung produzieren. Da die Maschinenbediener damit Arbeiten übernehmen, die vorher in der Fertigung vor- und nachgelagerten Bereichen angesiedelt waren, entfallen damit auch Aufgaben und ceteris paribus auch Arbeitsplätze. Davon wären vor allem Meister, Vorarbeiter und Ingenieure betroffen. Leider erlaubt es unsere Erhebung noch nicht, Veränderungen der Belegschaft nach Statusgruppen getrennt zu untersuchen. Dies wird erst nach der ersten Wiederholungsbefragung möglich sein.

Insgesamt läßt sich aus dieser Diskussion entnehmen, daß die Alternative für den deutschen Maschinenbau nicht lauten kann, auf CIM zu verzichten oder die vollautomatisierte Fabrik anzusteuern. Beide Alternativen hätten im Hinblick auf Beschäftigung wohl einen vergleichbar katastrophalen Effekt. Sie würden nämlich massiven Beschäftigungsabbau durch einen wirtschaftlichen Einbruch bedeuten. Im ersten Fall geschähe dies durch ein "Verschlafen" der Entwicklung und den Verzicht auf Rationalisierungsgewinne, im zweiten Fall - neben dem zu erwartenden Abbau von Arbeitskräften aufgrund der Automatisierung - aufgrund der falschen Wettbewerbsstrategie durch Verzicht auf qualifizierte Facharbeit und der darin enthaltenenen Chance zur Herstellung von Spitzenprodukten. Folglich gibt es zur Einführung computergestützter Produktions- und Fertigungstechnologie mit entsprechenden arbeitsorganisatorischen Strategien (z.B. Gruppenarbeit und Insellösungen) keine Alternative. Dieser Prozeß wird von den Rahmenbedingungen diktiert. Entscheidend für die Beschäftigungssituation auf Betriebsebene ist, ob CIM dabei nur als technische Optimierungslösung gestaltet wird, oder ob die computergestützte Produktion einen Teil einer umfassenden Innovationsstrategie darstellt.

Von zentraler Bedeutung für die Beschäftigungsentwicklung als Folge von CIM ist auch die qualifikatorische Dimension. Da die neuen arbeitsorganisatorischen Konzepte in Verbindung mit CIM für ihren Erfolg qualifizierte Fachkräfte erfordern und die Betriebe gleichzeitig unter Kostendruck operieren, werden vor allem die Arbeitsplätze für wenig qualifizierte Beschäftigte gefährdet sein. Auch wenn es dem Maschinenbau durch umfassende Innovationen gelingt, seine internationale Wettbewerbsfähigkeit zu halten und wirtschaftlich erfolgreich zu sein, werden sich dadurch auf keinen Fall inzwischen aufgetretene Arbeitsmarktprobleme lösen lassen. Im Gegenteil, es ist zu erwarten, daß die Strukturierungs- und Segmentierungsprozesse am Arbeitsmarkt eher verstärkt werden.

Zurück zu unserer Untersuchung und den dadurch notwendigerweise eingeschränkteren Überprüfungsmöglichkeiten unserer Fragestellung auf der empirischen Ebene: Aufgrund der gemachten Aussagen erwarten wir insgesamt eine positive Beziehung zwischen dem Umfang des Einsatzes von C-Techniken und der Beschäftigungsentwicklung. Dafür spricht auch die Tatsache, daß die Branche im Jahre 1990 im Durchschnitt einen positiven Beschäftigungssaldo von ca. 4-5 Beschäftigten aufweist und gleichzeitig in dieser Zeit der Einsatz von CIM-Komponenten und deren Vernetzung deutlich zugenommen hat (vgl. dazu Saurwein/Hauptmanns/Dye in diesem Band bzw. Mitteilungen für den Maschinenbau, Nr. 1-3, 1991, 1992). Diese Periode ist allerdings gekennzeichnet durch einen zufriedenstellenden Konjunkturverlauf. Es wird deshalb spannend sein, wie sich dies im letzten bzw. laufenden Jahr mit abgekühlter konjunktureller Lage in den folgenden Wellen des Panels darstellt. Wir erwarten zwar - wie oben schon dargestellt - einen signifikanten, aber keinen überragenden Zusammenhang, da der Indikator "Ausmaß des Technikeinsatzes" allein wenig darüber aussagt, ob CIM Teil der angesprochenen umfassenden Innovationsstrategie ist, oder ob es sich dabei nur um eine technische Modernisierung handelt, die - wenn überhaupt - keine oder eher negative Auswirkungen auf das Niveau der Beschäftigung erwarten läßt. Andererseits lassen umfassende Investitionen im Bereich von C-Techniken vermuten, daß der Betrieb bzw. das Unternehmen zumindest einen ausreichenden Kreditrahmen bei den Banken besitzt, also wirtschaftlich kein hoffnungsloser Fall ist und eher über Wachstumsperspektiven verfügt.

Welche in unserer Untersuchung erfaßten Variablen können nun die Beziehung zwischen Technikeinsatz und Beschäftigung so "qualifizieren", daß daraus eine Überprüfung der These von der positiven Beschäftigungswirkung als Folge einer umfassenden Innovationsstrategie des Betriebes zumindest in Ansätzen möglich wird?

Der Versuch, solche Variablen zu finden, ist weitgehend identisch mit der Absicht, homogenere Gruppen von Techniknutzern zu identifizieren, die sich im Hinblick auf eine breite Palette von weiteren Eigenschaften nicht bzw. nur wenig unterscheiden. Computergestützte Technik kann zunächst genutzt werden, um die betriebliche Produktpalette schneller, kostengünstiger und in besserer Qualität herzustellen. Die dabei möglicherweise gestiegene Outputmenge soll durch Vergrößerung der Marktanteile im gewohnten Marktsegment abgesetzt werden. Untersuchungen über das Wachstum von Betrieben und Unternehmen zeigen aber, daß diese Wachstumsstrategie in der Regel weniger erfolgreich ist als der Versuch, darüber hinaus mit Hilfe neuer, innovativer Produkte neue Märkte zu erschließen (vgl. dazu König/Weißhuhn 1989; Behringer 1989 sowie Fritsch 1990). Betriebe, die den zuletzt genannten Weg gehen, expandieren wirtschaftlich stärker und sind folglich ceteris paribus eher in der Lage, die Zahl ihres Fertigungspersonals zu erhöhen. Die zuerst beschriebenen "konservativen" Betriebe stehen aufgrund der zu erwartenden Konkurrenz unter stärkerem Rationalisierungs- und Kostendruck, was einer Vergrößerung der Belegschaft eher entgegenstehen dürfte. Operationalisiert wird die Betriebsstrategie hinsichtlich der Produkte und Märkte durch die Dichotomisierung der Frage, ob der Betrieb der Intensivierung der Vertriebsaktivitäten bei derzeitigen Produkten auf vorhandenen Märkten die höchste Priorität (Rangplatz 1) einräumt, oder ob er entweder neuen Produkten oder neuen Märkten oder sogar beiden Strategien zugleich (Diversifikation) den höchsten Rangplatz zuordnet. Mit diesem Indikator versuchen wir, die Betriebe in markt- bzw. produktkonservative und in markt- bzw. produktinnovative zu trennen, um dadurch unterschiedliche Strategien bei der Gestaltung der Betrieb-Umwelt-Beziehung zu erfassen. Die Hypothese lautet dabei, daß Betriebe, die viele C-Techniken einsetzen, in besonderem Maße auch personell expandieren, wenn sie produkt- und/oder marktinnovativ sind.

Für den Komplex innerbetrieblicher Innovationstrategien stellt das Erhebungsprogramm des NIFA-Panels eine ganze Reihe von Indikatoren zur Verfügung, die in diesem Band an anderer Stelle einer eingehenderen Analyse unterzogen werden (vgl. dazu den Beitrag von Freriks in diesem Band). Dazu gehören insbesondere Indikatoren zur Arbeitsteilung (vertikal/funktional und horizontal/fachlich) sowie zum Ausmaß der Realisierung von Gruppenarbeit und Insellösungen. Um die Analyse in unserem Zusammenhang nicht zu komplex werden zu lassen, verwenden wir einen Indikator, der die Betriebe fertigungstechnisch in nur zwei Kategorien teilt: in solche, deren Fertigungsorganisation weitgehend dem Verrichtungsprinzip folgt und in solche, die vor allem das Objektprinzip anwenden. Wir glauben, damit traditionelle Fertigungsstrategien (z.B. Werkbank- und Werkstattfertigung), bei denen Betriebsmittel zusammengefaßt sind, die gleiche oder ähnliche Bearbeitungen durchführen, von eher moderneren Konzepten unterscheiden zu können, bei denen die Betriebsmittel zusammengefaßt werden, die zur Herstellung bzw. Bearbeitung eines Produktes und/oder einer Produktgruppe benötigt werden (z.B. Zentren- oder Fließfertigung). Zugegebenermaßen lassen sich damit nicht Betriebe mit anthropozentrischen Produktionssystemen (z.B. Gruppenarbeit) von solchen mit eher "tayloristischer" Arbeitsteilung unterscheiden. Der geringe Verbreitungsgrad konsequent durchgeführter anthropozentrischer arbeitsorganisatorischer Lösungen in den Betrieben des deutschen Maschinenbaus läßt aber eine multivariate Analyse mit akzeptablen Fallzahlen in den einzelnen Analysegruppen kaum zu (vgl. dazu Saurwein in diesem Band).

Der Grad an C-Technisierung des Betriebes wird in der folgenden Analyse mit einer Variable gemessen, die die Betriebe auf der Basis der Zahl der genutzten C-Techniken in drei Gruppen (hoch = >8, mittel = 4-7, niedrig = 1-3) einteilt. Mit dieser Trichotomisierung ergibt sich statistisch gesehen eine brauchbare Verteilung der Fälle über die drei Kategorien.

Aufgrund des Umstandes, daß fast alle inhaltlichen Variablen der Untersuchung mit Betriebsgröße (Zahl der Mitarbeiter) korrelieren, wobei letztere ein "Catch-all"-Faktor für nicht gemessene und inhaltlich nicht näher spezifizierte Effekte darstellt, empfiehlt es sich, diese kontinuierliche Variable explizit in die Modelle aufzunehmen und dadurch den durch sie verursachten Effekt zu kontrollieren. Dies werden wir auch bei der Spezifikation unseres Modells tun, zu dessen Darstellung wir nun im folgenden Abschnitt gelangen.

C. Beitrag des NIFA-Panels zur empirischen Prüfung der Folgen des Einsatzes von C-Techniken auf die Beschäftigung

1. *Beschäftigungszuwachs als Folge von Technikeinsatz, Diversifikationsstrategien und modernen Fertigungsprinzipien*

Aufgrund des gegebenen Meßniveaus der Indikatoren und der inhaltlichen Problemstellung haben wir uns entschlossen, eine Varianzanalyse mit Kovariate und ungewichteten Gruppenmittelwerten durchzuführen.[1] Ziel dieser Analyse ist die Ermittlung der relativen Effekte der drei Variablen oder Faktoren (Technikeinsatz = TGRUP, Markt-/Produktstrategie = MPSTRAT, Fertigungsprinzip = FPRINZ) auf die kontinuierliche abhängige Variable

1 Eine Kovarianzanalyse ist der Versuch, Unterschiede bei Gruppenmittelwerten auf statistische Signifikanz zu testen und dabei gleichzeitig für den Einfluß einer (mehrerer) kontinuierlichen(r) Variable(n) zu kontrollieren. Solche kontinuierlichen Kontrollvariablen werden Kovariate genannt. Die Kovarianzanalyse ist damit eine spezifische Form der Varianzanalyse. Letztere versucht mit Hilfe einer Dekomposition der Varianz in zufällige Fehlervarianzen innerhalb der Gruppen und Varianzen, die aufgrund der Mittelwertsunterschiede zwischen den Gruppen entstehen, die Signifikanz von Mittelwertsunterschieden gegen die Nullhypothese (kein Unterschied) abzusichern. Das Verfahren ist gegen die Verletzung von Annahmen (Normalverteilung und Homogenität der Varianzen innerhalb der Gruppen) robust. In der Regel führt eine Verletzung zum Ergebnis, daß die Nullhypothese nicht zurückgewiesen werden kann, obwohl sie an sich zurückgewiesen werden müßte. Mit anderen Worten, die Chance eines insignifikanten Ergebnisses ist in einem solchen Fall höher.

SALDO (Differenz zwischen Neueingestellten und Ausgeschiedenen der Fertigung im zurückliegenden Jahr). Die Variable Betriebsgröße (BGROS) wird in diesem Modell als Kovariate berücksichtigt und damit werden die von ihr ausgehenden Effekte kontrolliert (siehe Abbildung 1 zur Darstellung des Analysemodells).

Abb. 1: Analysemodell zur Beschäftigungsänderung in der Fertigung

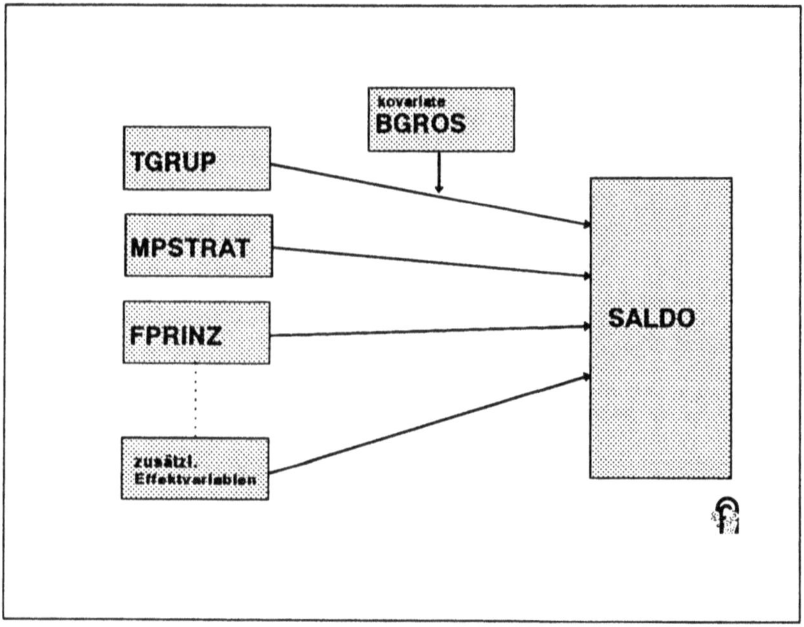

Wie Tabelle 1 zeigt, entsprechen die Ergebnisse den Hypothesen. Alle drei Faktoren haben einen signifikanten Einfluß auf SALDO. Darüber hinaus sind auch die Interaktionseffekte signifikant ($p < 0.05$). Der ebenfalls signifikante Effekt der Kovariate Betriebsgröße gemessen durch die Mitarbeiterzahl fällt relativ schwach aus ($p = 0.03$), und die von ihr erklärte Varianz ist entsprechend gering. Dieser Umstand deutet darauf hin, daß mit diesem Modell homogenere Gruppen gebildet wurden, die weniger stark mit dem "Catch-all"-Faktor Betriebsgröße variieren. Die bivariate Korrelation der SALDO-Variablen mit der Betriebsgröße beträgt immerhin 0.118.

Tab. 1: Ergebnisse der Varianzanalyse mit Kovariaten

abhängige Variable:	SALDO		
unabhängige Variablen:	TGRUP (1)		
	MPSTRAT (2)		
	FPRINZ (3)		
Kovariate:	BGROS		
	(t = 2.174; n = 932; p= 0.0299; r = 0.05 (5 %))		

Variable	Effekt	F-Wert	p-Level
1	5227.016	10.26368	.000039
2	4602.689	9.03776	.002715
3	2969.569	5.83100	.015938
1*2	1724.040	3.38530	.034285
1*3	1908.368	3.74724	.023939
2*3	3632.735	7.13318	.007699
1*2*3	1680.956	3.30070	.037289

Spannender und vor allem anschaulicher als die allgemeinen Ergebnisse des gerechneten statistischen Modells sind Einzelergebnisse, d.h. die Identifikation von Gruppen von Betrieben mit bestimmten Merkmalsausprägungen bei den unabhängigen Variablen, die einen besonders hohen Wert auf der abhängigen Variable aufweisen.

Wenn wir zunächst die Merkmale der Betriebe betrachten, die einen Saldowert von größer als 50 aufweisen, erhalten wir 22 Betriebe, von denen 14 zur höchsten und 6 zur mittleren Techniknutzergruppe gehören. Der Umstand, daß nur 2 Betriebe mit geringer Technikzahl einen Saldowert über 50 besitzen, demonstriert anschaulich den positiven Zusammenhang von Technikeinsatz, wirtschaftlichem Erfolg und Beschäftigungsentwicklung. Wir können jedoch über diese bivariate Betrachtung auf der Basis des spezifizierten multivariaten Modells hinausgehen. Da die Variablen unseres Modells drei, zwei und zwei Kategorien aufweisen, ergibt dies zwölf (3*2*2) mögliche exklusive Gruppen mit unterschiedlichen Fallzahlen. Ein Signifikanztest[2] demonstriert, daß sich nur eine Gruppe von Betrieben von allen anderen durch hohe Werte bei der abhängigen Variable Beschäftigungssaldo abhebt. Es handelt sich um Betriebe, die in die höchste Technikkategorie fallen, die eine innovative Markt- und/oder Produktstrategie verfolgen und deren Ferigung primär nach dem Objektprinzip gestaltet ist (siehe Abbildung 2).

Abb. 2: Beschäftigungsentwicklung als Ergebnis umfassender Innovationen

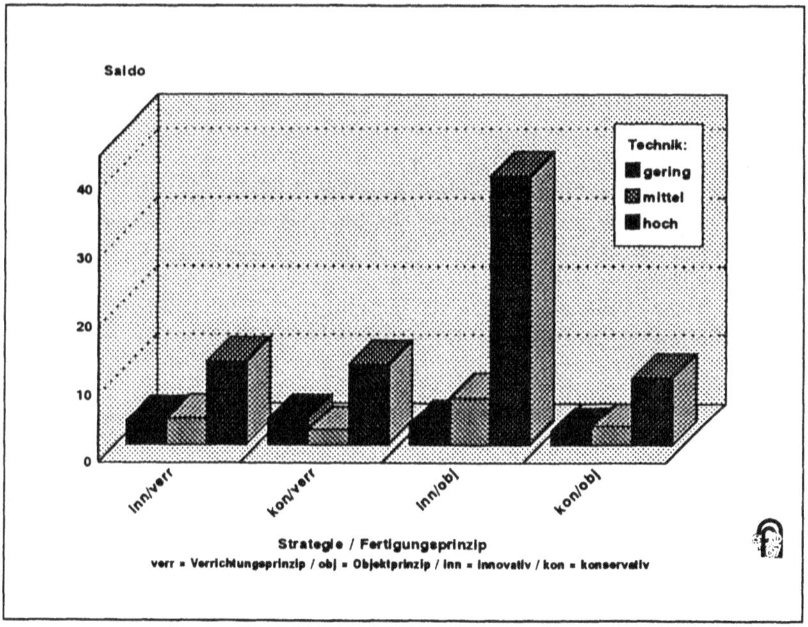

In dieser Gruppe konzentrieren sich offensichtlich auch massiv die wirtschaftlich erfolgreichsten Betriebe, die - so ist zu vermuten - auf dieser Grundlage ihre Beschäftigung ausweiten können. Während die anderen drei Betriebsgruppen in der höchsten Technikkategorie (8 und mehr C-Techniken), die entweder eine koservative Produkt- und Marktstrategie verfolgen oder eine traditionelle werkstattorientierte Fertigungsorganisation besitzen oder sich sogar durch beides "auszeichnen", nur einen SALDO von durchschnittlich zwischen 10 und 13 erreichen, erzielt die Gruppe mit den inno-

2 Es handelt sich dabei um einen post-hoc-Test für ungleiche Gruppenhäufigkeiten von Tukey (HSD - Honestly Significant Difference). Dieser Test wurde gewählt, weil er im Vergleich zu anderen Verfahren die "konservativste" Strategie darstellt.

vativen Konzepten immerhin einen durchschnittlichen Wert von 40 Mitarbeitern, die zusätzlich innerhalb eines Jahres in der Fertigung tätig sind. Dieses Ergebnis demonstriert besonders deutlich die Richtigkeit unserer Überlegungen zur Beschäftigungswirkung von computergestützer Produktionstechnik: Nur wenn ihre Einführung einhergeht mit einer umfassenden unternehmerischen Innovationsstrategie, wird über den Umstand des sich daraus zwangsläufig ergebenden wirtschaftlichen Erfolgs die Beschäftigung im Fertigungsbereich kräftig wachsen. Zwar haben alle Betriebe einen höheren SALDO-Wert, wenn sie zur höchsten Technikkategorie gehören, aber signifikant und deutlich unterscheiden sie sich nur von den anderen Betrieben, wenn sie gleichzeitig innovative Strategien (z.B. Diversifikationsstrategien) betreiben und modernere Fertigungskozepte verfolgen (vgl. dazu auch die Vermutungen und Ergebnisse von Fritsch 1991, S. 60f.). Betrachtet man die durchschnittlichen Betriebsgrößen der einzelnen Gruppen, so zeigt sich - wie nicht anders zu erwarten -, daß zwar die Betriebe mit viel Technik auch durchschnittlich mehr Mitarbeiter als die geringen und mittleren Technikanwender haben, daß aber die Gruppe mit den innovativen Markt- und Produktstrategien und moderneren Fertigungsprinzipien innerhalb der Kategorie der Top-Techniknutzer deutlich weniger Mitarbeiter besitzt. Dies kann man in aller Vorsicht dahingehend interpretieren, daß hier in der Zukunft noch Wachstumspotentiale zu erwarten sind.

2. *Beschäftigungsausweitung durch Qualifizierung: Der zusätzliche Einfluß einer anthropozentrischen Produktions- und Fertigungsorientierung*

Da das CIM-Modell des SFB 187 auf dezentralen Fertigungsstrukturen mit qualifizierter Arbeit (z.B. Gruppenarbeit) aufbaut, werden wir in diesem Abschnitt den Versuch unternehmen, den zusätzlichen Effekt der Qualifizierung von Mitarbeitern in der Fertigung auf den Beschäftigungssaldo untersuchen. Wir gehen dabei von der These aus, daß Betriebe, die ihre Mitarbeiter überhaupt fortbilden und einzelne Mitarbeitergruppen in der Fertigung - insbesondere Facharbeiter - überdurchschnittlich qualifizieren, bei gegebenen erfolgreichen Innovationsstrategien noch stärker ihre Beschäftigung ausweiten als alle anderen, da darin eine stärkere anthropozentrische Orientierung im Bereich der Fertigung zum Ausdruck kommt.

Um eine entsprechende Erweiterung des Analysemodells vornehmen zu können, haben wir zwei Variablen zum Bereich Qualifizierung gebildet: zum einen eine dichotome Variable, die die Betriebe danach unterscheidet, ob sie überhaupt Mitarbeiter in der Fertigung im zurückliegenden Jahr durch Maßnahmen qualifiziert haben (DQUAL). Ca. 80 Prozent der Betriebe tun dies (vgl. dazu den Beitrag von Hauptmanns/Seitz/Widmaier in diesem Band). Zum anderen eine zweite Variable mit 8 Rangplätzen, die dadurch zustande kommen, daß drei Gruppen von Mitarbeitern (Facharbeiter, Meister, Angestellte mit Fachhochschul- bzw. Hochschulabschluß) jeweils unterdurchschnittlich oder überdurchschnittlich häufig weitergebildet werden. Der niedrigste Wert wird für unterdurchschnittliche Qualifikation aller drei Gruppen, der höchste Wert logischerweise für eine durchgängig überdurchschnittliche Qualifizierung vergeben (RQUAL).

Die Varianzanalyse mit der dichotomen Qualifizierungsvariable (DQUAL) als vierter Effektvariable und der Betriebsgröße - wie gehabt - als Kovariate führt dazu, daß Technik als signifikanter Effekt auf die Veränderung von Beschäftigung verschwindet. Dieses Ergebnis dürfte dem Umstand zuzuschreiben sein, daß Betriebe mit viel Technik auch nahezu vollständig, zumindest in geringem Umfang, Mitarbeiter aus der Fertigung weiterbilden. Dies ergibt sich allein aus der Notwendigkeit der Qualifikationsanpassung an neue Technologien. Positive signifikante Effekte liegen bei den Interaktionseffekten zwischen Qualifizierung und Markt-Produktstrategie bzw. Art des Fertigungsprinzip vor. Betriebe mit innovativen Strategien und moderneren Fertigungskonzeptionen haben in Verbindung mit Qualifizierung der Mitarbeiter signifikant mehr Beschäftigungszuwachs.

Die zusätzliche dichotome Effektvariable "Qualifizierung" führt zu 24 exklusiven Gruppen (3*2*2*2), die allerdings aufgrund der ungleichen Verteilung von DQUAL zum Teil sehr schwach besetzt sind. Interessant ist die oben identifizierte Gruppe der "High Tech-Innovateure". Sie hat in Verbindung mit einer Qualifikationsstrategie für Mitarbeiter in der Fertigung den mit Abstand höchsten durchschnittlichen positiven Beschäftigungseffekt von über 42 Mitarbeitern in der Fertigung. Zwei Betriebe gehen im Vergleich zum im vorhergehenden Abschnitt berichteten Ergebnis durch die Einführung der Variable DQUAL ins Modell "verloren". Es handelt sich um zwei Betriebe, die keine Qualifizierungsmaßnahmen unterstützt haben und die interessanterweise einen Beschäftigungsverlust aufweisen. Uns ist bewußt, daß man auf der Basis von zwei Fällen keine Theorie aufbauen sollte, aber dieses Resultat widerspricht zumindest nicht unseren Hypothesen.

Wenn wir statt der dichotomen Qualifizierungsvariable die 8-stufige, oben beschriebene Variable zur Qualifizierungsintensität der Betriebe verwenden, erhalten wir als Ergebnis der Kovarianzanalyse eine Reihe von signifikanten Einzel- oder Haupteffekten wie auch signifikante bi- und multivariate Interaktionseffekte. Von den acht logisch möglichen Einzel- und Interaktionseffekten, an denen die Qualifizierungsvariable beteiligt sein kann, sind sechs signifikant. Daraus folgt, daß überdurchschnittliche Qualifizierungsintensität, insbesondere in Verbindung mit den anderen Effektvariablen, zu steigender Beschäftigung führt. Es sind vor allem die Betriebe, bei denen die Verbesserung und Erweiterung ihres "Humankapitals" zu einer umfassenden unternehmerischen Innovationsstrategie gehören. Offensichtlich qualifizieren diese Betriebe nicht nur ihre Stammbelegschaften zu den viel zitierten "olympiareifen Spitzenteams", sondern sie rekrutieren auch erheblich mehr als andere Betriebe Mitarbeiter für die Fertigung aus dem externen Arbeitsmarkt.

Abb. 3: Beschäftigungsentwicklung als Ergebnis von Innovation und Qualifizierung

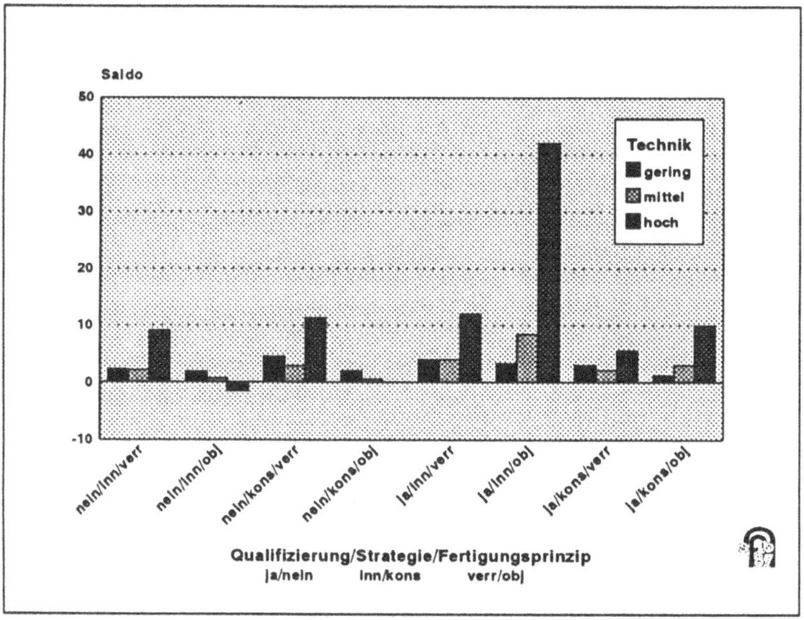

Da die 8-stufige Qualifizierungsvariable die Zahl der exklusiven Gruppen auf 96 (!) erhöht, werden die Gruppenhäufigkeiten sehr klein bzw. wir erhalten eine ganze Reihe von Nullbesetzungen. Bei der Interpretation von Gruppenunterschieden ist also Vorsicht in bezug auf den durchschnittlichen SALDO-Mittelwert geboten, da bei einer Gruppenhäufigkeit von 1 natürlich dem Zufall Tür und Tor geöffnet ist. Dennoch wollen wir uns das "Vergnügen" nicht nehmen lassen, einige "Rosinen" aus dem Kuchen der 96 Gruppen "herauszupicken". Wir sind dabei selbstverständlich wieder auf der Suche nach dem nun schon bekannten innovativen Typ von Betrieb, so wie er sich durch unsere Effektvariablen beschreiben läßt. Wir finden dabei eine Gruppe von fünf Betrieben, die sich durch eine durchschnittliche Zunahme des Beschäftigungssaldos von 103 (!) Fertigungsmitarbeitern auszeichnen. Dieser Wert ist fast doppelt so hoch wie der nächsthöhere Wert von 67 für eine Gruppe von vier Betrieben, die ebenfalls viel C-Technik, innovative Markt- und Produktstrategien und objektorientierte Prinzipien in der Fertigung praktizieren. Die erste Gruppe zeichnet sich hinsichtlich ihrer

Qualifizierungsstrategie dadurch aus, daß sie vor allem Facharbeiter überdurchschnittlich qualifiziert. Die zweite Gruppe tut dies bei Facharbeitern und ihren leitenden Angestellten in der Fertigung überdurchschnittlich.

Sieht man einmal von einem einzelnen Ausreißer ab, so läßt sich die Gruppe mit dem negativsten Saldo (-6.44; n = 25) durch die Eigenschaften mittleres Technikniveau, traditionelle Markt- und Produktstrategien, Fertigungsorganisation nach dem Verrichtungsprinzip und unterdurchschnittliche Qualifizierung der Mitarbeiter beschreiben. Bei 25 Betrieben, die diese Gruppe bilden, dürfte das Ergebnis auch hinreichend robust und zuverlässig sein. Trotz der angemahnten Vorsicht bei Schlußfolgerungen auf der Basis von Mittelwerten einzelner Gruppen mit sehr geringen Fallzahlen aus der Gesamtzahl von 96 homogenen Gruppen, widersprechen auch diese Einzelergebnisse unseren Überlegungen nicht. Je differenzierter man die Betriebe mit Hilfe von Indikatoren beschreibt, desto deutlicher kristallisiert sich die Gruppe der "Musterknaben" heraus, die über innovative Strategien, wirtschaftlichen Erfolg und eine auf Humankapital setzende Qualifizierung ihre Mitarbeiterzahl in der Fertigung vergrößern und damit im Bereich der unmittelbaren Wertschöpfung an Leistungsfähigkeit gewinnen. Es liegt in der Natur eines solchen Selektionsverfahrens, daß am Ende einer derartigen Merkmalskette nur noch relativ wenige, "handverlesene" Betriebe übrig bleiben (vgl. dazu auch die Ergebnisse von Saurwein zur Verbreitung von Gruppenarbeit in diesem Band).

Im folgenden, abschließenden Kapitel werden wir kurz versuchen, die Ergebnisse der quantitativen, multivariaten Analyse in den breiteren Kontext der Debatte um die Beschäftigungsfolgen von Informations- und Kommunikationstechnologien im Bereich der Fertigung zu stellen, um damit den Beitrag unserer Analyse zu diesem Thema zu würdigen.

D. Schlußfolgerungen

Unsere Analyse der Auswirkungen des Einsatzes von Informations- und Kommunikationstechnologien auf die Beschäftigungsentwicklung in der Fertigung des deutschen Maschinenbaus hat gezeigt, daß diese Technologien im Schnitt eher positive Beschäftigungseffekte haben - also keine "jobkiller" sind, daß aber auch die Formulierung im Titel des Beitrages von Ewers/Becker/Fritsch (1989), wonach "der Kontext entscheidet", auf der ganzen Linie zutrifft. Technik kann, wie oben ausgeführt, auf vielseitige Weise eingesetzt werden - auch ziemlich einfältig zur Automatisierung eines Fertigungsprozesses. In diesem Fall werden die Fertigungsmitarbeiter in ihrer überwiegenden Zahl freigesetzt. Dies bedeutet nicht, daß sie notwendigerweise entlassen oder arbeitslos werden. Das Unternehmen kann sie an anderer Stelle einsetzen, oder sie werden bei entsprechender Qualifikation einen neuen Arbeitsplatz finden.

Ist die technische Modernisierung des Betriebes jedoch Teil einer umfassenden Innovationsstrategie, bleibt der wirtschaftliche Erfolg nicht aus, und als Folge kann die Zahl der Mitarbeiter expandieren. Dies ergibt sich vor allem dann, wenn auf qualifizierte Arbeit und eine intelligente Verbindung von Arbeit und Technik gesetzt wird. Dahinter steht im Einzelfall häufig ein Betrieb, der mit teilautonomen, technisch wie arbeitsorganisatorisch flexiblen Fertigungsstrukturen seine Marktchancen in der hochwertigen Qualitätsproduktion wahrnimmt. Es ist aufgrund unserer Daten zu vermuten, daß diese Betriebe personell noch stärker expandiert hätten, wenn die benötigten Fachkräfte auf dem Arbeitsmarkt vorhanden gewesen wären. Insbesondere bei den Facharbeitern sehen ca. 93 Prozent der Betriebe einen gravierenden Mangel (vgl. Mitteilungen für den Maschinenbau Nr. 2, SFB 187, Ruhr-Universität Bochum).

Diese Feststellung leitet über zur Makroebene. Wie im zweiten Abschnitt dieses Beitrags schon ausgeführt, ist die zunehmende Verbreitung computergestützter Produktionstechniken geeignet, vorhandene Segmentierungstendenzen am Arbeitsmarkt zu verstärken. Da sie in vielen Bereichen ceteris paribus das Potential hat, sehr teuer gewordene menschliche Arbeitskraft vorwiegend bei unqualifizierter Arbeit durch Automaten (Roboter etc.) zu ersetzen, werden Fertigungsmitarbeiter auf niederen Qualifikationsstufen stärker vom Verlust ihrer Arbeitsplätze bedroht sein als qualifizierte Facharbeiter, die man selbst bei einer vollautomatisierten Massenfertigung noch als Systembediener und - überwacher benötigt, damit eine kapitalintensive Investition möglichst störungsfrei läuft. Da zusätzlich die Qualifikation der heute Qualifizierten einem zunehmend schneller werdenden Zerfallsprozeß unterliegt, ist die Verbesserung der betrieblichen und außerbetrieblichen Aus- und Weiterbildung die zentrale gesellschaftspolitische Aufgabe (vgl. dazu auch: Personalentwicklung für die neue Fabrik - Anforderung, Konzepte, Organisation, Neue Informationstechnologien und flexible Arbeitssysteme, Bd. 4, erscheint im Frühjahr 1993). An ihrer erfolgreichen Bewältigung wird sich entscheiden, ob die Informations- und Kommunikationstechnologie ihren Ruf als "job-killer" verliert oder festigen kann.

E. Literatur

Behringer, F. (1989): Diffusion von Mikroelektronik in Produkten und Prozessen und ihre Auswirkung auf die Beschäftigungsentwicklung der Betriebe, in: Meyer-Krahmer, F. (Hrsg.), Sektorale und gesamtwirtschaftliche Beschäftigungswirkungen moderner Technologien, Berlin/New York.

Dörr, G. (1991): Die Lücken der Arbeitsorganisation. Neue Kontroll- und Kooperationsformen durch computergestützte Reorganisation im Maschinenbau, Berlin.

Dörr, G./Naschold, F. (1992): Umbrüche im Werkzeugmaschinenbau - eine arbeitspolitische Betrachtung, in: Lehner, F./Schmid, J. (Hrsg.), Technik - Arbeit - Betrieb - Gesellschaft, Opladen, S. 173-190.

Dostal, W. (1982): Fünf Jahre Mikroelektronik-Diskussion, in: MittAB 2, S. 151-166.
Ewers, H.-J./Becker, C./Fritsch, M. (1989): Der Kontext entscheidet: Wirkungen des Einsatzes computergestützter Techniken in Industriebetrieben, in: Schettkat, R./M. Wagner (Hrsg.), Technologischer Wandel und Beschäftigung. Fakten, Analysen, Trends, Berlin/New York, S. 1-24.
Freriks, R. (1992): Die Struktur kontingenztheoretischer Ansätze, in: Lehner, F./J. Schmid, (Hrsg.), Technik - Arbeit - Betrieb - Gesellschaft, Opladen, S.47-70.
Freriks, R. (1992a): Strukturierte Vielfalt - Determinanten von Formen der Arbeitsorganisation, in diesem Band.
Fritsch, M. (1990): Arbeitsplatzentwicklung in Industriebetrieben. Entwurf einer Theorie der Arbeitsplatzdynamik und empirische Analysen auf einzelwirtschaftlicher Ebene, Berlin/New York.
Fritsch, M. (1991): Top-Down oder Bottom-Up? Jahrbuch für Nationalökonomie und Statistik.
Fritsch, M. (1991a): Alternative Markt- und Technikstrategien, in: Semlinger, K. (Hrsg.), Flexibilisierung des Arbeitsmarktes. Interessen, Wirkungen, Perspektiven, Frankfurt/New York, S. 41-64.
Hauptmanns, P./Saurwein, R.G./Dye, L. (1992): Die Verbreitung rechnergestützter Technik im deutschen Maschinenbau, in diesem Band.
Hauptmanns, P./Seitz, B./Widmaier, U. (1992): Qualifizierung zwischen Determinismus und Voluntarismus? Strategien und Determinanten betrieblicher Qualifizierungsmaßnahmen, in diesem Band.
Hofer, P./Weidig, I./Wolff, H. (1989): Arbeitslandschaft bis 2010 nach Umfang und Tätigkeitsprofilen. Nürnberg. (BeitrAB 131.1/131.2.).
Jürgens, U./Naschold, F. (1991): Arbeitsregulierung in der Bundesrepublik Deutschland im Spannungsfeld zwischen nationalen Gestaltungsstrategien und internationaler Produktivitätskonkurrenz, in: Grimmer, K. u.a. (Hrsg.), Politische Techniksteuerung, Berlin.
König, A./Weißhuhn, G. (1989): Betriebsgrößenentwicklungen, Beschäftigungsgewinne und -verluste in den Wirtschaftsbereichen der BRD 1980-1986, in: Schettkat, R./Wagner, M. (Hrsg.), Technologischer Wandel und Beschäftigung, Berlin/New York.
Saurwein, R. G. (1992): Potentiale und Realisierung von Gruppenarbeit, in diesem Band.
Schettkat, R./Wagner, M. (Hrsg.) (1989): Technologischer Wandel und Beschäftigung. Fakten, Analysen, Trends, Berlin/New York.
SFB 187 (Hrsg.) (1991/92): Mitteilungen für den Maschinenbau, Nr. 1-3, Bochum.

XII. Regionale Disparitäten des Technikeinsatzes - Technical Districts

Wolfgang Rogalski / Karin Scharfenorth / Rainer Freriks

A. Einleitung

Ausgangspunkt dieses Beitrags ist die keineswegs neue, aber im Rahmen sozialwissenschaftlicher Technikforschung doch oft vernachlässigte Feststellung, daß immer wieder räumlich begrenzte Ansammlungen von Technik anzutreffen sind. Das beginnt in einer frühen Phase der Industrialisierung (Piore/Sabel 1989) und setzt sich bis in die heutige Zeit fort (z.B. Rees/Briggs/Oakey 1986). Auch die Auswertungen des NIFA-Panels liefern deutliche Hinweise auf regionale Besonderheiten beim Umfang des Technikeinsatzes im westdeutschen Maschinenbau. Da wohl davon auszugehen ist, daß die grundsätzliche Verfügbarkeit dieser Techniken in allen Landesteilen der Bundesrepublik vorausgesetzt werden kann, müssen andere Faktoren für dieses Phänomen verantwortlich sein, die sowohl betriebsintern wie auch -extern angesiedelt sein können.

In diesem Beitrag wird der Frage nachgegangen, ob sich auch bei einer systematischen Überprüfung in der Bundesrepublik eingrenzbare Regionen erkennen lassen, die sich von anderen Landesteilen unterscheiden, und worin dieser Unterschied möglicherweise besteht. Das Augenmerk richtet sich sowohl auf betriebliche Konstellationen, in denen Technik zum Einsatz kommt, als auch auf regional- bzw. wirtschaftsstrukturelle Gegebenheiten. In dieser Kombination wird der Versuch unternommen, zwei Herangehensweisen zur Untersuchung von Bedingungen und Folgen des Technikeinsatzes miteinander zu verbinden, die Fritsch (1991) als "Top-Down oder Bottom-Up" bezeichnet. Wenn es in diesem Beitrag also um die Identifikation von Regionen geht, die sich durch betriebliche (Bottom-Up) und industriestrukturelle (Top-Down) Eigenarten auszeichnen, so wird damit gleichzeitig unterstellt, daß Region kein unabhängiges 'Ereignis' ist.

Die Kernthese lautet demnach, daß es in der Bundesrepublik Deutschland Regionen gibt, die sich anhand bestimmter Merkmale beschreiben lassen. Diese Merkmale sind einerseits auf betrieblicher Ebene zu finden, wozu u.a. der Technikeinsatz, Formen der Arbeitsorganisation und Marktbeziehungen gehören. Darüber hinaus zeichnen sich Regionen durch spezifische Industrie- und Wirtschaftsstrukturen aus. Beide Arten von Merkmalen beeinflussen sich gegenseitig und formen dabei das Bild einer Region. Ausgehend von der These, daß so identifizierte Regionen bzw. ihre Wirtschaft um so erfolgreicher sind, je eher sie sich an modernen Produktionsstrukturen orientieren, also z.B. eine begrenzte Zusammenarbeit in Produktionsverbünden eingehen, wird eine Antwort auf die Frage gesucht, ob die u.a. bei Piore/Sabel (1989) beschriebenen Industrial Districts heute noch relevant sind. Dazu wird allerdings nicht auf diese Urform zurückgegriffen, sondern als Maßstab werden die sogenannten Technical Districts herangezogen, deren Konzeption im folgenden skizziert wird.

B. Technical Districts

Wie schon der Begriff andeuten soll, greifen die Überlegungen zu Technical Districts auf Teile eines älteren, aber erst in den letzten Jahren wieder verstärkt berücksichtigten Konzeptes ökonomisch-regionaler Analyse zurück. Industrial Districts wurden bereits von Marshall (1890) beschrieben, aber eine etwas breitere Beachtung finden sie erst, seit Piore/Sabel (1989) aus ihnen - etwas überspitzt formuliert - "Das Ende der Massenproduktion" ableiteten.[1] Eine theoretisch und insbesondere empirisch griffigere Fassung des Industrial-Districts-Konzepts kann durch eine stärkere Berücksichtigung industrie- und wirtschaftsstruktureller Faktoren sowie durch einige Anleihen aus der Organisationsforschung und eine weitgehende Beschränkung auf die technische Innovationskraft einer Region erwartet werden.

Wie bereits eingangs erwähnt, bestehen bei der regionalen Verbreitung computergestützter Techniken auffällige Differenzen. Diese Differenzen und die mit CIM verknüpften Hoffnungen der Flexibilitätssteigerung und Kostensenkung bilden den Rahmen für die Identifizierung von Regionen, die sich durch empirisch feststellbare Merkmale auszeichnen. Diese Gebiete sollen als 'Technical District' bezeichnet werden. Ein bedeutsamer Unterschied zum klassischen Konzept der Industrial Districts liegt darin, daß sich diese Regionen nicht in einer bestimmten positiven Richtung vom allgemeinen Trend unterscheiden müssen, sondern daß bewußt sich positiv wie negativ abhebende Districts in bezug auf allgemeine oder räumliche

---

1 Zum Konzept und zu den Ergebnissen der Industrial-Districts-Forschung vgl. Pyke/Sengenberger (1992), die eine fallstudienorientierte Zusammenfassung der Forschungsergebnisse für den europäischen Raum liefern, Haug (1991) mit einem Überblick der amerikanischen Verhältnisse und Harrison (1990), der einen entwicklungsgeschichtlichen Überblick insbesondere der ökonomischen Wurzeln gibt.

Entwicklungen zugelassen werden. Dies geschieht vor dem Hintergrund der Überlegung, daß regionale und sonstige Einflußfaktoren, die das ökonomische Potential einer Region prägen, sich nicht unbedingt erfolgreich ergänzen müssen, sondern sich prinzipiell in ihrer Wirkung gegenseitig aufheben oder gar konterkarieren können. Um Regionen mit dem Attribut eines Technical Districts zu versehen, müssen folgende Voraussetzungen erkennbar sein:

- Sie müssen räumlich zusammenhängen und gegenüber ihrer geographischen Umwelt abgrenzbar sein, wenn auch nicht im Sinne diskreter Grenzen, sondern auch Zentren und Peripherien zulassend.
- Sie müssen einen regionalspezifischen Einsatz computergestützter Techniken aufweisen, wobei als Vergleichsmaßstab branchenübliche Quoten und benachbarte Gebiete herangezogen werden.
- Die eingegrenzten Gebiete müssen einen vom Durchschnitt abweichenden wirtschaftlichen Erfolg aufweisen. Als Indikatoren kommen hier u.a. die Auftragseingänge, das Pro-Kopf-Sozialprodukt, das Investitionsvolumen, Daten zum Arbeitsmarkt o.ä. wirtschaftsstatistische Kennzahlen in Frage. Politische Konstellationen, wie z.B. Parteipräferenzen oder gewerkschaftlicher Organisationsgrad, können hinzugezogen werden.

Über die Kombination und gegenseitige Einflußnahme maßgeblicher Faktoren bestimmt sich also - vereinfachend - der 'Erfolg oder Mißerfolg' einer Region bzw. eines Technical Districts. Es ist zu berücksichtigen, daß wohl den meisten denkbaren Einflußgrößen ein gewisser Zeitrahmen zur Seite gestellt werden muß, den sie benötigen, um ihre Wirkung entfalten zu können. Dieser time-lag kann sehr unterschiedlich lang sein und wenige Monate bis viele Jahre umfassen. Unter der Bedingung eines funktionsfähigen Marktes kann z.B. davon ausgegangen werden, daß von ihm ausgehende Signale von den ansässigen Betrieben und - aggregiert - von der Region relativ kurzfristig aufgenommen werden. Damit wäre das Wirkungspotential einer Anforderung zwar schnell erkannt, ob daraus jedoch unmittelbar Handlungen erfolgen (können), ist unsicher. Größere Veränderungen und Umbrüche, die vielleicht sogar historischen Charakter haben, können kaum innerhalb kurzer Zeit realisiert werden. Um das Beharrungsvermögen verfestigter Strukturen nicht zum alleinigen Ausschlußkriterium werden zu lassen, müssen zeitbezogenen Tendenzen bei der Definition und Interpretation von Technical Districts bedacht werden. Die Bewegungsrichtungen solcher Tendenzen sind nicht im Querschnitt zu beobachten. Auch weil die Daten des NIFA-Panels eine zeitliche Perspektive nach Abschluß der ersten Erhebungswelle noch nicht zulassen, besteht prinzipiell die Möglichkeit, daß Regionen im Querschnitt und Vergleich zu anderen zwar weniger entwickelt erscheinen, sich aber tendenziell trotzdem auf dem Weg 'nach oben' befinden. Aus diesen Gründen können Regionen, die gewisse Grundvoraussetzungen - z.B. als Standort innovativer Branchen - bieten, als Technical District definiert werden, obwohl sie absolut gesehen nur wenig Anlaß dazu geben. Dennoch gilt die Analyse von Technical Districts schwerpunktmäßig solchen Regionen, die sich anhand der oben skizzierten Indikatoren bezüglich ihres Entwicklungsstandes und ihrer Wirtschaftskraft positiv hervorheben. Ein wichtiger Ansatzpunkt dafür ist der Innovationsgrad einer Region.

1. Regionale Innovationskraft

Die wirtschaftliche Dynamik der Technical Districts bemißt sich an ihrer Innovationsfähigkeit und Innovationstätigkeit. Innovation ist zugleich Bedingung für die Entstehung und Antriebsfeder für den Bestand eines Technical Districts. Innovation und Diffusion erscheinen als abhängiger und beeinflußbarer Prozeß, als Netz mit zentralen Knoten und verzweigten Maschen. Vor allem die Aufnahmefähigkeit des Innovators für Rückmeldungen des Marktes und (Informations-) Austauschbeziehungen zwischen ihm und den frühen Anwendern sorgen dafür, daß die Innovation, die sich in ihrem frühen Stadium an konventionellen und i.d.R. zuverlässigen Problemlösungen messen lassen muß, einen Reifegrad erreicht, der den weiteren Diffusionsprozeß ermöglicht. Die zur Herstellung und Aufrechterhaltung der Austauschbeziehungen notwendige Flexibilität der Unternehmen, auf ihre Umwelt zu reagieren, ist die entscheidende Determinante. Mit welchen Mitteln die Unternehmen sich selbst in die Lage versetzen oder durch andere, z.B. staatliche Maßnahmen, versetzt werden können, eben diese Flexibilität sicherzustellen, ist von betriebsinternen, aber auch externen Randbedingungen abhängig. Aktiv können die Unternehmen diese Aufgabe durch intensive Marktbeobachtung u.ä. angehen. Allerdings müssen dazu einige Voraussetzungen erfüllt sein, wie sie das neoklassische Marktmodell in idealtypischer Weise vorgibt. In der wirtschaftlichen Praxis sind solche Bedingungen i. allg. nicht gegeben. Einen Ausweg aus diesem Dilemma können Kooperationsformen zwischen Entwicklern und Anwendern im Sinne eines Lead-User-Konzeptes (vgl. Kleinaltenkamp/Staudt 1991) bieten. Grundidee dieses Konzeptes ist die Vorstellung, daß eine begrenzte Zahl von eng mit dem Hersteller bzw. Entwickler kooperierenden Erstanwendern maßgebliche Impulse für die Neu- und Weiterentwicklung der Produkte oder Verfahren des Herstellers geben soll. Wenn ein solches Modell funktioniert, wofür es durchaus Anhaltspunkte gibt (vgl. Urban/Hippel 1988), könnte in einem möglicherweise eingrenzbaren Umkreis der Entwicklungsunternehmen ein verstärkter Einsatz der Produktions- und Fertigungstechniken festzustellen sein, die dem Produktspektrum des Herstellers entsprechen. Räumliche Nähe der Kooperateure wird dabei zu einem determinierenden Faktor der Kooperationsbeziehungen.

Außerhalb des entwickelnden Unternehmens sind verschiedene Akteure vorstellbar, die als Katalysator eines Informationsprozesses angesehen werden können. Dazu gehören staatliche oder öffentliche Einrichtungen, wie Universitäten, Forschungsinstitute, Beratungs- und Transferstellen, ebenso wie private oder verbandliche Beratungsagenturen. Der auf diesem Wege den Unternehmen zur Verfügung stehende Wissens- und Informationspool kann dazu beitragen, einerseits den Entwicklungsaufwand zu begrenzen, z.B. indem parallele Projekte vermieden oder komplementär gestaltet werden, und andererseits den Prozeß der Marktreife und anschließenden Diffusion zu beschleunigen.

Bezogen auf das Konzept der Technical Districts bedarf es einer - modellhaft formuliert - bedeutsamen und einflußreichen Innovation, deren Diffusion (zunächst) im regionalen Umfeld stattfindet. Eine solche 'Initialzündung' bringt die Region in Vorteil gegenüber nicht innovierenden Konkurrenten und schafft damit die Bedingung zur Entstehung[2] eines Technical District. Um aber den Bestand eines Districts auch über längere Zeit sicherzustellen, sind weitere innovatorische Anstrengungen nötig, die somit die Antriebsfeder für einen wirtschaftlichen Erfolg darstellen. Damit dieser Innovationsprozeß seine Wirkung zeigen kann, bedarf es allerdings günstiger Konstellationen im Umfeld, z.B. in bezug auf verschiedene Infrastruktureinrichtungen (Gatzweiler/Irmen/Janich 1991). Ansonsten 'verpufft' das Potential oder wirkt sich gar nachteilig aus.

2. *Strukturverändernde Anpassungsprozesse*

Ein Wandel der Investitionsgütermärkte hin zu neuen Produktionsanforderungen und neuen Attributen der Konkurrenz sowie die daraus entstehenden Konsequenzen für die betriebliche Situation werden seit geraumer Zeit diskutiert. Systemische Rationalisierung und zwischenbetriebliche Arbeitsteilung sind hier zu nennende Stichworte (vgl. z.B. Bechtle/Lutz 1990)[3]. Der gesellschaftliche Bedarf an Gütern, seine Anforderungen an die Art und Weise der Güterproduktion und die betrieblichen Bedürfnisse ließen bisher für eine Vielzahl der Betriebe die tayloristisch-fordistische Produktionsorganisation als geeignet erscheinen. Der Erfolg dieser Produktionsweise bildete einige Zeit die Voraussetzung für ihr weiteres Vordringen, indem er für eine Zunahme der kaufkraftfähigen Nachfrage sorgte und es ermöglichte, die finanziellen Ressourcen zu akkumulieren, die notwendig waren, um ihre negativen Auswirkungen zu mildern. Der Erfolg sorgte langfristig aber

2 Entstehung sollte hier nicht wörtlich verstanden werden, denn ein Technical District ist schließlich keine 'stoffliche Einheit', sondern eher ein künstliches Gebilde, dessen Auswirkungen aber durchaus sehr real sein können und nicht zuletzt deshalb auch meßbar sind.

3 Die folgenden Ausführungen stellen eine stark vereinfachte Zusammenfassung der Argumentation von Bechtle/Lutz (1990) dar.

zugleich dafür, daß die Kongruenz von Makro- und Mikrokonstellationen immer stärker erodierte. Auf der betrieblichen Ebene führt die durch tayloristische Prinzipien in Gang gesetzte funktionale Differenzierung zu einer Institutionalisierung der betrieblichen Strategiekompetenz und zur Herausbildung stabiler Beziehungen mit externen Institutionen, die überbetriebliche Leistungen erbringen (z.B. im Bereich Qualifikation), die helfen, Ressourcen zu erschließen (z.B. durch die Arbeitsmarktpolitik) und Märkte zu strukturieren. Dies sind notwendige - überbetrieblich zu organisierende - Funktionen, um den Erfolg der tayloristischen Produktionsweise abzusichern, die aber zunehmend einer Verselbständigung ausgesetzt sind und damit gleichzeitig zur Erosion der Faktoren führen, die den Erfolg des Taylorismus mit herbeigeführt haben. Die Erosion der taylorismusfördernden Faktoren bedeutet nicht, daß sich bereits neue eindeutige und stabile Bedingungskonstellationen herausgebildet haben. Als besonders gravierend erweist sich dabei, daß neue nicht-tayloristische Rationalisierungsstrategien in hohem Maße auf konstante Umweltbeziehungen der Betriebe angewiesen sind (Bechtle/Lutz 1990). Diese Situation scheint das Augenmerk auf betriebliche Rationalisierungsstrategien zu lenken, die interne Konstanz erzeugen können und Variation externalisieren. Dieser neue Rationalisierungstyp der systemischen Rationalisierung führt zu tiefgreifenden Veränderungen in der zwischenbetrieblichen Arbeitsteilung. Daß Anforderungen, die an Betriebe herangetragen werden, an vorgelagerte Produktionssstufen weitergeleitet werden, ist nicht prinzipiell neu. Es handelt sich jedoch nicht um eine einfache Abwälzung von Anforderungen, sondern um die systematische Anpassung von Zulieferern an die eigenen Produktionserfordernisse. Durch die neuen Informations- und Kommunikationstechniken wird es möglich, die betriebsexternen Abläufe unmittelbar mit den eigenen zu verknüpfen (z.B. bei Just-in-Time-Konzepten). Rein marktförmige Beziehungen werden zu Netzstrukturen erweitert (Sauer/Altmann 1989, S. 8ff.).

Die neuen Anforderungen sind auch für die Betriebe des Maschinenbaus relevant, die zwar traditionell häufiger eine Kleinserienproduktion mit starker Kundenorientierung pflegen, aber in der Nachkriegszeit ihre Produktion allen branchenspezifischen Hindernissen zum Trotz und nicht ganz ohne Erfolg rationalisiert haben, so daß inzwischen auch im Maschinenbau tayloristische Gestaltungsprinzipien erkennbar sind (Hirsch-Kreinsen u.a. 1990). Damit wurden Strukturen geschaffen, die Optimierungsbestrebungen für einzelne Arbeitsschritte fördern, die Optimierung des gesamten Produktionsprozesses jedoch aufgrund mangelnder Produktorientierung weitgehend außer acht lassen. Dadurch wird Flexibilität behindert, da ein immenser Aufwand zur Koordination der Einzelleistungen nötig ist. Als technische Lösung für eine flexiblere Produktion wird häufig die Investition in computergestützte Techniken für möglichst den ganzen Betrieb und die Vernetzung zu CIM gesehen. Darin bestehen auf technisch-organisatorischer Seite Chancen, die neuen Produktionsanforderungen zu bewältigen.

3. *Struktur und Strategie*

Bei der Analyse von Technical Districts soll strukturellen Einflußgrößen eine besondere Aufmerksamkeit gewidmet werden, und zwar solchen, denen ein Effekt auf die strategische Entscheidung der Betriebe bezüglich ihres Technikeinsatzes unterstellt werden kann.[4] In einer derartigen Überprüfung liegt eine durchaus bewußt gesetzte Parallele zu Ansätzen der Organsiationsforschung.[5] Sinnvoll erscheint der Rückgriff auf den task-contingency-Ansatz von Child (1984), nämlich auf darin formulierte Vorstellungen zur Unsicherheit bzw. Komplexität der betrieblichen Situation. Danach besteht die betriebliche Umwelt aus verschiedenen Bereichen, deren Anforderungen sehr heterogen sein können: Beschaffungsmärkte, Absatzmärkte, Forschung, Arbeitsmärkte usw. Aus diesen Umwelten und aus der bestehenden Organisationsstruktur werden viele unterschiedliche Anforderungen an die Betriebe gestellt, u.a. auch an den Technikeinsatz. Über ihn muß in einem Bündel von Anforderungen entschieden werden. Je heterogener die Anforderungen in diesem Bündel sind, desto unsicherer wird die Entscheidungssituation, so daß u. U. mit vertretbarem Aufwand keine Optimallösung mehr ermittelt werden kann. Die kritische Größe ist also der Unsicherheits- bzw. Komplexitätsgrad, dem sich die Betriebe ausgesetzt sehen. Je komplexer die betriebliche Umwelt ist, um so mehr verlangt sie nach differenzierter Betrachtung einzelner Umweltbereiche und Spezialprobleme durch die Betriebe. Eine erfolgreiche Lösung des Problems der Umweltkomplexität führt dazu, daß innerhalb des Betriebes Spezialstellen und -abteilungen entstehen, die mit jeweils einzelnen Umweltbereichen adäquat umgehen und geeignete Koordinationsmechanismen aufbauen, um die Differenzierung der Umwelt zu integrieren. Für die vielen Klein- und Mittelbetriebe des Maschinenbaus ist eine derartige Differenzierung häufig nicht lohnenswert und umsetzbar, da auf diese Weise zu viele Ressourcen - menschliche, technische, finanzielle - gebunden würden. Die Lösung des Problems der Produktionsflexibilität durch flexible Fertigungstechniken verlangt jedoch ebenfalls eine komplexe Beschaffungsentscheidung, die über den Charakter einer Ersatzbeschaffung weit hinausreicht, neues technisches Know-how erfordert und auch die bisherige Betriebs- und Arbeitsorganisation nicht unberührt läßt. Hinzu kommen Probleme der Wirtschaftlichkeitsrechnung bei den neuen Technologien, die eine positive Beschaffungsentscheidung zu einem Risiko machen (Günter 1990). Die Gründe für eine bessere Bewältigung von Umweltunsicherheiten durch die Betriebe in Technical Districts können in regionalspezifischen Situationsfaktoren liegen, die die Entscheidungssicherheit von

---

4 Zur Wechselwirkung struktureller Gegebenheiten und strategischer Ausrichtungen in Unternehmen vgl. Sandler (1989), grundlegend Chandler (1962).

5 Als Überblick zu Ansätzen der kontingenztheoretischen Organisationsforschung vgl. Schreyögg (1978); Freriks (1992).

dort ansässigen Betrieben erhöhen. Die Notwendigkeit, betriebsindividuelle Spezialstellen und -abteilungen zu schaffen, kann nämlich abgemildert werden durch eine Nutzung gemeinsamer externer Ressourcen und strategischer Kooperationsbeziehungen.

Ausgehend von der Hypothese, daß ein Betrieb mit einer der Umwelt angemessenen Strukturierung - unter Hinzuziehung weiterer Einflußgrößen - um so erfolgreicher ist, je kalkulierbarer seine Umwelt erscheint, dürfte also die betriebliche Umwelt innerhalb eines erfolgreichen Technical Districts nur wenige Unsicherheitszonen aufweisen.[6] Diese relative Planungs- und Entscheidungssicherheit des Districts kann unter bestimmten strukturellen Voraussetzungen durch geeignete industriepolitische Maßnahmen erzeugt werden. Zu diesen Maßnahmen zählt z.B. eine ausreichende Ausstattung mit Forschungs- und Transfereinrichtungen sowie weitere flankierende Aktivitäten in öffentlicher und privater Trägerschaft. Ähnliches gilt auch für gewerbliche Unternehmensberatungen und Forschungseinrichtungen, die zwar naturgemäß einer anderen Motivation folgend arbeiten, aber trotzdem als externe Ressource aufgefaßt werden können. Forschungseinrichtungen, die sich mit computergestützten Techniken beschäftigen, können einerseits fachkundige Informationen bereitstellen, andererseits gibt es einen direkten Wissenstransfer durch die Ausbildung zukünftiger Ingenieure. Eine weitere gemeinsame externe Ressource ist das regionale Beratungsangebot.

C. Betriebliche Technikausstattung in den Bundesländern im Vergleich: eine Annäherung

Die Daten des NIFA-Panels geben anhand der jeweiligen Postleitzahl präzise Auskunft über die Standorte der Betriebe. Damit ist die Grundvoraussetzung einer regionalspezifischen Auswertung erfüllt. In Kombination mit den Ergebnissen dieser Befragung und unter Hinzuziehung von Sekundärdaten ist es also möglich, sich auf die Suche nach regionalen Clustern zu begeben, die den oben beschriebenen und theoretisch abgeleiteten Bedingungen eines Technical Districts möglichst nahe kommen.

Die Auswertungen des NIFA-Panels liefern deutliche Hinweise auf eine in regionaler Perspektive nicht gleichmäßig verteilte Verbreitung von computergestützten Techniken im deutschen Maschinenbau. So setzen die Betriebe in den einzelnen Bundesländern in signifikant unterschiedlichem Maße C-Techniken in Produktion und Verwaltung ein. Ein Effekt über eine eventuelle regionale Lastigkeit der antwortenden Betriebe ist ausgeschlossen, wie ein Vergleich der räumlichen Verteilung der Betriebe zwi-

6 Die Relevanz der Hypothese unterstreicht eine Untersuchung von Audretsch/Fritsch (1992), die feststellen, daß die regionale Entwicklung entscheidend vom Grad der Turbulenz in der betrieblichen Umwelt beeinflußt wird. Je stabiler ein Umfeld sich darstellt, desto positiver verläuft die wirtschaftliche Entwicklung.

schen Grundgesamtheit und Antwortern ergeben hat. Ebenfalls unwahrscheinlich ist ein Einfluß über unterschiedliche Betriebsgrößen, gemessen an der Zahl der Beschäftigten, in den verschiedenen Regionen. Hier besteht kein signifikanter Zusammenhang.

Abb. 1: Betriebliche Technisierung nach Bundesländern[7]

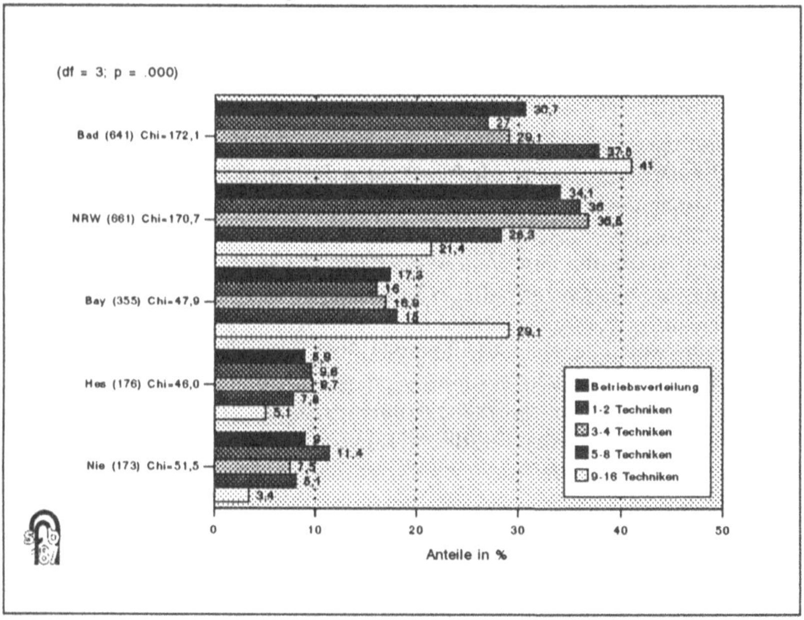

In Baden-Württemberg befinden sich 30,7 Prozent aller westdeutschen Maschinenbaubetriebe, aber nur 27 Prozent der Betriebe mit 1-2 Techniken.[8] 41 Prozent aller Betriebe mit der höchsten Technikausstattung befinden sich in diesem Bundesland, so daß Baden-Württemberg insgesamt den weitestgehenden Technisierungsgrad aufweist. In Nordrhein-Westfalen sind die hoch technisierten Betriebe stark unterrepräsentiert, ganz im Gegensatz zu Bayern, das ein deutliches Übergewicht in der Gruppe mit 9-16 Techniken hat. Auch in der Klasse von 5-8 Techniken liegt Nordrhein-Westfalen noch unterhalb des Anteils, der bei einer Gleichverteilung über alle betrachteten Länder zu erwarten wäre. Demgegenüber besteht ein leichter Vorsprung in den beiden unteren Klassen. Bis auf den hohen Anteil der technisch sehr

7 Der jeweils oberste Balken gibt den Anteil der Maschinenbaubetriebe in den aufgeführten Ländern im Verhältnis zur Gesamtstichprobe wieder. Die Balken für die rein quantitative Technikausstattung der Betriebe zeigen den Anteil der einzelnen Technikgruppen im Verhältnis zum jeweiligen Bundesland.

8 Die maximal erreichbare Zahl der eingesetzten Techniken beträgt 16.

umfangreich ausgerüsteten Betriebe orientieren sich die bayerischen Zahlen um den Erwartungswert. Ähnliches gilt für Hessen und mit gewissen Einschränkungen auch für Niedersachsen. Die Einsatzunterschiede innerhalb der Länder sind signifikant.[9] Differenziert man den Technikeinsatz in den Regionen nach den eingesetzten Technikarten, variieren die Ergebnisse je nach Technik.[10] Die regionalen Schwankungen werden um so größer, je geringer der Diffusionsgrad einer Technik ist.

1. Die Ergebnisse der Modellbildung

Im NIFA-Panel wird der Einsatz von 16 unterschiedlichen Techniken abgefragt. Obwohl längst nicht alle Techniken für jeden Betrieb relevant sind, kann dennoch davon ausgegangen werden, daß der Grad der Technisierung für die technologische Ausrichtung eines Betriebs steht. Dieser Bezug wird deutlicher, wenn die Art der eingesetzten Technik berücksichtigt wird. Dann sind es vorwiegend NC/CNC-Maschinen und CAD-Systeme, die in Betrieben mit geringer Technikausstattung eingesetzt werden, wohingegen komplexere Anlagen, wie z.B. Flexible Fertigungssysteme, zum größeren Teil in Betrieben mit hoher Technikausstattung zu finden sind.

Branchenspezifische und branchenübergreifende Ergebnisse weisen die Richtung auf bedeutsame Einflußfaktoren zur Technikausstattung. Einerseits ist ein branchenspezifisch hoher Ausstattungsgrad zu beobachten, der zwischen den Regionen schwankt, andererseits stehen dem regionalspezifische Zahlen zum Technikeinsatz gegenüber. Damit ist ein Anhaltspunkt gegeben, der die oben formulierte Hypothese, daß regionale, strukturelle, branchenmäßige und weitere Faktoren sich in gegensätzlicher Weise auswirken können, zu unterstützen scheint.

In einem iterativen Prozeß wurden mit Hilfe der logistischen Regression[11] insgesamt vier Modelle für die Regionen Augsburg, Wuppertal/Hagen, Stuttgart und Karlsruhe berechnet. Die Kontrastgruppe besteht jeweils aus den Betrieben der übrigen Regionen. Auffälliges Ergebnis eines oberflächlichen Vergleichs der vier Modelle ist, daß nur zum Teil die gleichen Kombinationen von Variablen zur Vorhersage der Gruppenzugehörigkeit herangezogen werden können, womit sich die oben formulierte Vermutung bestätigt, daß innerhalb der Regionen unterschiedliche Bedingungskonstellationen innerhalb und außerhalb der Betriebe vorliegen.

---

9 Baden-Württemberg (Chi^2 = 127,1); NRW (Chi^2 = 170,7); Bayern (Chi^2 = 47,9); Hessen (Chi^2 = 46,0); Niedersachsen (Chi^2 = 51,5). In allen Gruppen (df = 3; p = .000).

10 Zur ausführlichen Darstellung der technischen Diffusionsquoten aus dem NIFA-Panel vgl. Hauptmanns/Saurwein/Dye in diesem Band.

11 Zum Verfahren der logistischen Regression vgl. Freriks/Widmaier in diesem Band.

2. *Die Region Augsburg*

Für die Region Augsburg kann vermutet werden, daß ihre umfangreiche Technikausstattung auf den Einfluß eines großen Industriekonzerns zurückzuführen ist. Unterstellt man, daß dieser Einfluß sich in Zulieferbeziehungen ausdrückt, wäre ein erstes Merkmal der Region Augsburg spezifiziert. Eine Variable, die einen Betrieb als Zulieferer kennzeichnet, wird in Interaktion mit einem Indikator zur technischen Ausstattung als Prediktor im Modell akzeptiert. Allerdings ist diese Variable mit gewissen Beschränkungen behaftet, denn sie bezieht sich nur auf Automobilzulieferer.

Die logistische Regression weist die Interaktion zwischen Zulieferer und Technikausstattung als signifikanten Beitrag zur Modellbildung mit einer partiellen Korrelation von $R_L = .22$; $p = .0006$ aus. Allerdings beträgt der Anteil der Automobilzulieferer in der Region Augsburg - anders als vermutet - nur 17 Prozent, während der Anteil in den übrigen Regionen bei 38,5 Prozent liegt. Außerdem steht der Status als Zulieferer in der Region Augsburg in keiner Beziehung zum technischen Ausstattungsgrad. Ganz anders in den Regionen außerhalb von Augsburg: dort setzen die Betriebe, die Zulieferer sind, bedeutend mehr Technik ein, als diejenigen ohne dieses Merkmal. Das bedeutet für die Modellbildung, daß Betriebe, die Automobilzulieferer sind und über eine umfangreiche technische Ausstattung verfügen, mit großer Wahrscheinlichkeit als nicht der Region Augsburg zugehörig vorhergesagt werden.

Der Einsatz von Produktionstechnologien ist für die Betriebe mit Investitionen verbunden. Je komplexer und umfangreicher die technische Ausstattung eines Betriebes ist, desto höher sollten die investiv eingesetzten Finanzmittel sein. Nicht nur aus der Industrial-Districts-Forschung stammt die These, daß in einem innovations- und damit investitionsfreudigen regionalen Umfeld die (kooperierenden) Konkurrenten unter einem gewissen Zwang stehen, immer wieder neu zu investieren, um den Anschluß an die regionale Entwicklung nicht zu verlieren. Sollte die These richtig sein, müßte ein geeigneter Indikator den entsprechenden Trend widerspiegeln können. Die von den statistischen Landesämtern veröffentlichten Zahlen lassen die Bildung eines Index zu, der die durchschnittliche jährliche Investitionssumme in Maschinen und Anlagen je Betrieb beinhaltet.[12] Der Index zur Investitionstätigkeit wird im Modell als signifikanter Beitrag berücksichtigt, und zwar in der Weise, daß ein Betrieb um so eher der Re-

---

12 Da die Angaben auch auf Kreisebene vorliegen, wurde für jeden Stadt- oder Landkreis innerhalb der vier ausgewählten Regionen dieser Index berechnet und dem Datensatz des NIFA-Panels zugespielt. Der Index ist der Quotient aus der kreisspezifischen Investitionssumme in Maschinen und Anlagen dividiert durch die Anzahl der im Kreis ansässigen Betriebe. Die Investitionssumme je Betrieb schwankt über alle Regionen zwischen 0,41 Mio. DM und 5,25 Mio. DM bei einem Mittelwert von 1,51 Mio. DM (Std. Dev. = 0,98; N = 475).

gion Augsburg zugeordnet wird, je höher die regionalspezifische betriebliche Investitionssumme ausfällt (R_L = -.37; p = .0000).

Gleichzeitig beinhaltet das Modell eine Interaktion aus der regionalspezifischen Investitionssumme und dem Anteil der Industriebeschäftigten an der Wohnbevölkerung. Die Beziehung zwischen den beiden Variablen drückt aus, daß die betriebliche Investitionssumme um so höher ist, je größer der Anteil der Industriebeschäftigten an der Wohnbevölkerung ausfällt. Ein hoher Anteil an Industriebeschäftigten weist auf eine relativ weitreichende Industrialisierung einer Region hin und symbolisiert die Möglichkeit der Unternehmen, über kooperative Beziehungen innovatorische Anstrengungen zum Erhalt der Konkurrenzfähigkeit aufzunehmen, denn nur dort, wo geeignete Partner zur Verfügung stehen, können solche Beziehungen aufgebaut werden. Allerdings ist die Möglichkeit einer (begrenzten) Zusammenarbeit nicht nur eine Frage der Masse. Ergänzende Berechnungen zeigen, daß anscheinend bestimmte Umstände, die wahrscheinlich nur im Einzelfall qualitativ zu bestimmen sind, auch in vergleichsweise gering industrialisierten Gebieten zu einer umfangreichen Investitionstätigkeit anregen können.

Als weiterer raumstruktureller Indikator kann das Verhältnis von Umsatz und Beschäftigtenzahl angesehen werden. Mit diesem Indikator können zwei Fragen geprüft werden. Es handelt sich dabei einerseits um die Beschäftigungswirkung von neuen Technologien und andererseits um einen Anhaltspunkt für regionalspezifische Produktivitätsunterschiede.[13] Im Verhältnis zu den übrigen Regionen liegt der Umsatz pro Beschäftigtem in Augsburg vergleichsweise niedrig. Dort erwirtschaftet jeder Mitarbeiter im Durchschnitt einen jährlichen Umsatz von 192.600 DM, während die Beschäftigten in den anderen Regionen im Mittel auf 210.000 DM kommen (t = -5.29; df = 473; p = .000). Das heißt für das Ergebnis der logistischen Regression, daß ein Betrieb mit niedrigem Umsatz pro Beschäftigtem tendenziell der Region Augsburg zugeordnet wird, wobei die Stärke der Vorhersage im Vergleich zu den anderen Variablen aber geringer ausfällt (R_L = .17; p = .0049). In anderer Formulierung bedeutet das, daß in der Region Augsburg relativ mehr Arbeitskräfte beschäftigt werden, um einen bestimmten Umsatz zu erzielen, obwohl gerade in dieser Region die Ausstattung der Betriebe mit Technologie deutlich am höchsten ist. Zumindest in

13 Hier muß angemerkt werden, daß die bei der Bildung des Indikators unterstellte Beziehung zwischen Umsatz und - sehr pauschal - wirtschaftlichem Erfolg eines Unternehmens nur mit einer Einschränkung gültig sein kann, denn der Umsatz eines Unternehmens läßt noch keine Rückschlüsse auf die tatsächliche Kosten- und Ertragslage zu. Faßt man Umsatz aber nicht als absoluten Wert auf, sondern nur als Potential zur Erreichung einer guten Ertragslage, so deuten hohe Umsatzzahlen auf eher größere Unternehmen hin, die wahrscheinlich mit ihren Produkten groß geworden sind und daher zumindest in der Vergangenheit aufgrund ihrer Erträge wachsen konnten. Da betriebliches Wachstum i.d.R. nicht plötzlich und sprunghaft erfolgt - außer bei Aufkäufen oder Zusammenschlüssen - wird hier davon ausgegangen, daß Umsatzzahlen zumindest einen vorsichtig zu interpretierenden Hinweis auf Produktivitätsaspekte liefern können.

dieser Operationalisierung verweist das Ergebnis auf eine Hypothese, daß nicht Technik als solche Arbeitsplätze vernichtet, sondern die betrieblichen und gesellschaftlichen Rahmenbedingungen des Technikeinsatzes einen spürbaren Einfluß auf die Beschäftigungsfolgen haben (Widmaier/König 1990; Schettkat 1990).

Faßt man die Ergebnisse der logistischen Regression und flankierenden Berechnungen zusammen, ergibt sich für die Region Augsburg ein Bild, das viel weniger eindeutig ist, als aufgrund des recht gut angepaßten Regressionsmodells zunächst vermutet werden konnte. Immerhin wird eine Vorhersagegenauigkeit von insgesamt 92,54 Prozent erzielt, die sich aber aufteilt in 63,89 Prozent für Augsburg und 97,92 Prozent für die übrigen Regionen. Aus der Kombination der geschilderten Bedingungen kann der vorsichtige Schluß gezogen werden, daß die Region Augsburg zum gegenwärtigen Zeitpunkt nicht zu den wirtschaftlich starken Regionen der Bundesrepublik zählt. Darauf deutet als mittelfristiger Indikator z.B. die relativ geringere Produktivität hin. Es ist aufgrund der starken Bereitschaft der Betriebe, in Maschinen und Anlagen zu investieren, jedoch durchaus möglich, daß die Region in einigen Jahren einen Aufschwung erlebt. Der Grundstein dazu scheint mit der schon jetzt umfangreichen Technikausstattung gelegt zu sein, vorausgesetzt, daß diese Technologien den prognostizierten Anforderungen nach Flexibilität entsprechen und auch die mit ihnen verknüpften arbeitsorganisatorischen Potentiale genutzt werden. Das wurde hier jedoch nicht überprüft.

3. Die Region Stuttgart

Die Region um Stuttgart gilt als eine der wirtschaftlich erfolgreichsten Regionen in der Bundesrepublik. Das wird vielfach auf eine besonders günstige Industriestruktur (Erdmenger/Fach/Simonis 1988) zurückgeführt und nicht zuletzt auch auf die Technologie- und Wirtschaftsförderungspolitik (Schmitz 1991) des Landes Baden-Württemberg. In der Region sind einige große Technologiekonzerne ansässig, darüber hinaus liegt hier ein räumlicher Schwerpunkt der Zulieferer für die Automobilindustrie. Während im Raum Stuttgart 51,8 Prozent der gültigen Fälle Zulieferer sind, geben dies in den übrigen Regionen nur 25,9 Prozent an (N = 307).

Es ist daher erwartungsgemäß, daß auch im Modell der logistischen Regression die Variable 'Automobilzulieferer' zur Vorhersage der betrieblichen Regionszugehörigkeit mit $B = -1.17$; $R_L = -.19$; $p = .0002$ Eingang findet.

Etwas interessanter ist ein Effekt, der bei einer Variable auftritt, die den Eigenfertigungsanteil der Betriebe wiedergibt. Für sich alleine betrachtet ist dieser Anteil in Stuttgart geringer als in den übrigen Regionen, nämlich ca. 20-40 Prozent gegenüber 40-70 Prozent. In Interaktion mit dem Anteil der

Industriebeschäftigten an der Wohnbevölkerung zeigt sich ein Effekt, der in Stuttgart vergleichsweise arbeitsteilige Industriestrukturen vermuten läßt. Mit einer leichten Tendenz ist festzustellen, daß ein Betrieb um so eher der Region Stuttgart zugeordnet wird, je niedriger sein Eigenfertigungsanteil ist und je größer die Industriedichte ist. Demgegenüber weisen die übrigen Gebiete auch in industriellen Verdichtungsräumen etwas größere Eigenfertigungsanteile auf. Man kann mit aller Vorsicht daraus schließen, daß besonders in der Region Stuttgart ein nicht unbeträchtlicher Teil der Produkte in Zusammenarbeit mehrerer Firmen entsteht. Denn wie schon für die Region Augsburg in einem etwas anderen Zusammenhang ausgeführt, bietet ein dichtes Netz an Betrieben zumindest vom Grundsatz her gute Bedingungen für Formen der Kooperation. Die Bedingungen könnten in Stuttgart sogar besonders günstig sein, weil ein großer Teil der Betriebe als Automobilzulieferer für die gleichen oder doch ähnliche Kunden arbeitet.

Auch bezüglich der Investitionssummen für Maschinen und Anlagen fallen in Kombination mit dem Eigenfertigungsanteil einige Unterschiede zwischen Stuttgart und den anderen Regionen auf. Während allen Regionen gemeinsam ist, daß überproportional hohe Investitionssummen fast ausschließlich in Betrieben mit hohem Eigenfertigungsanteil auftreten, ändert sich das Bild, wenn die Investitionen etwas differenzierter betrachtet werden. Dann sind es in Stuttgart sowohl Betriebe mit relativ niedrigen Investitionen im Bereich von ca. 1 Million DM als auch stärker investierende Betriebe mit mehr als 1,6 Millionen DM, die überrepräsentiert sind. In den übrigen Regionen liegt ein Schwerpunkt nur bei Betrieben, die mehr als 1,2 Millionen DM investieren. Zwar sind diese Unterschiede nicht überwältigend, aber sie lassen doch zumindest einige Vermutungen über dahinterliegende Zusammenhänge zu. Es wäre z.B. denkbar, daß die Stuttgarter Betriebe mit höherem Investitionsvolumen eher zur Gruppe der Zulieferer gehören, während die Betriebe mit niedrigerem Volumen keine so ausgeprägte Kundenspezifizierung aufweisen. Daß diese Beziehung nicht völlig von der Hand zu weisen ist, ergibt die Kontrolle des bivariaten Zusammenhangs. Darin deutet sich an, daß über die Verbindung von Zulieferer und Abnehmer Anforderungen an den Lieferanten herangetragen werden, die vor allem im Zuge der in der Automobilindustrie voranschreitenden 'Lean Production' immer komplexer werden und daher mit alten Produktionsanlagen nicht zu erfüllen sind. Insbesondere Qualitätssteigerung und Termintreue, zwei der wesentlichen Anforderungen, müssen vom Lieferanten gewährleistet werden, will er nicht Gefahr laufen, aus dem Kreis der Zulieferer ausgeschlossen zu werden. Auf der anderen Seite können diese Betriebe über eine zuverlässige Lieferung auf Dauer ihr Ausschlußrisiko vermindern, denn mit der sich gegenseitig ergänzenden Erfahrung und Routine wachsen für den Abnehmer die Risiken und Kosten einer Umorientierung. Wenn Zulieferer also vergleichsweise umfangreich investieren, dann weil sie einerseits den Anforderungen ihres Kunden genügen müssen, und weil sie andererseits über ihre Produktionserfahrung auch den Kunden in eine gewisse Abhängigkeit, die für sie selbst Stabilität und Kalkulierbarkeit erwarten läßt, bringen können.

Fazit: Wie schon die Beschreibung und Bewertung der Ergebnisse für die Region Augsburg gezeigt hat, ist eine regionale 'Typenbildung' nur unter Vorbehalten möglich. Dies trifft für die Region Stuttgart ebenfalls zu, da die Variablen und Interaktionen, die zur Modellbildung herangezogen werden konnten, nicht durchgängig zu eindeutigen Ergebnissen führen. Lediglich der auch in anderen Untersuchungen (z.B. Rehfeld 1991) diagnostizierte Schwerpunkt der Automobilzulieferer kann mit dem hier verwendeten Untersuchungsdesign sicher bestätigt werden. Dieser Sachverhalt ist es auch, der berücksichtigt werden muß, wenn Merkmale, wie Investitionstätigkeit oder Eigenfertigungsanteil, betrachtet werden. Insgesamt kann das Modell 76,92 Prozent der Betriebe richtig vorhersagen, allerdings nur 48,91 Prozent für Stuttgart gegenüber 92,26 Prozent für die übrigen Regionen. Dieses doch schon recht deutliche Mißverhältnis unterstreicht aber gleichzeitig, daß die vielfach angeführten 'Charakterzüge' der baden-württembergischen High-Tech-Region gar nicht so eindeutig und einzigartig sind, wie sie gerne dargestellt werden. Es bleibt jedenfalls zu fragen, ob dieses hier erzielte Ergebnis, das in so eigenartigem Widerspruch zum üblichen Klischee Baden-Württembergs steht, akzeptiert werden kann. Da mit dem Modell nur knapp 20 Prozent der Varianz (vgl. DeMaris 1992) erklärt werden können, besteht immerhin die Möglichkeit, daß die verwendeten Variablen die realen Bedingungen in der Region nicht abbilden können. Aufgrund dieser Widersprüchlichkeiten erscheint es ratsam, mit einem abschließenden Urteil zurückhaltend zu sein. Vielmehr besteht offensichtlich Bedarf nach weiterer Aufklärung.

4. *Die Region Karlsruhe*

In der Region Karlsruhe befinden sich einige der in der Bundesrepublik Deutschland bekanntesten Forschungsinstitute für Produktionstechnologien. Dazu zählen zum Beispiel das Fraunhofer Institut und das Kernforschungszentrum Karlsruhe. Von daher ist zu erwarten, daß in der Region ein nicht unerhebliches Potential an betriebsexterner Forschung und Entwicklung besteht. Auf der anderen Seite hat sich gezeigt, daß der betriebliche Technikeinsatz in der Region nur geringfügig höher ist als in den anderen überprüften Gebieten. Auch ist die Betriebsdichte im Maschinenbau relativ niedrig.

Das in der logistischen Regression entwickelte Modell umfaßt lediglich vier Variablen, wobei zwei dieser Variablen durch eine Interaktion verbunden sind. Zur Vorhersage der Regionszugehörigkeit werden der Anteil der Industriebeschäftigten an der Wohnbevölkerung und eine dichotome Variable zum Mehrschichtbetrieb herangezogen. Die Interaktion berücksichtigt die Beziehung zwischen dem Anteil von Montagetätigkeiten und dem Einsatz von Überstunden. Mit diesen Variablen ist es allerdings nur möglich, einen Betriebsstandort außerhalb der Region Karlsruhe richtig vorherzusagen. Betriebe in der Region werden nur zu 15,6 Prozent richtig erkannt. Damit ist das Modell im Grunde nicht geeignet, Aussagen über die Region Karlsruhe zu machen. Denn daß Betriebe in den übrigen Regionen zu 99,03 Prozent richtig erkannt werden, ist nicht das 'Verdienst' der Analyse, sondern nur eine Konsequenz aus der programminternen Berechnungsweise, die mit Hilfe des sog. Null-Modells alle Betriebe zunächst einer Region zuordnet.

Das Ziel, ein Klassifikationsmodell zu entwickeln, das die Bedingungen und Strukturen im Maschinenbau der Region Karlsruhe offenlegt, ist damit eindeutig verfehlt. Leider ist das Ergebnis dermaßen unbefriedigend, daß noch nicht einmal Überlegungen zu den möglichen inhaltlichen Gründen des Fehlschlagens angestellt werden können. Als Fazit bleibt nur die Feststellung, daß die Region Karlsruhe mit den zur Verfügung stehenden Variablen nicht klassifiziert werden kann.

5. *Die Region Wuppertal/Hagen*

Sehr viel gehaltvoller ist das Ergebnis der logistischen Regression für die Region Wuppertal/Hagen. Zwar bietet diese Region keine außergewöhnlich hohen oder niedrigen Zahlen zum betrieblichen Technikeinsatz, aber die Konstellationen in der Region scheinen trotzdem so prägnant zu sein, daß eine recht gute Modellanpassung erreicht werden kann. Immerhin 67,37 Prozent der Betriebe werden richtig zugeordnet. Unter Einbeziehung des Anteils für die anderen Regionen, der 84,52 Prozent beträgt, wird eine Vorhersagegenauigkeit von insgesamt 78,33 Prozent erzielt. Mit einem Wert von knapp 30 Prozent, der in etwa dem Anteil der erklärten Varianz entspricht, und unter Berücksichtigung der Ergebnisse der Prüfstatistik erreicht dieses Modell eine akzeptable Güte.

Ein besonderes Merkmal der Region Wuppertal/Hagen ist ihre in geographischer Sicht besondere Lage. In unmittelbarer Nähe des Ruhrgebiets und der Rheinschiene gelegen und nur durch einen schmalen Streifen schwach industrialisierter Gebiete davon getrennt, verbindet sie in sich die Attribute einer Randlage mit denen einer zentralen Lage. Darüber hinaus ist diese Region traditionell ein Zentrum der Metallverarbeitung, und zwar sowohl in großbetrieblichen Strukturen, die eher am Nordrand der Region - also in unmittelbarer Nachbarschaft zum Ruhrgebiet - angesiedelt sind, als auch in wesentlich kleineren Einheiten, die bevorzugt im Bergischen Land und Sauerland - also südlich der 'zentralen' Orte - anzutreffen sind.

Die Region Wuppertal/Hagen wird im Modell der logistischen Regression anhand von fünf Variablen beschrieben. Es handelt sich dabei um den betrieblichen Einsatz von Samstagsarbeit, den Anteil der Eigenfertigung, den Status als Zulieferer der Automobilindustrie, die regionalbezogene Investitionssumme und den Anteil der Industriebeschäftigten an der Wohnbevölkerung. Darunter befinden sich drei Interaktionen zum Verhältnis von Investitionssumme und Eigenfertigungsanteil, Investitionssumme und Zulieferer sowie Industriebeschäftigte und Anteil der Eigenfertigung.

Deutlichstes Unterscheidungsmerkmal für die Modellbildung ist der Einsatz von Samstagsarbeit[14] ($B = 1.43$; $R_L = .21$; $p = .0000$), die in der Region Wuppertal/Hagen deutlich häufiger zu finden ist als in den anderen Regionen. Dort geben nur 46,9 Prozent der Betriebe an, samstags zu arbeiten, in Wuppertal/Hagen dagegen äußern sich 75,2 Prozent dahingehend.

Wie schon für die Region Stuttgart festgestellt, gibt es auch in Hagen/Wuppertal eine schwache Beziehung zwischen dem Eigenfertigungsanteil der Betriebe und dem Anteil der Industriebeschäftigten in der Region. Daher kann auch für diese Region von einer gewissen arbeitsteiligen Struktur ausgegangen werden, die sich aber wahrscheinlich auf andere Bereiche bezieht. Denn während im Raum Stuttgart überproportional viele Automobilzulieferer tätig sind, ist deren Zahl in der Region Wuppertal/Hagen unterrepräsentiert. Auch hier liegen Betriebe mit geringem Eigenfertigungsanteil eher in Teilregionen mit einer höheren Industriedichte. Allerdings zeigt sich ebenfalls, daß so hohe Anteile an Industriebeschäftigten wie in Stuttgart für den Raum Wuppertal/Hagen nicht vorzufinden sind. Hierin wirkt sich die im Vergleich zu Stuttgart doch insgesamt etwas weniger verdichtete Raumstruktur aus. Außerdem ist erkennbar, daß die Region bezüglich dieses Indikators in zwei Teilräume eingeteilt werden kann. Einerseits ist gut ein Drittel der Region mit 4,5 Prozent Industriebeschäftigten nur vergleichsweise gering industrialisiert, andererseits weisen fast 60 Prozent der Kreise in der Region Beschäftigtenquoten von ca. 14 Prozent aus. Der Wertebereich dazwischen ist nur mit knapp 6 Prozent der Kreise besetzt. Daran zeigt sich, daß die Region Wuppertal/Hagen einem nicht unbeträchtlichen Stadt-Land-Gefälle ausgesetzt ist.

Die vergleichsweise geringere Zahl von Automobilzulieferern in der Region wurde schon angesprochen. Sie ist allerdings nicht so gering, daß sie allein schon als Vorhersagekriterium in der logistischen Regression dienen könnte. Erst in Interaktion mit der standortspezifischen Investitionssumme je Betrieb kann eine Klassifikation erfolgen. Die sieht im vorliegenden Fall so aus, daß ein Betrieb der Region Wuppertal/Hagen mit größerer Wahr-

14 Aufgrund der Formulierung der Frage im Erhebungsbogen muß der Einsatz von Samstagsarbeit als eine spezifische Form von Mehrarbeit verstanden werden. Insofern erzielen die Betriebe, die auch samstags produzieren, einen größeren Umsatz je Beschäftigtem. Die Variable zur Samstagsarbeit ist daher ein Indikator zur Betriebsauslastung und Auftragslage.

scheinlichkeit zugeordnet wird, wenn eine niedrige Investitionssumme mit dem Merkmal des Automobilzulieferers zusammentrifft ($B = -.77$; $R_L = -.12$; $p = .0080$). In den anderen Regionen verläuft die Beziehung entgegengesetzt, mit besonders klarer Ausprägung in der Region Stuttgart. Daran wird deutlich, daß diese beiden Regionen gegenüberliegende Pole in einem 'Kontinuum' sind. Das Ergebnis für Wuppertal/Hagen, wo also Zulieferer bevorzugt an Standorten mit niedrigen Investitionssummen anzutreffen sind, steht somit im Gegensatz zu den verbreiteten Annahmen über die Anforderungsprofile, mit denen sich Zulieferbetriebe auseinandersetzen müssen. Unter der Annahme, daß die Zahl der Zulieferer in der Region stabil bleibt, ist daraus zu folgern, daß entsprechende Betriebe in dieser Region anderen Anforderungen oder Bedingungen unterliegen und diese auch erfüllen können, denn sonst wären sie nicht überlebensfähig. Welcher Art diese Bedingungen möglicherweise sind, kann in diesem Untersuchungsrahmen nicht nachgegangen werden. Eine einfache, aber hier nicht überprüfbare Vermutung wäre, daß der Modernisierungsprozeß in den Betrieben der Region trotz der nur durchschnittlichen Technikausstattung soweit fortgeschritten ist, daß derzeit kein größerer Investitionsbedarf besteht. Sollten die zukünftigen Wellen des NIFA-Panels allerdings ergeben, daß der Anteil der Automobilzulieferer in der Region Wuppertal/Hagen zurückgeht, wäre das ein Hinweis darauf, daß in der Region eben doch keine besonderen Anforderungen und Bedingungen gelten.

Investitionstätigkeit und Eigenfertigungsanteil werden wie in Stuttgart auch in Wuppertal/Hagen zur Vorhersage der Regionszugehörigkeit benutzt ($B = -.51$; $R_L = -.32$; $p = .0000$). Im Vergleich zu den übrigen Regionen ist erkennbar, daß in Wuppertal/Hagen Betriebe mit einem mittleren Eigenfertigungsanteil und hohen Investitionssummen überproportional vertreten sind. Betriebe, die entweder einen sehr geringen oder einen sehr hohen Eigenfertigungsanteil aufweisen, investieren dagegen nur in geringem Umfang. Da im vorangegangenen Abschnitt erläutert wurde, daß die Zulieferbetriebe im Raum Wuppertal/Hagen nur relativ gering investieren, ist davon auszugehen, daß diese Betriebe zu der zweitgenannten Gruppe gehören. Auch ein Vergleich der Fallzahlen legt diesen Schluß nahe. Das würde dann ebenfalls bedeuten, daß die Wuppertaler Zulieferer sowohl Betriebe mit geringem als auch mit großem Eigenfertigungsanteil sind. Eine Kontrolle dieser Beziehung zeigt auch tatsächlich einen leichten Trend in diese Richtung, der aber zu schwach ausfällt, um ihn als gesichert anzuerkennen. Dennoch kann man das Ergebnis als ein weiteres Indiz dafür auffassen, daß die Situation der Zulieferbetriebe der Region wenig eindeutig ist. Möglicherweise folgen die Betriebe einer Strategie, die auf die Suche nach anderen Produkten und neuen Kunden abzielt. Akzeptiert man die oben geäußerte Vermutung, daß die Zulieferer technologisch in einer einigermaßen zufriedenstellenden Situation sind und daher nur relativ gering investieren müssen, besitzen sie das technische Potential, um sich anderen Märkten zuwenden zu können. Je nach Art der Märkte und der dazugehörigen Produkte schwankt der Anteil der betrieblichen Eigenfertigung.

Fazit: Obwohl für die Region Wuppertal/Hagen ein recht gutes Vorhersageergebnis erzielt werden konnte, fällt es schwer, eindeutige Schlüsse aus den Kontrollrechnungen und theoretischen Hintergründen zu ziehen. Vielleicht ist die Region am besten mit dem Attribut einer im Vergleich zu anderen Regionen größeren Uneinheitlichkeit zu charakterisieren. Berücksichtigt man die tiefgreifenden Veränderungen in der Industrielandschaft, denen Nordrhein-Westfalen insgesamt in den letzten Jahren unterworfen war - und auch immer noch ist -, so ist es nicht verwunderlich, wenn die Region Wuppertal/Hagen mit ihren zum Teil gegensätzlichen Raumstrukturen diesem Prozeß in besonderem Maße ausgesetzt ist.

D. Gibt es Technical Districts?

Es ist nur zum Teil gelungen, Merkmale der Betriebe und ihrer Umwelt zur Identifizierung einer Region heranzuziehen. Insbesondere für die Region Karlsruhe konnte kein Modell entwickelt werden, das eine ausreichend präzise Vorhersage des Standorts eines Betriebes leisten kann. Die zur Klassifikation verwendeten und in dieser Untersuchung verwendbaren Indikatoren scheinen für diese Region unpassend zu sein. Ein die statistische Auswertung resümierendes Fazit kann sich daher nur auf die Regionen Augsburg, Stuttgart und Wuppertal/Hagen beziehen.

Zunächst fällt auf, daß insbesondere die regionale Gegebenheiten repräsentierenden Variablen außerhalb des NIFA-Panels einen spürbaren Beitrag zur Modellbildung leisten. Das hebt klar hervor, daß die Bezüge der Betriebe zu ihrer Umgebung keinesfalls unterschätzt oder gar außer acht gelassen werden dürfen. Die von Child (1984) aufgestellte These, daß die innerbetrieblichen Strukturen denen der betrieblichen Umwelt angemessen sein müssen, konnte und sollte hier nicht explizit überprüft werden. Aber da die in allen Regionen unterschiedlichen Raum- und Industriestrukturen mit jeweils anderen betrieblichen Ausrichtungen einhergehen, kann dies als ein Hinweis darauf verstanden werden, daß sich die Betriebe tatsächlich nicht nur an ihrem individuellen (Markt-) Horizont orientieren, sondern bewußt oder unbewußt auch externe Bedingungen in ihren Handlungsentscheidungen berücksichtigen.

Aus dem Set der innerbetrieblichen Variablen ragen der Eigenfertigungsanteil und die Kennzeichnung als Automobilzulieferer hervor. Insbesondere der Status als Zulieferer scheint mitentscheidend dafür zu sein, welche Strategie ein Betrieb zur Erfüllung seiner Aufgaben einschlägt. Trotzdem ist die Rolle des Zulieferers nicht als unabhängiger Fakt zu sehen, denn der räumliche Schwerpunkt dieser Betriebe in der Region Stuttgart, mit Einschränkungen in der Region Wuppertal/Hagen, und ihr geringer Anteil in der Region Augsburg sind sicher kein Zufall, sondern viel eher auf industriestrukturelle und wohl auch historische Gegebenheiten zurückzuführen (Rehfeld 1991). Daß diese Art der Betriebe in der Region Wuppertal/Hagen scheinbar mit anderen Präferenzen arbeitet, unterstützt die Relevanz regionaler Einflußfaktoren. Zu diesen Faktoren gehört u.a. der Anteil der Industriebeschäftigten an der Wohnbevölkerung, der einen Maßstab für den Umfang der Industrialisierung bietet. Im Vergleich zu den anderen Regionen zeigt der Raum Stuttgart hier die größten Anteile, während sowohl Augsburg als auch Wuppertal/Hagen je nach Teilgebiet als stärker industrialisiert oder stärker ländlich charakterisiert werden müssen. Unterschiede zeigen sich ebenfalls im Investitionsverhalten der Betriebe. Auffällig ist hier, daß in der Region Augsburg, die die höchste Ausstattung an technischen Anlagen vorzuweisen hat, auch die betrieblichen Investitionssummen am höchsten sind. Man könnte fragen, wieviel mehr Technik wollen die Betriebe noch einsetzen? Was wollen sie mit dieser Strategie erreichen? Wenn sie darauf abzielen sollte, den Personalkostenanteil zurückzuschrauben, der zum jetzigen Zeitpunkt bei doch schon sehr guter Technikausstattung noch relativ hoch ist, verfehlt sie bisher offensichtlich ihr Ziel. Es wäre aus der Kombination der Ergebnisse aber ebenso gut abzuleiten, daß die Region zumindest auf dem Weg zu einem Technical District ist. Für die Region Stuttgart muß mit der Erteilung der Bezeichnung etwas zurückhaltender verfahren werden. Einerseits bietet die Region einige Anhaltspunkte, die es sogar erlauben würden, über die recht großzügige Definition eines Technical Districts hinauszugehen und, so wie Schmitz (1991), das strengere Attribut eines Industrial Districts zu vergeben. Zu diesen Anhaltspunkten gehört vor allem die starke Präsenz der Automobilzulieferer in der Region, die sich zusätzlich noch durch einige Gemeinsamkeiten, z.B. in bezug auf ihr Investitionsverhalten, auszeichnen. Dadurch besteht eine relativ große Wahrscheinlichkeit, daß sie sich zu Kooperationsverbünden zusammenschließen und damit ein wichtiges Kriterium der Industrial Districts erfüllen könnten. Andererseits ist das Regressionsmodell nicht besonders gut angepaßt, so daß der Status des Zulieferers fast das einzige Merkmal ist, das als regionales Spezifikum sicher identifiziert werden konnte. Nur weil die Region einen relativ günstigen Produktivitätsindex vorzuweisen hat und somit andeutet, daß sie den modernen Herausforderungen nach flexibler Qualitätsproduktion gewachsen scheint, soll auch sie trotz statistischer Vorbehalte als Technical District bezeichnet werden. Wesentlich leichter fällt die Entscheidung bei der Region Wuppertal/Hagen. Auffälligstes Ergebnis der Modellbildung für diese Region ist ihre interne Differenziertheit, die sogar zum wesentlichen Identifikationsmerkmal wird. Damit kann sie insgesamt keine der an ein Technical District gestellten Anforderungen erfüllen, auch wenn einzelne Aspekte durchaus eine gewisse

Einheitlichkeit zeigen. Dazu gehört z.B. das scheinbar ungewöhnliche, aber innerhalb der Region weitgehend übereinstimmende Verhalten der Automobilzulieferer, sich bei ihrer Investitionstätigkeit relativ deutlich zurückzuhalten. Diese Umstände verhindern, daß die Region Wuppertal/Hagen sich mit dem Attribut eines Technical Districts 'schmücken' darf.

E. Literatur

Audretsch, D.B./Fritsch, M. (1992): Market Dynamics and Regional Development in the Federal Republic of Germany, discussion paper FS IV 92-6, Wissenschaftszentrum Berlin.

Bechtle, G./Lutz, B. (1990): Die Unbestimmtheit posttayloristischer Rationalisierungsstrategie und die ungewisse Zukunft industrieller Arbeit, in: Düll,K./Lutz, B. (Hrsg.), Technikentwicklung und Arbeitsteilung im internationalen Vergleich, Frankfurt a.M./New York.

Chandler, A.D. (1962): Strategy and Structure, Chapters in the History of the Industrial Enterprise, Cambridge, Mass.

Child, J. (1984): Organization: A Guide to Problems and Practice, London.

DeMaris, A. (1992): Logit Modeling: Practical Applications, Sage University Paper Series on Quantitative Application in the Social Sciences 07-086, Newbury Park CA.

Erdmenger, K./Fach, W./Simonis, G. (1988): Modernität als Staatsräson - Über technologiepolitische Praktiken und Perspektiven in der Bundesrepublik Deutschland, in: Dose, N./Drexler, A. (Hrsg.), Technologieparks: Voraussetzungen, Bestandsaufnahme und Kritik, S. 227-262, Opladen

Freriks, R. (1992): Die Struktur kontingenztheoretischer Ansätze, in: Lehner, F./Schmid, J. (Hrsg.): Technik - Arbeit - Betrieb - Gesellschaft. Beiträge aus Industriesoziologie und Organisationsforschung, S. 47-70, Opladen.

Fritsch, M. (1991): "op-Down oder Bottom-Up? Die Mikro-Makro-Brücke von unten besehen, in: Jahrbücher für Nationalökonomie und Statistik, Manuskript.

Gatzweiler, H.-P./Irmen, E./Janich, H. (1991): Regionalpolitik als Infrastrukturpolitik, in: Informationen zur Raumentwicklung, Heft 9/10, S. 599-610.

Günter, B. (1990): Probleme der Wirtschaftlichkeitsrechnung bei der Beschaffung Neuer Technologien, in: Kleinaltenkamp, M./Schubert, K. (Hrsg.), Entscheidungsverhalten bei der Beschaffung Neuer Technologien, SFB 187 Arbeitspapier, S. 39-58, Bochum.

Harrison, B. (1990): Industrial Districts: Old Wine in New Bottles?, Boston, Manauskript.

Haug, P. (1991): Regional formation of high-technology service industries: the software industry in Washington State, in: Environment an Planning A, Vol. 23, S. 869-884.

Kleinaltenkamp, M./Staudt, M. (1991): Kooperation zwischen Investitionsgüter-Herstellern und führenden Anwendern ("Lead User"), in: Hilbert, J. u.a. (Hrsg.), Neue Kooperationsformen in der Wirtschaft, S. 59-70, Opladen.

Marshall, A. (1890): Principles of Economics, 8. Aufl. 1986, London.

Piore, M.J./Sabel, Ch.F. (1989): Das Ende der Massenproduktion, Frankfurt a.M.

Pyke, F./Sengenberger, W. (eds.) (1992): Industrial Districts and local economic regeneration, Geneva.

Rees, J./Briggs, R./Oakey, R. (1986): The Adoption of New Technology in the American Machinery Industry, in: Rees, J. (ed.), Technology, Regions, and Policy, S. 187-217, New Jersey.

Rehfeld, D. (1991): Beziehungen zwischen Branche, Konzern und Region in der Automobilindustrie, Arbeitspapier IAT-PS 05, Institut Arbeit und Technik, Gelsenkirchen.

Sandler, G. (1989): Strategie und Struktur, in: Enzyklopädie der Betriebswirtschaftslehre, Bd. 9, Handwörterbuch der Planung, Sp. 1885-1893, Stuttgart.

Sauer, D./Altmann, N. (989): Zwischenbetriebliche Arbeitsteilung als Thema der Industriesoziologie, in: Altmann, N./Sauer, D. (Hrsg.), Systemische Rationalisierung und Zulieferindustrie, Frankfurt a.M./New York.
Schettkat, R. (1990): Trends und Schwerpunkte im Verhältnis von Technologieentwicklung und Erwerbsbeteiligung, in: Widmaier, U./König, Th. (Hrsg.), Technische Perspektiven und gesellschaftliche Entwicklungen, S. 153-169, Baden-Baden.
Schmitz, H. (1991): Industrial Districts: Model and Reality in Baden-Württemerg, in: Pyke, F./Sengenberger, W. (eds.), Industrial Districts and Local Economic Regeneration, Geneva.
Urban, G.L./Hippel, E.v. (1988): Lead User Analysis for the Development of New Industrial Products, in: Management Science 5, S. 569-582.
Widmaier, U./König, Th. (1990): Enpaßdiagnosen und Handlungsoptionen im Bereich sozialer Entwicklungen, in: Widmaier, U./König, Th. (Hrsg.), Technische Perspektiven und gesellschaftliche Entwicklungen, S. 29-46, Baden-Baden.

Strategische Perspektiven einer Panel-Untersuchung

XIII. Strategische Optionen und situative Adäquatheit industrieller Produktionsmodernisierung - Konzeptionelle und theoretische Perspektiven

Rainer Freriks / Josef Schmid

A. Einleitung

Die im folgenden skizzierten theoretischen Perspektiven sollen insbesondere drei Funktionen erfüllen - ohne zugleich den Anspruch auf grundlegende Theoriebildung zu erheben. Sie sollen (a) einen konzeptionellen Rahmen für die zentralen Variablen der Erhebung und für die Fragestellungen der bislang präsentierten Auswertungsbeiträge geben; (b) einige Argumente liefern, wie der weitgehend fehlende Akteurs- und Entscheidungsbezug des Instruments auf theoretischer Ebene reflektiert und kompensiert werden kann; (c) Überlegungen anbieten zum Problem der Unter- und Überdetermination von komplexen Prozessen der betrieblichen Produktionsmodernisierung bzw. der Variabilität der vorfindbaren Formen. Diese methodische und theoretische Problematik hängt eng zusammen mit der in der Industriesoziologie vollzogenen Abkehr vom Technikdeterminismus (Lutz 1983) sowie unseren Bemühungen, die inhaltlichen Kernaussagen zum Themenkomplex Arbeit und Technik aus organisations- und industriesoziologischen Ansätzen zu integrieren (Lehner/Schmid 1992).

B. Theoretische Bezugspunkte und Prämissen

Während die Industriesoziologie klassischerweise ihr Augenmerk stärker auf die Auswirkungen der Einführung neuer Produktionstechniken richtet, sind in der Organisationsforschung eher theoretische Perspektiven, die sich stärker mit den Einführungsbedingungen neuer Produktionstechniken auseinandersetzen, zu finden. Kennzeichnend für die Mehrzahl der Ansätze aus der Organisationsforschung ist die Effizienz-Kongruenz-Hypothese, die in einer einfachen Fassung besagt, daß zwischen dem formellen und informellen Aufbau einer Organisation und ihrer Effizienz systematische Beziehungen bestehen (Schreyögg 1978), wobei der formelle Aufbau auch die Arbeitsorganisation und die eingesetzte Produktionstechnik beinhaltet. Wie die formelle Struktur einer Organisation zustande kommt, ist Gegenstand einer lang anhaltenden Kontroverse[1].

So sind für die 'Umweltschule' (z.B. Lawrence/Lorsch 1967) Komplexität und Stabilität der Anforderungen aus der Umwelt einer Organisation zentral für die Gestaltung der Organisation. Für die 'Technikschule' (z.B. Woodward 1965) haben nicht so sehr unspezifische Anforderungen aus der Umwelt eine zentrale Bedeutung, sondern die jeweils konkret eingesetzte Produktionstechnik stellt konkrete Anforderungen an die Gestaltung der Organisation. Für die 'Größenschule' (z.B. Blau 1974) ist der zentrale Mechanismus die funktionale Differenzierung, die mit zunehmender Organisationsgröße immer weiter und immer effizienter vorangetrieben werden kann. Für die 'Strategic Choice'-Schule (z.B. Child 1972) wird die Organisationsstruktur durch Entscheidungen von zentralen Organisationsinstanzen bzw. zentralen Organisationsmitgliedern durch bewußte Auswahl aus Alternativen geschaffen. Für die 'Ökologie-Schule' (z.B. Hannan/Freeman 1977) ist die Organisationsstruktur Resultat eines Evolutionsprozesses, bei dem unter Wettbewerbsbedingungen nur effiziente Organisationsstrukturen langfristig überlebensfähig sind, wobei die Frage nach den Ursachen für die Entstehung bestimmter Organisationsstrukturen von sekundärer Bedeutung ist (ausführlicher hierzu Freriks 1992).

Gegen solche eher funktionalistischen Betrachtungen von Organisationen setzen eine Reihe von Organisationsforschern (z.B. Crozier/Friedberg 1979) eine Sichtweise von Organisationen als sozialem Prozeß, in dem individuelle Interessen und Machtauseinandersetzungen zentral sind[2].

In der Industriesoziologie hat lange Zeit die Gestaltung der Arbeitsorganisation als direkt abhängig von der Produktionstechnik gegolten, und der Einsatz der Produktionstechnik ist aus den Verwertungsbedingungen des Kapitals abgeleitet worden. Seit Beginn der 80er Jahre ist jedoch eine Trendwende eingetreten. Produktionstechnik und Gestaltung der Arbeitsorganisation werden nun als zwei voneinander weitgehend unabhängige Größen betrachtet, und bei der Bestimmung der Konsequenzen des Einsatzes neuer Produktionstechniken werden die Bestimmungsfaktoren für die

---

1 Die Heterogenität der Ergebnisse der Organisationsforschung wird neben theoretischen Unschärfen auch auf die zu weite Operationalisierung zentraler theoretischer Begriffe zurückgeführt (Ebers 1984).

2 Sandelands/Drazin (1989) zeigen, daß eine wirkliche Integration von struktur- und handlungsorientierten Ansätzen äußerst hohe Anforderungen stellt, die im folgenden nur ansatzweise eingelöst werden können. An anderer Stelle sind wir auf Differenzen und Kritik gegenüber dem Mikropolitik-Ansatz näher eingegangen (vgl. Hauptmanns u.a. 1990; Schmid 1991 a, b).

Gestaltung der Arbeitsorganisation immer wichtiger (Lutz 1983 sowie als Übersicht Schmid u.a. 1992).

Als gemeinsames Kennzeichen der neueren industriesoziologischen Beiträge kann die soziale Prozeßhaftigkeit der Implementation von Produktionstechniken und der Gestaltung der Arbeitsorganisation gelten. Bei Kern/Schumann (1984) werden als zentrale Akteure Managementfraktionen, Arbeiter und Gewerkschaften benannt, Bergmann u.a. (1986) betonen die Bedeutung der Ausprägung betrieblicher Herrschaftsverhältnisse für die Gestaltung der Arbeitsorganisation, Manske/Wobbe (1987) stellen das Kontrollinteresse des Managements und der technischen Führungskräfte bei der Gestaltung der Arbeitsorganisation heraus, das aber nicht zwangsläufig zu tayloristischen Mustern führt, Birke/Schwarz (1989) weisen auf die Rolle der betrieblichen Interessenvertretung der Arbeitnehmer bei der Gestaltung von Arbeitssystemen hin und Hildebrandt/Seltz (1989) heben die Bedeutung der betrieblichen Sozialverfassung hervor.

Auffällig in der Theorieentwicklung ist eine Annäherung zwischen Organisationsforschung und Industriesoziologie (Lehner/Schmid 1992; Heidenreich/Schmidt 1991). Beide versuchen zunehmend, der sozialen Prozeßhaftigkeit der Einführung und Gestaltung von neuen Produktionstechniken und der Gestaltung der Arbeitsorganisation Rechnung zu tragen, ohne zugleich eine Beliebigkeit der materiellen Ergebnisse dieses sozialen Prozesses zu postulieren. Die Ähnlichkeit der Entwicklungslinien vereinfacht einerseits den Versuch, über eine Integration der inhaltlichen Kernaussagen einen theoretischen Rahmen zu entwickeln, schafft jedoch andererseits das Problem, daß sich der Konvergenzbereich der Theorieentwicklung auf einen Sachverhalt bezieht, der im NIFA-Panel nicht untersucht werden kann, nämlich der innerbetrieblichen Aushandlungs- und Entscheidungsprozesse.

Unsere Überlegungen setzen deshalb an dem Punkt ein, daß die Existenz innerbetrieblicher Entscheidungs- und Aushandlungsprozesse zwar zu einer Vielfalt, aber nicht zur Beliebigkeit der materiellen Ergebnisse führt (Ortmann u.a. 1990). Dies kann nichts anderes heißen, als daß die Entscheidungsfreiheit der betrieblichen Akteure begrenzt ist und einige Ergebnisausprägungen häufiger anzutreffen sind als andere. Unser Vorschlag, die Beschränkungen der Entscheidungsfreiheit theoretisch zu fassen, besteht in der Rekonstruktion der Nutzenkalküle individueller Akteure, während der eigentliche Entscheidungsprozeß als black-box behandelt wird. Unser Interesse gilt vor allem den Bedingungen, die die Kosten-Nutzenrelation für alle bzw. die meisten betrieblichen Akteure in die gleiche Richtung beeinflussen. Ziel unserer Untersuchung ist daher die Identifikation von Entscheidung- und Handlungskorridoren, innerhalb derer betriebliche Maßnahmen und Strukturen adäquat sind. Bezugspunkte dafür bilden sowohl betriebliche als auch überbetriebliche Situationsfaktoren, die in einer Vielzahl von Variablen zu erfassen sind. Aus der Rahmenbindung betrieblicher Entscheidungsprozesse und der Komplexität eben dieses situativen Rahmens resultiert ein vielschichtiger Vermittlungsmechanismus, dessen Grundstruktur im folgenden vereinfacht dargestellt wird.

C. Wahlakte und betriebliche Ausformung von Technik und Arbeitsorganisation

1. Entscheidungskorridor, Adäquatheitsrelation und Effizienz

Gerade in betrieblichen Kontexten erscheint uns die Annahme situativer Rahmenbedingungen gerechtfertigt, die die Nutzenkalküle für alle (bzw. für den Großteil der) betrieblichen Akteure in der gleichen Richtung beeinflussen. Die Beeinflussung von Nutzenkalkülen bedeutet nicht, daß durch betriebsexterne und interne Zustände bei den Entscheidungsprozessen über Art und Umfang betrieblichen Technikeinsatzes und die Gestaltung der Arbeitsorganisation Situationen zwangsläufig so vorstrukturiert sind, daß jeweils nur eine Lösungsvariante eindeutig präferiert wird. Wir gehen vielmehr davon aus, daß zwischen den Umweltbedingungen und den internen organisatorischen Strukturen eines Unternehmens Adäquatheitsrelationen bestehen[3]. Rasch wechselnde Umweltbedingungen sind beispielsweise unter wirtschaftlichen Gesichtspunkten besser mit organisatorischen Strukturen zu bewältigen, die durch ein geringeres Maß an Formalisierung, weniger stark ausgeprägte funktionale Differenzierung und dezentrale Kompetenzverteilung gekennzeichnet sind (Daft 1982). Unternehmen, die Adäquatheitsrelationen nicht beachten, müssen mit wirtschaftlichen Einbußen rechnen (vgl. dazu z.B. Aldrich 1979; Cameron/Whetten 1982; Keats/ Hitt 1988; Miller 1987; Seashore u. a. 1983).

Sowohl Art und Umfang des Technikeinsatzes als auch die Form der Arbeitsorganisation sind nicht Selbstzweck, sondern Instrumente, um betriebliche Zielvorstellungen zu erreichen. Gerade die Ergebnisse der Organisationsforschung zeigen die Relevanz funktionaler Äquivalente, d.h., daß betriebliche Zielvorstellungen auf mehreren Wegen erreicht werden können. Nach unseren Vorstellungen hängt es von den spezifischen Ausprägungen externer und interner Rahmenbedingungen ab, wieviele gleichwertige Lösungsvarianten existieren. Wie Child (1984) zeigt, ist die Eindeutigkeit der

3 In der Organisationsforschung ist der Begriff "fit" eine zentrale Kategorie, die mit unterschiedlichen Bedeutungen verwendet wird: 1. In systemtheoretischen Ansätzen als Kategorie zur Erklärung und Beschreibung für die Adaption des Systems Unternehmen an seine Umwelt 2. In kontingenztheoretischen Ansätzen als empirische Generalisierung übereinstimmender struktureller Merkmale von Betrieben und struktureller Umweltfaktoren 3. In evolutionistischen Ansätzen als Kriterium in Selektionsprozessen (vgl. dazu Van de Ven/Drazin 1985). In unserem Untersuchungszusammenhang gilt die Verwendung als Kriterium in Selektionsprozessen, wie sie von Aldrich (1979) konzeptionalisiert wurde als angebracht. Um sprachliche Unklarheiten zu vermeiden, wurde der Begriff Adäquatheitsrelation für diese spezifische Variante des Fit-Konzeptes gewählt.

Ausgangssituation - und nach unseren Überlegungen die Eindeutigkeit der Zielvorstellungen - zentral. Die Eindeutigkeit der Ausgangssituation bezieht sich darauf, ob die einzelnen Situationsfaktoren übereinstimmend die Nutzenkalküle in die gleiche Richtung beeinflussen, oder ob konfligierende Situationsfaktoren vorliegen.

Die Beziehungen zwischen Situationsfaktoren schränken die Entscheidungsfreiheit ein und geben sozusagen einen Entscheidungsraum vor, in dem eine Interessenauseinandersetzung betrieblicher Akteure stattfindet. Für Beziehungen zwischen Situationsfaktoren, die Entscheidungsräume begrenzen, schlagen wir den Begriff Adäquatheitsrelation vor. Es ist nicht notwendig anzunehmen, daß betriebliche Akteure die Beziehungen zwischen Situationsfaktoren kennen müssen, wenn sie eine Entscheidung treffen. Werden Adäquatheitsrelationen durch gewählte Lösungen - bewußt oder unbewußt - mißachtet, so wirkt sich dies negativ auf die Effizienz des Betriebes aus.

Effizienz ist ein zentraler Faktor, der in unterschiedlichen Varianten das Verhältnis von internen und externen betrieblichen Rahmenbedingungen und den Einsatz moderner Produktionstechniken und der Gestaltung der Arbeitsorganisation berührt. Im Unterschied zu einigen industriesoziologischen Ansätzen und zu Vorstellungen, wie sie von einigen Organisationsforschern entwickelt wurden, soll mit dem Effizienzkriterium nicht die Profitmaximierung gemeint sein. Effizienz bezieht sich in unserem Verständnis auf die Fähigkeit, die zur Existenzsicherung der Organisation notwendigen Ressourcenallokation zu erreichen.

Lösungen, die die Effizienz der Unternehmung in Frage stellen, bedrohen damit auch den Bestand der Organisation. Es soll mit der These, daß Effizienz eine zentrale Rolle bei der Einschränkung des betrieblichen Gestaltungsspielraums spielt, nicht behauptet werden, daß nur effiziente Lösungsvarianten für Technikeinsatz und Arbeitsorganisation in Betrieben umgesetzt werden. Wie Ortmann u.a. (1990, S. 103ff.) eindrucksvoll zeigen, können durchaus ineffiziente Lösungsvarianten innerbetrieblich (durch den Einsatz von Macht) durchgesetzt werden. Unsere These ist, daß solche Lösungsvarianten nur dann Bestand haben, wenn sie durch Modifikationen effizient gemacht werden können oder wenn die Lösungsvarianten die Effizienz des Betriebes insgesamt nicht in Frage stellen. Das Effizienzkriterium führt nicht zum automatischen Ausschluß ineffizienter Lösungsvarianten, sondern bezieht sich auf den Bestand von Lösungsvarianten über Zeit.

2. *Betriebliche Situation, Strategie und Struktur*

Ausgangspunkt unserer Überlegungen ist, daß sowohl Art und Umfang des betrieblichen Technikeinsatzes als auch die Gestaltung der Arbeitsorganisation Resultate innerbetrieblicher Entscheidungsprozesse sind. Die Annahme von Entscheidungsprozessen bedingt die Existenz von Zielvorstellungen. Industriesoziologie und neuere Organisationsforschung stimmen darin überein, daß von einer Gleichartigkeit von Interessenlagen betrieblicher Akteure keine Rede sein kann. Trotz der divergierenden Interessenlage der einzelnen betrieblichen Akteure sind sie zur gegenseitigen Kooperation gezwungen, denn ihr gemeinsames Interesse muß die Erhaltung der Organisation sein, wenn sie ihre persönlichen Zielvorstellungen erreichen wollen (Crozier/Friedberg 1979).

Ob eine Strategie einzelner Akteure oder eine betriebliche Strategie - verstanden als die Bündelung von Einzelhandlungen in bezug auf ein konkreter gefaßtes wirtschaftliches Ziel eines Unternehmens als Resultat eines betrieblichen Aushandlungsprozesses - im Widerspruch zum Minimalziel "Existenzerhaltung" steht oder nicht, hängt von den Ausprägungen außer- und innerbetrieblicher Situationsfaktoren ab. Eine Veränderung der Ausprägung der Situationsfaktoren erfordert eine Bewertung und die Wahl einer Handlungsalternative, wobei auch die Ignorierung einer Änderung als Wahlakt zu verstehen ist[4]. Die Wahl einer Strategie, bei der Beziehungen zwischen Situationsfaktoren mißachtet werden, führt unter der Bedingung von Unternehmenskonkurrenz zu wirtschaftlichen Nachteilen (unter der Voraussetzung, daß die Mitbewerber eine erfolgreichere Strategie angewendet haben).

Die Wahrnehmung und Interpretation von Umweltbedingungen sowie die Restriktionen durch vorhandene Organisationsstrukturen bestimmen gewissermaßen den Entscheidungsraum, in dem Unternehmensstrategien formuliert werden können. Betriebe können die Konstellationen auf den sie umgebenden Märkten verschieden interpretieren und darauf aufbauend unterschiedliche Handlungsstrategien entwickeln (Hauptmanns u.a. 1991).

Der Strategieformulierungsprozeß kann nicht personenunabhängig gedacht werden. In ihn gehen unterschiedliche Wahrnehmungen, Interessen und Machtverhältnisse ein, die das Ergebnis innerhalb des Entscheidungsraums beeinflussen. Das Ignorieren der Begrenzungen des vorgegebenen Entscheidungsraums kann zu wirtschaftlichen Nachteilen bis hin - im Extremfall - zur Existenzgefährdung des Unternehmens führen. Der Entscheidungsraum ist dabei keine konstante Größe. Spezifische Konfigurationen von Situationsfaktoren können mehr oder weniger große Entscheidungsräume zur Konsequenz haben, wobei das Ergebnis des Strategieprozesses Auswirkungen auf die organisatorische Struktur und auf die Umwelt des Unternehmens hat. Mit dem Begriff Konfiguration - in Anlehnung an Miller/Friesen (1984) - soll ausgedrückt werden, daß die Wirkungsrichtung einzelner Faktoren sich in Abhängigkeit von der Ausprägung anderer Faktoren verän-

4 Die Auffassung, daß Nichtentscheidung auch als Wahlakt aufzufassen ist, vertreten schon Bachrach/Baratz in den 60iger Jahren (vgl. Bachrach/Baratz 1963).

dern kann. Organisationsformen, die sich beispielsweise bei der Bewältigung rasch verändernder Umweltbedingungen erfolgreich bewährt haben, können bei stabiler werdenden Umweltbedingungen obsolet werden. Die gleiche Organisationsform kann zugleich für das Organisationsziel "Existenzsicherung" extrem positiv oder negativ wirken. Wie sich die Organisationsform auswirkt, ist abhängig von den Ausprägungen externer Situationsfaktoren. Dabei ist zu beachten, daß multiple Adäquatheitsrelationen bestehen und daß zwischen ihnen konfligierende Anforderungen bestehen können, so daß das "rationale" Ziel einer Organisation die bestmögliche Gesamtanpassung und nicht die Maximierung einzelner Beziehungen sein darf.

Die Wahl einer Strategie beeinflußt auch die Struktur der Organisation. Die Umsetzung einer Strategie erfordert die Koordination einer Vielzahl von Einzelhandlungen, die in der Regel von verschiedenen Personen vorgenommen werden. Es sind also Koordinations- und Steuerungsmechanismen notwendig, um das Verhalten der Organisationsmitglieder in die gewünschte Richtung zu beeinflussen. Welche Koordinations- und Steuerungsmechanismen benutzt werden (z.B. Kompetenzzuweisungen, Formalisierung von Informationswegen, Zuordnung von Personen und Aufgaben, Verknüpfung von Arbeitsleistung und Entgelt etc.), hat Auswirkungen auf die Struktur der Organisation.

Der Entscheidungsprozeß über den Technikeinsatz und die Gestaltung der Technik läßt sich in ähnlicher Weise konzipieren. In dieser Betrachtungsweise haben Situationsfaktoren keinen Determinationscharakter. Die Beziehungen zwischen Situationsfaktoren wirken als Selektionsmechanismus bei der Auswahl von Handlungsalternativen und legen einen Entscheidungsraum fest. Die mögliche Nichtbeachtung der Beziehungen zwischen Situationsfaktoren durch betriebliche Akteure ist allerdings mit Folgen für die Organisation verbunden. Durch die Iteration von Strategieformulierungsprozessen, organisatorischen Maßnahmen und technischen Veränderungen können unter der Wirkung eines Selektionsmechanismus organisatorische Strukturen und eine technische Infrastruktur entstehen, die innerhalb des Entscheidungsraums liegen. Langfristig können sich so Beziehungsmuster zwischen Situationsfaktoren herausbilden, die sich bei einer oberflächlichen Betrachtungsweise wie deterministische Beziehungen darstellen.

Neben den wahrgenommenen externen Anforderungen hat auch ihre Umsetzung, also die Entscheidung für eine bestimmte Strategie, Konsequenzen für Entscheidungen zu späteren Zeitpunkten. Je öfter Entscheidungen im Sinne einer einmal gewählten Strategie getroffen werden, desto höher werden die Umstellungskosten für einen Strategiewechsel, und desto eingeschränkter wird der Raum für betriebliche Handlungsoptionen. Dabei ist es durchaus denkbar, daß nicht alle Strategien den zukünftigen Entscheidungsraum in gleichem Ausmaß einschränken.

Der Zusammenhang zwischen der Größe des Entscheidungsraums und der Spezifität von Anforderungen läßt sich auch auf die arbeitsorganisatorischen Entkoppelungspotentiale neuer Produktionstechnologien übertragen, wobei unter arbeitsorganisatorischer Entkoppelung die zeitlich-räumliche Trennung der Tätigkeit der Arbeiter von der Maschinentätigkeit verstanden werden soll. Bei globaler Betrachtung werden den neuen Produktionstechnologien steigende arbeitsorganisatorische Entkoppelungspotentiale zugeschrieben (z.B. Springer 1987). Je spezifischer die Leistungsmerkmale neuer Produktionstechniken in bestehenden arbeitsorganisatorischen Kontexten betrachtet werden, desto eher zeigen sich Grenzen der arbeitsorganisatorischen Gestaltungsfähigkeit der neuen Produktionstechniken (Hirsch-Kreinsen u.a. 1990).

Die Gestaltung von Produktionstechnik und Arbeitsorganisation ist nach unseren Überlegungen ein kontinuierlicher Prozeß, in dem immer wieder überprüft wird, ob die derzeitigen Formen zu gewünschten Ergebnissen führen. Die Beziehung zwischen Arbeitsorganisation und Produktionstechnik ist von Adäquatheitsrelationen geprägt, d.h. es bestehen keine strikt deterministischen Beziehungen - etwa in der Form, daß die Produktionstechnik die Arbeitsorganisation prägt -, andererseits sind Produktionstechnik und Arbeitsorganisation auch keine voneinander unabhängigen Größen. Zu jeder Produktionstechnik existieren verschiedene, mehr oder weniger angemessene Formen der Arbeitsorganisation bzw. zu jeder Arbeitsorganisation existieren verschiedene, mehr oder weniger angemessene Produktionstechniken.

3. *Betriebsexterne Situationsfaktoren*

Die Angemessenheit von Arbeitsorganisation und Produktionstechnik beschränkt sich nicht nur auf das Binnenverhältnis, sondern wird auch bestimmt durch Beziehungen zu anderen betrieblichen bzw. betriebsexternen Faktoren. Für unsere Untersuchungszwecke können die außerbetrieblichen Situationsfaktoren auf vier relevante Dimensionen reduziert werden: den Absatzmarkt, den Arbeitsmarkt, den Technikmarkt und den Finanzmarkt, wobei letzterer in unseren Überlegungen vernachlässigt wird, da er als einheitliche Rahmenbedingung für alle Betriebe wirkt.

Der Absatzmarkt stellt - vermittelt über Produktmerkmale, wie z.B. Stückzahl, Komplexität, Qualitätseigenschaften, Preis, Lieferzeit etc. - Anforderungen an die Struktur des Produktionsprozesses. Diese Anforderungen sind zumindest teilweise nicht miteinander kompatibel, d.h. die gleichzeitige und vollständige Erfüllung aller Anforderungen ist unmöglich. Bei dem Versuch, unterschiedliche Anforderungen des Absatzmarktes an den Produktionsprozeß umzusetzen, treten Zielkonflikte auf, z.B. zwischen Stückzahl und Kosten, zwischen Auslastung an den Arbeitsplätzen und Durchlaufzeit (vgl. z.B. Hirsch-Kreinsen 1984; Manske 1987; Wiendahl

1987). Die Gestaltung des Produktionsprozesses ist unter der Maßgabe der Berücksichtigung heterogener Anforderungen des Absatzmarktes an den Betrieb ein Optimierungsproblem, bei dem mehrere Lösungen zu vergleichbaren wirtschaftlichen Ergebnissen führen können, d.h. es sind funktional äquivalente Lösungen vorstellbar. Dies bedeutet nicht, daß beliebige Lösungen vorstellbar sind, sondern nur, daß es keinen eindeutig bestimmbaren "besten Weg" gibt, aber funktionale Äquivalente existieren.

Neue Produktionstechnologien können dieses komplexe Wechselspiel des Ausgleichs unterschiedlicher Anforderungen durch ihre technischen Eigenschaften beeinflussen. Sie können bestehende Gegenläufigkeiten zwar nicht beseitigen, aber doch deutlich herabsetzen.

Neben den spezifischen Anforderungen von Abnehmern an Produktmerkmale sind bei der internen Strukturierung des Betriebes allgemeine Entwicklungen des Absatzmarktes zu beachten. Unternehmen, die in überschaubaren Absatzmärkten agieren, deren Entwicklungen kontinuierlich verlaufen, können die zukünftigen Anforderungen an den Produktionsprozeß relativ zuverlässig abschätzen und dementsprechend frühzeitig Anpassungsmaßnahmen einleiten. Unter den Bedingungen Überschaubarkeit und Kontinuität ist die Herausbildung einer relativ starren Organisationsstruktur sinnvoll, die auf die Besonderheiten des Absatzmarktes abgestimmt ist. Dies ist am effektivsten durch funktionale Differenzierung, Formalisierung und Hierarchisierung zu erreichen. Hirsch-Kreinsen und v. Behr (1988) sprechen in diesem Zusammenhang von stabilen betrieblichen Rahmenkonstellationen und gehen davon aus, "daß bei den Betrieben mit einer Rahmenkonstellation dieses Typs derzeitig und absehbar wenig oder gar keine Anstöße für das Verlassen des traditionellen Weges der Arbeitsgestaltung existieren" (S. 30).

Anpassungen an Veränderungen des Absatzmarktes erfolgen inkrementalistisch. Allerdings sind überschaubare Absatzmärkte mit kontinuierlichen Entwicklungen nur für einen Teil der Betriebe gegeben. Unüberschaubare Absatzmärkte mit diskontinuierlichen Entwicklungen sind für einen Großteil der Betriebe typische Ausgangskonstellationen. Sinnvoll ist bei diesen Bedingungen eine Betriebsstruktur, die in kürzest möglicher Zeit an veränderte Situationen angepaßt werden kann[5].

Für eine Reihe von Forschern ist das Angebot an Arbeitskräften sowohl quantitativ als auch qualitativ eine wichtige Determinante für die Gestaltung von Arbeitsorganisation und Technik (z.B. Child 1984). Sind qualifizierte Arbeitskräfte auf dem Arbeitsmarkt kaum mehr verfügbar, während unqualifizierte Arbeitskräfte in ausreichendem Maße zur Verfügung stehen, ist es eine sinnvolle betriebliche Einsatzstrategie, die knappen Fachkräfte

---

5 Große Bedeutung für die mögliche Anpassungsgeschwindigkeit bzw. die möglichen Anpassungskosten haben politische Rahmenbedingungen, wie z.B. das Verhältnis der Tarifpartner untereinander, rechtliche Regelungen zur Mitbestimmung, zum Kündigungsschutz etc. (Caroll/Delacroix/Goodstein 1988). Siehe auch Widmaier/Schmid in diesem Band.

auf die Tätigkeiten innerhalb des Betriebes zu konzentrieren, die ein hohes Maß an Qualifikation voraussetzen. Bei einem breiten Angebot an qualifizierten Fachkräften ist dagegen eine flexible Form der Arbeitsorganisation sinnvoll. Unter den politischen Rahmenbedingungen in West- und Nordeuropa werden die Lohnkostenabstände zwischen qualifizierter Facharbeit und unqualifizierter Arbeit durch die besseren Einsatz- und Nutzungsmöglichkeiten qualifizierter Facharbeit mehr als ausgeglichen. Bei einem breiten Angebot an qualifizierten Arbeitskräften ist deshalb die Senkung des Anteils unqualifizierter Arbeit und die Reintegration von Aufgaben für Betriebe eine angemessene Strategie. Das technische Pendant zu dieser arbeitsorganisatorischen Einsatzstrategie ist die flexible Automatisierung.

Diese kurz angedeuteten unterschiedlichen Strategien beziehen sich nur auf betriebsinterne Reaktionen auf die Situation am Arbeitsmarkt. Natürlich können Betriebe bzw. Zusammenschlüsse von Betrieben auch betriebsexterne Maßnahmen ergreifen, wie z.B. Anwerbung von Arbeitskräften aus anderen Wirtschaftsgebieten, Verlagerung von Produktionsstandorten, Initiativen zum Abbau von Qualifizierungsdefiziten etc.. Weiterhin ist zu berücksichtigen, daß es sich jeweils um Strategien handelt, deren Umsetzung sich über einen relativ langen Zeitraum erstreckt.

Wie beim Absatzmarkt angedeutet, können neue Produktionstechniken Einfluß auf die Optimierung des Prozesses der betrieblichen Leistungserstellung im Hinblick auf die Erreichung mehrerer Zielvorstellungen haben. Einer der bekanntesten Zielkonflikte im Maschinenbau ist der zwischen Maschinenverfügbarkeit und Durchlaufzeit. Produkte im Maschinenbau bestehen häufig aus einer Vielzahl von Einzelteilen, wobei die Fertigstellung des Produktes vom letzten gefertigten Einzelteil abhängt. Die Optimierung der Durchlaufzeit bedeutet dementsprechend eine Fertigungsreihenfolge, die sich nach der Produktzugehörigkeit eines Einzelteils richtet. Wenn an jeder Maschine die Rüst- und Nebenzeiten minimiert werden, ergibt sich eine Auftragsreihenfolge an jeder Maschine, die auf der fertigungstechnischen Ähnlichkeit jedes Einzelteils mit dem vorhergehenden Einzelteil beruht. Fertigungstechnische Ähnlichkeit eines Einzelteils und Produktzugehörigkeit eines Einzelteils sind aber voneinander unabhängig, d.h. es kann sein, daß zwei Einzelteile eines Produktes fertigungstechnisch sehr ähnlich sind, es können aber auch Einzelteile, die zu verschiedenen Produkten gehören, fertigungstechnisch identisch sein. Eine Optimierung der Durchlaufzeit führt tendenziell zu höheren Rüst- und Nebenzeiten an den Maschinen und senkt somit ihre Verfügbarkeit, während eine Optimierung der Verfügbarkeit tendenziell die Durchlaufzeit erhöht. Neue Produktionsmaschinen, deren Rüst- und Nebenzeiten kürzer sind, ändern an der prinzipiellen Natur der Gegensätzlichkeiten nichts, aber der Spielraum für eine gleichzeitige Verkürzung von Durchlaufzeiten und Maschinenverfügbarkeit erhöht sich.

D. Die Umsetzung betriebsexterner in innerbetriebliche Situationsfaktoren

Betriebe sind keine akteurlosen Systeme, die passiv Adaptionsleistungen an ihre Umwelt erbringen; sie sind soziale Organisationen, die ihre Umwelt beeinflussen können und in denen darüber entschieden wird, welche Anforderungen aus der Umwelt in welcher Form und in welchem Umfang innerbetrieblich umgesetzt werden. Insbesondere bei Anforderungen aus dem Absatzmarkt können sie selektieren, was und in welchem Umfang intern bewältigt werden soll und was an andere Betriebe übergeben wird. Eine wichtige intervenierende Variable stellt dabei jedoch - worauf insbesondere die Organisationsforschung insistiert - die Größe der Organisation dar.

Insgesamt ergibt sich eine gestufte Beziehung zwischen Anforderungen aus der Umwelt eines Betriebes und ihrer Umsetzung in betriebliche Handlungsmuster. Erste Voraussetzung ist, daß Umweltanforderungen vom Betrieb bzw. von zumindest einem Entscheidungsträger als solche erkannt werden müssen. Je globaler Umweltanforderungen sind, desto schwerer sind sie identifizierbar. Zweitens muß eine erkannte Anforderung für betriebsrelevant gehalten werden. Drittens muß dann entschieden werden, ob eine innerbetriebliche Reaktion erforderlich ist, oder ob sie an andere Betriebe weitergeleitet werden soll. Nur wenn alle drei Bedingungen erfüllt sind, können Umweltanforderungen für betriebliches Handeln relevant sein. Für die Umsetzung in betriebliches Handeln ist von entscheidender Bedeutung, welcher Entscheidungsträger die Umweltanforderung erkannt hat, wie er sie interpretiert und welches betriebliches Problem er formuliert, denn die Formulierung des Problems ist eine Vorentscheidung über mögliche Lösungsvarianten (Crozier/Friedberg 1979; vgl. auch Hauptmanns u.a. 1991).

1. Absatzmarkt, Produktstruktur und Produktionstechnik

Die Anforderungen des Absatzmarktes, die der Betrieb internalisiert, zeigen sich in der Produktstruktur des Unternehmens, die wesentliche Anforderungen an die Gestaltung des Produktionsprozesses stellt. Die relevanten Dimensionen der Produktstruktur für die Gestaltung der Arbeitsorganisation und des Einsatzes neuer Produktionstechniken sind Komplexität und Heterogenität des Produktionsprozesses[6]. Komplexität bezieht sich dabei auf die Zahl der Einzelteile, der Bearbeitungsschritte, die geometrische Struktur der Einzelteile und auf die Wiederholhäufigkeit, wobei die Komplexität mit

---

6 Die folgenden Aussagen beziehen sich nur auf diskontinuierliche Produktionsprozesse, wie sie für den Maschinenbau typisch sind. Kontinuierliche Prozeßproduktion stellt von ihren Abläufen und technischen Anforderungen vollkommen andere Anforderungen an die Gestaltung von Arbeitsorganisation und Technik.

wachsender Teilezahl, Zahl der Bearbeitungsschritte, der Bearbeitungsebenen und sinkender Wiederholhäufigkeit steigt. Heterogenität bezieht sich auf die Unterschiedlichkeit der Anforderungen bezüglich der Zahl der Einzelteile, der Bearbeitungsschritte, der geometrischen Struktur der Einzelteile und der Wiederholhäufigkeit. Je komplexer und je heterogener die betrieblichen Produktionsprozesse sind, desto schwieriger werden Organisationsformen realisierbar, die sich an der Logik des Fertigungsablaufes orientieren, da mit wachsender Komplexität des Produktionsprozesses der notwendige Planungsaufwand für die räumliche und organisatorische Anordnung der Fertigungsmittel steigt, und mit wachsender Heterogenität der Produktionsprozesse die Logiken der Fertigungsabläufe sich immer weiter auseinander entwickeln (Hirsch-Kreinsen 1984). Eine Organisationsform, die sich an der Logik der Abläufe orientiert, wird allgemein unter Outputgesichtspunkten als effektiver eingeschätzt als andere Organisationsformen[7]. Heterogenität und Komplexität der Produktionsprozesse geben Rahmenbedingungen dafür vor, in welchem Umfang diese Organisationsform in einem Betrieb realisiert werden kann. Auch diese Rahmenbedingungen sind nicht statisch zu verstehen; Betriebe besitzen auch hier Handlungsoptionen, indem sie beispielsweise ihre Fertigung nach unterschiedlichen Gesichtspunkten organisieren oder neue Produktionstechniken einsetzen können.

2. *Situationsfaktoren und Produktionssteuerung*

Die Anforderungen an die Produktionstechnik resultieren zum einen direkt aus den Anforderungen der Kunden an das zu fertigende Produkt und zum anderen aus ihrer Einbindung in die bisherigen Organisationsformen der Fertigung. Die direkten Kundenanforderungen betreffen i. d. R. technische Leistungsspezifikationen (z.B. Genauigkeitsanforderungen) für die Maschinenart(en), auf der das Produkt gefertigt wird. Die Anforderungen aus der Fertigungsorganisation betreffen weniger Merkmale der technischen Leistungsfähigkeit, die sich auf die eigentliche Bearbeitung beziehen, sondern eher Ausstattungsmerkmale, die sich auf die Nutzung bzw. Bedienung beziehen. Für eine produktorientierte Fertigungsorganisation sind Merkmale, wie Möglichkeiten der Datenübertragung und Anschlußmöglichkeiten an zentrale Steuerungssysteme, von wesentlich größerer Relevanz als bei Fertigungsorganisationsformen, die nicht auf der Logik der Fertigungsabläufe beruhen. Die Bedeutung der möglichst vollständigen und schnellen Informationsweitergabe ist bei produktorientierten Organisationsformen größer

7 Aus Gründen der Vereinfachung haben wir die Organisationsformen der Fertigung auf die Dichotomie: Produktorientierte Organisationsformen vs. Andere Organisationsformen reduziert. Die Produktorientierung ist nach unserer Einschätzung der Organisationsfaktor, der entscheidende Unterschiede für Technikkonfigurationen, Fertigungsteuerung und Arbeitsorganisation ergibt.

und dementsprechend sind Techniken, die diese Informationsweitergabe unterstützen, von größerer Relevanz.

Die Fertigungsorganisation vermittelt die Anforderung aus der Komplexität und Heterogenität der Produktionsprozesse an die Fertigungssteuerung, wobei vereinfacht davon ausgegangen werden kann, daß, je heterogener und je komplexer die Produktionsprozesse sind, desto höher werden die Anforderungen an die Fertigungssteuerung und - nach Manske/Wobbe (1987) - desto ineffektiver werden zentralistische Steuerungssysteme. Die Form der Fertigungsorganisation kann die Komplexität der Steuerungsaufgaben reduzieren oder steigern, wobei sich produktorientierte Organisationsformen als komplexitätssteigernd auswirken und andere Organisationsformen eine Komplexitätsreduktion bewirken können.

Ein weiterer Faktor, der die Komplexität der Aufgaben berührt, ist die strategische Ausrichtung der Fertigungssteuerung in Richtung Zentralität, die eine Steigerung der Komplexität zur Folge hat oder in Richtung Dezentralität, die die Komplexität reduzieren kann. Die strategische Ausrichtung ist eine Frage der Durchsetzungsfähigkeit unterschiedlicher betrieblicher Interessengruppen, da diese Frage unweigerlich mit Kompetenzfragen der verschiedenen - sowohl innerhalb als auch außerhalb der Produktion vertretenen - Interessengruppen verbunden ist. Zentralistische Steuerungskonzepte beruhen i.d.R. auf einer Auslagerung der Steuerungstätigkeit aus der direkten Produktion und sind mit Kompetenzverlusten für alle in der Produktion Beschäftigten verbunden. Demgegenüber stärken dezentrale Steuerungskonzepte die Position der in der Produktion Beschäftigten.

Bei der Wahl der strategischen Ausrichtung in der betrieblichen Produktionsplanung und -steuerung sind Adäquatheitsrelationen zwischen der Ausrichtung, der eingesetzten Produktionstechnik, der Fertigungsorganisation, der Komplexität und Heterogenität der Produktionsprozesse und der Arbeitsorganisation zu beachten und zugleich der Zielkonflikt zwischen der Steuerungsfähigkeit und der Wirtschaftlichkeit zu berücksichtigen. Die Aufgaben der Fertigungsplanung und -steuerung können durch Anforderungen, die durch die Produktionsprozesse, die Wahl der Fertigungsorganisation und die eingesetzte Produktionstechnik gestellt werden, ein solches Maß an Komplexität erreichen, daß sie mit rein zentralistischen Planungs- und Steuerungssystemen nicht mehr zu bewältigen sind. Andererseits führen die gleichen komplexen Anforderungen dazu, daß rein dezentralistische Planungs- und Steuerungssysteme andere wirtschaftliche Zielgrößen als die Maschinenauslastung nicht mehr realisieren können, weil gerade die Komplexität es erschwert, dezentrale Steuerungssysteme zu entwickeln, die nicht nur bei jeder einzelnen Entscheidungsstelle in Hinblick auf mehrere Anforderungen optimiert werden können, sondern bei denen auch das Zusammenspiel aller Entscheidungsstellen auf mehrere Anforderungen optimiert wird. Bei einer Bestimmung des Gesamtoptimums für mehrere Anforderungen, die sich zum Teil widersprechen, müssen zwangsläufig an einigen dezentralen Entscheidungsstellen Entscheidungen getroffen werden, die für die einzelnen Stellen suboptimal sind.

Am Beispiel des Zielkonfliktes zwischen Maximierung der Maschinenverfügbarkeit und Minimierung der Durchlaufzeit lassen sich die Wirkungen unterschiedlicher strategischer Ausrichtung der Fertigungssteuerung zeigen. Wenn nur wenige Maschinen vorhanden sind, nur wenige unterschiedliche Teile gefertigt werden, wenige Bearbeitungsschritte pro Teil notwendig sind und relativ hohe Stückzahlen gefertigt werden, ist der Zielkonflikt zwischen Maximierung der Maschinenverfügbarkeit und Minimierung der Durchlaufzeit noch nicht sehr stark ausgeprägt. Mit steigender Komplexität und Heterogenität der Produktionsprozesse gewinnen betriebliche Zielkonflikte an Bedeutung. Mit der steigenden Bedeutung betrieblicher Zielkonflikte wächst der Bedarf an gezielter Planung und Steuerung der Produktionsprozesse, da nur so die konfligierenden gesamtbetrieblichen Zielvorstellungen optimiert werden können. Mit steigender Komplexität und Heterogenität der Produktionsprozesse sinken aber zugleich die Möglichkeiten einer bewußten Steuerung. Die Grenzen einer bewußten Steuerung sind dabei nicht absolut zu sehen, sondern ergeben sich aus dem notwendigen Aufwand zur Informationsgewinnung und -weiterleitung, der Koordinierung und der Kontrolle von Einzelschritten. Für eine bewußte Planung und Steuerung muß der informationstechnische Regelkreislauf der Produktionsprozesse vollständig geschlossen sein. Auch kleine Lücken können zum Zusammenbruch der gesamten Planungs- und Steuerungsanliegen führen[8]. Der notwendige Aufwand, um den informationstechnischen Regelkreislauf zu schließen, kann bei komplexen und heterogenen Produktionsprozessen größer sein als der mögliche Nutzen.

Ein Ausweg aus dem Steuerungsdilemma bei komplexen und heterogenen Produktionsprozessen besteht in Maßnahmen zur Reduktion der Steuerungskomplexität, indem eine zentralistische Rahmenplanung mit einer dezentralen Feinplanung kombiniert wird. Mit einer solchen Strategie wird der Anspruch aufgegeben, den Produktionsprozeß jederzeit vollständig planen und steuern zu können, andererseits bedeutet dies eine erhebliche Entlastung beim notwendigen Planungsaufwand. Zwischen konfligierenden wirtschaftlichen und betrieblichen Zielen wird so nicht mehr ein Optimum angestrebt, sondern nur eine befriedigende Lösung. Ob bei einer solchen Lösung eher die zentralistischen Komponenten betont werden oder die dezentralen Elemente im Vordergrund stehen, ist wiederum eine Frage der spezifischen Situation und der betrieblichen Aushandlungsprozesse.

---

8 Wie Studien aus Maschinenbauunternehmen zeigen, geschieht genau dies häufig beim Einsatz von PPS-Systemen, vgl. dazu beispielsweise Hildebrand/Seltz (1989); Köhl u.a. (1989); Manske (1987); Manske/Wobbe (1987).

3. *Situationsfaktoren und Arbeitsorganisation*

Eng verknüpft mit der strategischen Ausrichtung der betrieblichen Steuerung ist die Gestaltung der Arbeitsorganisation im Produktionsbereich mit den Dimensionen Kompetenzstruktur, Qualifikation und Arbeitsteilung. Wie ausgeführt, ist die Beziehung zwischen den Verfahren zur Planung und Steuerung betrieblicher Produktionsprozesse und der Kompetenzstruktur sehr eng. Je zentralistischer die betrieblichen Steuerungskonzepte ausgerichtet sind, desto geringer sind die Kompetenzen der Produktionsmitarbeiter zur Bestimmung der Reihenfolge und der Zeitpunkte der Bearbeitungen. Die Umkehrung dieser Aussage gilt allerdings nicht, da in dezentralen Steuerungssystemen Vorgesetzte wie Meister oder Vorarbeiter diese Kompetenzen wahrnehmen und über Reihenfolge und Zeitpunkte der Bearbeitungen bestimmen können.

Vermittelt über die Form der Fertigungsorganisation und die betrieblichen Steuerungsprinzipien besteht auch eine Beziehung zwischen der Heterogenität und Komplexität der Produktionsprozesse und den Kompetenzen der Mitarbeiter. Je komplexer die Anforderungen an die Produktionssteuerung werden, desto wahrscheinlicher werden im Produktionsablauf Situationen, in denen Entscheidungen der Mitarbeiter an den Maschinen effektiver (unter Berücksichtigung von Entscheidungsfindungs- und -umsetzungskosten) sind als Entscheidungen der Vorgesetzten innerhalb oder außerhalb der Produktion.

Weiterhin wirkt die Art der verwendeten Produktionstechnik auf die Kompetenzstruktur ein. Bei konventionellen Bearbeitungsmaschinen bestimmen die Mitarbeiter an den Maschinen, z.B. durch die Wahl der Schnittgeschwindigkeit und die Wahl der verwendeten Werkzeuge, wesentlich die Dauer einzelner Bearbeitungsschritte mit. Bei computergesteuerten Bearbeitungsmaschinen hingegen wird die Dauer der eigentlichen Bearbeitung durch das erstellte Programm festgelegt. Diese technische Eigenschaft computergestützter Produktionsmaschinen hat neben der Auswirkung auf die Kompetenzstruktur noch Konsequenzen für die Gestaltung des Lohnsystems. Akkordbasierte Entlohnungssysteme beruhen auf der Beeinflußbarkeit des Outputs durch die Leistungsbereitschaft der Mitarbeiter. Bei computergesteuerten Produktionsmaschinen ist die Beziehung zwischen Output und Leistungsbereitschaft der Mitarbeiter nicht mehr gegeben, so daß Mitarbeiter dann nicht mehr wie bisher durch geschickte Wahl der Reihenfolge der Arbeitsaufträge die Beziehung zwischen Lohnhöhe und Arbeitseinsatz weitgehend selbst bestimmen können (vgl. dazu Manske/Wobbe 1987).

Eine der wissenschaftlichen Kontroversen über die Auswirkungen des Einsatzes neuer Produktionstechniken bezieht sich auf die qualifikatorischen Konsequenzen. Unstrittig ist, daß mit den neuen Produktionstechniken andere qualifikatorische Anforderungen verbunden sind. Ob diese Anforderungen insgesamt eine Steigerung oder eine Senkung der Qualifikation bewirken, oder ob lediglich eine Verschiebung der Qualifikationsanforderungen auf dem gleichen Anforderungsniveau stattfindet, ist strittig. Die Auswirkungen neuer Produktionstechniken auf die Qualifikation der Mitarbeiter sind nach unseren Überlegungen vermittelt über die Fertigungsorganisation und die betrieblichen Steuerungsprinzipien und nur im Zusammenhang mit dem quantitativen und qualitativen Angebot an Arbeitskräften auf dem Arbeitsmarkt zu interpretieren. In welchem Umfang die vorhandenen Qualifikationen entwertet werden oder die Mitarbeiter neue Qualifikationen erwerben müssen, ist nicht nur eine Frage der technischen Eigenschaften, sondern auch eine Frage der Organisation der Fertigung und der betrieblichen Steuerungspraxis.

Auch beim dritten Aspekt der Arbeitsorganisation, der Arbeitsteilung, sind die Beziehungen zur betrieblichen Produktionstechnik vermittelt. Mit den neuen Produktionstechniken entstehen neue Aufgaben, werden bestehende verändert und entfallen bisherige. Wie die Aufgaben zu Aufgabenbündeln, sprich zu Arbeitsplätzen zusammengefaßt werden, ist keine Frage, die sich allein aus funktionalen Erfordernissen der neuen Produktionstechniken bestimmt, sondern wird durch Fertigungsorganisation und Fertigungssteuerung mitbestimmt. Die funktionalen Erfordernisse betreffen Aufgaben, die zwingend an der Maschine oder zwingend an anderer Stelle vorgenommen werden müssen, wobei dieses Zwingende häufig durch die konkrete Maschinenkonfiguration vorgegeben ist und nicht durch die Produktionstechnik im allgemeinen.

Die von Schultz-Wild u.a. (1989) beobachtete Persistenz von Arbeitsstrukturen erscheint angesichts der Vielzahl der zu beachtenden Faktoren bei einer Neubündelung von Aufgaben als rationale Strategie zur Minimierung von Risiken für alle Beteiligten. Wahrscheinlich erscheint eine inkrementalistische Strategie von Veränderungen in den Aufgaben an den einzelnen Arbeitsplätzen, wobei alle Beteiligten versuchen werden, die bisherigen Aufgabenzuschnitte ihren Interessen gemäß zu verändern. Nur bei radikalen Umbrüchen durch massive produktionstechnische Veränderungen oder induziert durch existentielle betriebliche Krisen werden deutliche Veränderungen in den Arbeitsstrukturen auftreten, weil nur in solchen Situationen eine inkrementalistische Veränderungsstrategie nicht greift.

Die Richtung der inkrementalistischen Veränderungsprozesse in Hinblick auf den Grad der Arbeitsteilung, das Qualifikationsniveau und die Kompetenzstruktur wird mitbestimmt durch betriebliche Rahmenbedingungen, durch Entscheidungen über Internalisierung oder Externalisierung von Umweltanforderungen und durch die bestehenden innerbetrieblichen Strukturen. Wenn die Umweltbedingungen in ihrer Entwicklung konstant bleiben, keine grundsätzlichen Veränderungen bei der Internalisierung von Umweltanforderungen vorgenommen werden, entwickeln sich die bestehenden innerbetrieblichen Strukturen fort. Je weiter sich die bestehenden Strukturen fortentwickeln und verfestigen, z.B. durch Formalisierung und Kodifizierung bisheriger informeller Regelungen, desto unwahrscheinlicher wird eine Veränderung von innen heraus, da die Kosten für eine grundlegende Veränderung immer höher werden[9].

E. Schlußbemerkungen

Wenn, wie in diesen theoretischen Perspektiven skizziert, die technische Infrastruktur und die Gestaltung der Arbeitsorganisation eines Betriebes als das Resultat eines iterativen Entscheidungsprozesses unter variierenden Randbedingungen aufgefaßt werden kann, so wirft dies weitreichende forschungsstrategische Konsequenzen auf. Inwieweit ein Betrieb einem der strukturellen Korridore zuzurechnen ist, und inwieweit Variationen innerhalb dieser Korridore möglich sind, macht weitere komplexe theoretische und methodische Überlegungen notwendig. Denn durch die Kombination von Wahlakten mit unterschiedlichen internen und externen Situationsfaktoren entstehen dann vielfältige Ausprägungen und Formen von Technik und Arbeit in den Betrieben, für die funktionale Äquivalente bestehen können. Bei der Gestaltung von Arbeit und betrieblicher Technik handelt es sich um Veränderungsprozesse, deren zeitliche Dimension nicht eindeutig abgrenzbar ist und die doppelt kontigent sind - und zwar bezüglich der betrieblichen Strukturen und der betrieblichen Strategien. Methodisch erschwerend kommt hinzu, daß es sich nicht um kontinuierliche Beziehungsmuster handelt, sondern um Beziehungen zwischen diskreten Zuständen, wobei sich die Richtung der Beziehungen in Abhängigkeit von Kontextbedingungen verändern kann, und daß eine Form betrieblichen Technikeinsatzes und betrieblicher Arbeitsorganisation Ergebnis unterschiedlicher Beziehungsmuster sein kann. Für die Umsetzung in überprüfbare statistische Modelle bietet die Literatur wenig Ansatzpunkte.

F. Literatur

Aachener Werkzeugmaschinen-Kolloquium (Hrsg.) (1987): Produktionstechnik: Auf dem Weg zu integrierten Systemen, Düsseldorf.

Aldrich, H. (1979): Organizations and Environments, New Jersey.

Bachrach, P./ Baratz M. (1963): Decisions and Nondecisions in: American Political Science Review, Vol. 57, pp. 632-642.

Bergmann, J. u.a. (1986): Rationalisierung, Technisierung und Kontrolle des Arbeitsprozesses, Frankfurt a.M./New York.

Birke, M./Schwarz, M. (1989): Neue Techniken, neue Arbeitspolitik?, Frankfurt a.M./New York.

Blau, P. M. (1974): On the Nature of Organizations, New York.

9 Wie Trushman/Romanelli (1985) zeigen, bestehen systematische Beziehungen zwischen Organisationsgröße und -struktur und Anpassungsgeschwindigkeit und -kosten. Größere Organisationen weisen häufiger niedrigere Anpassungsgeschwindigkeiten auf, können aber höhere Anpassungskosten verkraften.

Cameron, K. S./Whetten, D. A. (eds.) (1982): Organizational Effectiveness, London.
Caroll, G. R./Delacroix, J./Goodstein, J. (1988): The Political Environments of Organizations: an Ecological View, in: Research in Organizational Behavior, Vol. 10, pp. 359-392.
Child, J. (1972): Organizational structure, environment and performance: the role of strategic choice, in: Sociology, 6, pp. 1-22.
Child, J. (1984): Organization: A Guide to Problems and Practice, London.
Crozier, M./Friedberg, E. (1979): Macht und Organisation, Königstein/Ts.
Daft, R. L. (1982): Bureaucratic versus Nonbureaucratic Structure and the Process of Innovation and Change, in: Research in the Sociology of Organization, Vol. 1, pp. 129-166.
Freriks, R. (1992): Die Struktur kontingenztheoretischer Ansätze, in: Lehner, F./Schmid, J. (Hrsg.), Technik - Arbeit - Betrieb - Gesellschaft, S. 47-69, Opladen.
Hannan, M./Freeman, J. (1977): The population ecology of organizations, in: American Journal of Sociology; 82, pp. 929-964.
Hannan, M./Freeman, J. (1984): Structural inerta and organizational change, in: American Sociological Review; 49, pp. 149-164.
Hauptmanns, P./Freriks, R./Schmid, J. (1990): Politik als Intermezzo?, in: Kölner Zeitschrift für Soziologie und Sozialpsychologie, Nr. 3, S. 547-553.
Hauptmanns, P./Freriks, R./Schmid, J. (1991): Fabrik der Zukunft. Vier Pfade nach Utopia, in: Wechselwirkung, Nr. 3, S. 41-48.
Hauptmanns, P./Rogalski, W. (1992): Fallstudien in der Industriesoziologie, in: F. Lehner/J. Schmid (Hrsg.), Technik - Arbeit - Betrieb - Gesellschaft, S. 205-223, Opladen.
Heidenreich, M./Schmidt, G. (Hrsg.) (1991): International Vergleichende Organisationsforschung, Opladen.
Hildebrandt, E./Seltz, R. (1989): Wandel betrieblicher Sozialverfassung durch systemische Kontrolle? - Einführung computergestützter PPS-Systeme im deutschen Maschinenbau, Berlin.
Hirsch-Kreinsen, H. (1984): Organisation mit EDV - Bedingungen und arbeitsorganisatorische Folgen des Einsatzes von Systemen der Fertigungssteuerung, Frankfurt a.M.
Hirsch-Kreinsen, H./Behr, M. von (1988): Implementation rechnerintegrierter Systeme und Gestaltung der Arbeitsorganisation, in: KfK-PFT (Hrsg.): Arbeitsorganisation bei rechnerintegrierter Produktion, S. 25-42, Karlsruhe.
Hirsch-Kreinsen, H. u.a. (1990): Einstieg in die rechnerintegrierte Produktion - Alternative Entwicklungspfade in der industriellen Produktion, München.
Keats, B. W./Hitt, M. A. (1988): A Causal Model of Linkages among Environmental Dimensions, Macro Organization Characteristics and Performance, in: Academy of Management Journal, Vol. 31, No. 3, pp. 570-598.
Kern, M./Schumann, H. (1984): Das Ende der Arbeitsteilung? Rationalisierung in der industriellen Produktion, München.
Köhl, E. u.a. (1989): CIM zwischen Anspruch und Wirklichkeit - Erfahrungen, Trends, Perspektiven. Eschborn/Köln.
Lawrence, P./Lorsch, J. (1967): Organization and Environment, Cambridge.
Lehner, F./Schmid, J. (Hrsg.): Technik - Arbeit - Betrieb - Gesellschaft. Neue Informationstechnologien und flexible Arbeitssysteme, Bd. 1, Opladen.
Lutz, B. 1983: Technik und Arbeit. Stand, Perspektiven und Probleme industriesoziologischer Technikforschung, in: Schneider, Ch. (Hrsg.), Forschung in der Bundesrepublik Deutschland, Weinheim.
Manske, F. (1987): Computergestützte Fertigungssteuerung - ein neuer Weg zur zentralistischen Beherrschung des Produktionsprozesses, in: IG Metall (Hrsg.): CIM oder die Zukunft der Arbeit in rechnerintegrierten Fabrik-Strukturen, Frankfurt a.M.
Manske, F./Wobbe, W. unter Mitarbeit von Mickler, O. (1987): Computerunterstützte Fertigungssteuerung im Maschinenbau, in: Fortschritt-Berichte VDI, Reihe 2, Nr. 136, Düsseldorf.
Miller, D. (1987): Strategy Making and Structure: Analysis and Implications for Performance, in: Academy of Management Journal, Vol. 30, No. 1, pp. 7-32.

Miller, D./Friesen, K. (1984): Organizations. A Quantum View, New Jersey.

Ortmann, G. (1988): Macht, Spiel, Konsens, in: Küpper, W./Ortmann, G., Mikropolitik, S. 13-26, Opladen.

Ortmann, G. u.a. (1990): Computer und Macht in Organisationen, Opladen.

Sandelands, L./Drazin, R. (1989): On the Language of Organization Theory; in: Organization Studies, Vol. 10, No.4; pp. 457-478.

Schmid, J. (1991a): Arbeit und Technik im Spannungsfeld gewerkschaftlicher und unternehmerischer Interessen, in: Schabedoth, H.J. (Hrsg.), Gestalten statt verwalten, Köln.

Schmid, J. (Hrsg.) (1991b): Kritische Kommentare zu Manfred Huppertz 'Mikropolitik in Betrieben', SFB 187 Dokumentations- und Informationspapier, Bochum.

Schmid, J./Freriks, R./Hauptmanns, P./Ostendorf, B./Saurwein, R.G./Seitz, B. (1992): Strukturen, Probleme und Tendenzen von Technik und Arbeit, in: Infotech, Heft 2, S. 10-19

Schreyögg, G. (1978): Umwelt, Technologie und Organisationsstruktur, Bern/Stuttgart.

Schultz-Wild, R. u.a. (1986): Flexible Fertigung und Industriearbeit, Frankfurt a.M./New York.

Schultz-Wild, R. u.a. (1989): An der Schwelle zu CIM. Verbreitung, Strategien und Auswirkungen, Köln.

Seashore, S. et.al. (eds.) (1983): Assessing Organizational Change, New York.

Sorge, A. (1985): Informationstechnik und Arbeit im sozialen Prozeß: Arbeitsorganisation, Qualifikation und Produktivkraftentwicklung, Frankfurt a.M./New York.

Springer, R. (1987): Die Entkoppelung von Produktions- und Arbeitsprozeß, in: Zeitschrift für Soziologie, Bd. 16, Nr. 1, S. 33-43.

Trushman, M. L./Romanelli, E. (1985): Organizational Evolution: A Metamorphosis Model of Convergence and Reorientation, in: Research in Organizational Behavior, Vol. 7, pp. 171-222.

Ven, A. H. van de/Drazin, R. (1985): The Concept of Fit in Contingency Theory, in: Research in Organizational Theory, Vol. 7, pp. 333-365.

Wiendahl, H.-P. (1987): Einsatz neuer Softwaretechniken zur Gestaltung und Steuerung zukünftiger Fabriken, in: ZwF, Bd. 82, Nr. 6, S. 345-351.

Wildemann, H. (1987): Fertigungssegmentierung. Prinzipien zur Reorganisation der Fertigung und ihre Konsequenzen, in: VDI-Z, Bd. 129, Nr. 11, S. 36-43.

Woodward, J. (1965): Industrial Organization Theory and Practice, Oxford.

XIV. Zum Management von Heterogenität - arbeits- und tarifpolitische Schlußfolgerungen

Ulrich Widmaier / Josef Schmid

A. Fazit aus der 1. Welle des NIFA-Panels

Das Bild, das sich auf der Grundlage unserer Untersuchung des Maschinenbaus ergibt, ist zur Zeit noch ein Mosaik, in dem viele Steinchen fehlen. Es ist jedoch schon heute erkennbar, daß das Bild sehr bunt werden wird - trotz des Umstandes, daß sich der (konjunkturelle) Himmel gegenwärtig eher grau bis schwarz einfärbt. Die "Farbigkeit" des Maschinenbaus ergibt sich aus der strukturellen Heterogenität der Branche in bezug auf die Größe der Betriebe, ihre Aufbau- und Ablauforganisation und natürlich ihre Produkte und Märkte. Die uns vor allem interessierende Heterogenität bezieht sich auf Technikeinsatz und Arbeitsorganisation in den einzelnen Betrieben. Auf diesem Gebiet - so die These - hat die Heterogenität aufgrund einer Umbruchsituation in den letzten Jahren deutlich zugenommen. Um mit Hirsch-Kreinsen (Hirsch-Kreinsen u.a. 1990) zu sprechen: die Zahl der "struktursuchenden" Betriebe vergrößert sich (vgl. dazu auch Bechtle/Lutz 1990). Viele zögern noch, die tayloristische Produktionsstrategie aufzugeben, ein beachtliche Zahl ist auf dem Weg zu neuen Konzepten (zum Teil auch in Sackgassen) und einige, eher wenige, sind schon angekommen und müssen feststellen, daß es sich nur um eine Zwischenstation handelt. Die Ursachen für diese Umbruchsituation sind vielschichtig. Zwei der wichtigsten sind:

- die Zunahme der erforderlichen Innovationsgeschwindigkeiten aufgrund einer abnehmenden Lebensdauer der Produkte am Markt, und
- die Globalisierung der Märkte mit universeller Konkurrenz und hohem Kostendruck.

Die von den Betrieben entwickelten Antwortstrategien auf diese Herausforderungen bewegen sich zwischen den Polen einer (1) vor allem technisch bestimmten Rationalisierung bzw. Optimierung der betrieblichen Abläufe bei Beibehaltung "klassischer" Hierarchien und arbeitsteiligen Formen des Einsatzes der Mitarbeiter und einer (2) Verknüpfung von technischer Rationalisierung und damit möglicher Produktivitätssteigerung über Skalenerträge (economies of scale) mit qualifizierter Arbeit (Qualitätsproduktion) und dezentraler, teilautonomer Fertigungs- und Arbeitsorganisation (economies of scope) (siehe dazu Chandler 1990). Hinzu kommt, daß vor allem in Klein- und Mittelbetrieben traditionelle Formen der Werkstattfertigung noch immer stark verbreitet sind (vgl. Freriks/Widmaier in diesem Band).

Der damit unter anderem implizierte Verlust des "one best way" in Form der Regel: "Technik bestimmt die Arbeitsorganisation" führt zu einem weitgehend offenen, gestaltbaren Verhältnis von eingesetzter Produktionstechnik und realisierter Arbeitsorganisation. Man kann sogar davon ausgehen, daß es aufgrund der hohen organisatorischen Anpassungsfähigkeit von C-Techniken zu einer Vergrößerung der Gestaltungsoptionen kommt (vgl. dazu Pries u.a. 1990, Manske 1991, Lehner/Schmid 1992). Dadurch wird eine Konstellation geschaffen, die zu einer "Politisierung" möglicher Strategien führt und damit die betrieblichen Sozialbeziehungen aufgrund von Konflikten und Aushandlungsprozessen "schwieriger" werden läßt (vgl. dazu Birke 1992, S. 115ff.). Die Einführung teilautonomer Fertigungskonzepte in den Betrieben bedeutet eine weitere in erster Linie arbeitsorganisatorische Ausdifferenzierung von Problem- und Konfliktfeldern. Die Verflechtung von "politics of" und "politics in production" (Dörr/Naschold 1992, S. 181) ergibt eine Gleichzeitigkeit ungelöster - zum Teil nicht einmal artikulierter - innerbetrieblicher Interessenkonflikte und überbetrieblicher Koordinationsprobleme bei dem Versuch, gewisse kollektive Standards und Zielvorstellungen zu retten. Wir unterstellen dabei, daß dies das primäre Motiv der kollektiven Akteure auf der Makroebene darstellt. Der Umstand, daß es diesen Akteuren auch um ein Überleben ihrer Organisation geht, schließt ja die Verfolgung "gemeinwohlorientierter" Ziele nicht aus. Die Erfüllung eines definierten Organisationszwecks kann auch als "Nebenprodukt" bei der Verfolgung einer Selbsterhaltungsstrategie interpretiert werden. Will man in einer solchen Situation in der Arbeits- und Tarifpolitik übergeordnete Ziele (vergleichbare Arbeitsbedingungen, Lohn- und Gehaltsstrukturen, Arbeitsschutzbestimmungen etc.) nicht aus dem Auge verlieren, so sind die "klassischen" Akteure der Makroebene Staat, Gewerkschaften und Arbeitgeberverbände aufgefordert, zusammen mit den Mikroakteuren Betrieben und Betriebsräten institutionelle Lösungsmodelle zu entwickeln, die die Koordination von flexiblen Strategien auf der betrieblichen (Mikro-) Ebene mit "solidarischen" Zielsetzungen auf der Makroebene erlauben. Es dürfte dabei auszuschließen sein, daß eine solche Koordination "spontan" oder konventionell-hierarchisch erfolgen kann. Verhandlungen und Koordination auf der Grundlage vernetzter Strukturen sind deshalb - zunächst analytisch betrachtet - die einzige Möglichkeit, zu einem erfolgsversprechenden Management von Heterogenität auf dem Gebiet der Arbeits- und Tarifpolitik zu gelangen. Dabei stellt sich nicht zuletzt die Frage, ob die Organisationsstrukturen von Industriegewerkschaften und Unternehmerverbänden für die Bewältigung dieser Aufgabe geeignet sind[1].

Im folgenden werden wir auf der Grundlage einer Kurzanalyse der Interessenlage der beteiligten individuellen und kollektiven Akteure bei der Einführung neuer Fertigungskonzepte am Beispiel von Qualifizierung und Arbeitsmarktsegmentation die Problemlage näher erörtern, um daran anschließend mögliche institutionell-organisatorische Lösungsstrategien zu diskutieren.

B. Zur "Logik" individuellen und kollektiven Handelns betrieblicher Akteure und überbetrieblicher Organisationen

Entscheidungen über Einführung und Gestaltung neuer Produktionskonzeptionen müssen von den betroffenen Akteuren einerseits mit einem unvollkommenen Informationsstand bewältigt werden. Dieser Zustand ist dabei durchaus "rational", da sich die Akteure zur Verringerung von Komplexität (in anderer Begrifflichkeit: Vermeidung von Transaktionskosten in Form von Informationskosten) mit begrenzter Information und damit Rationalität ("bounded rationaliy" (March/Simon 1976)) zufriedengeben. Andererseits werden Informationen "rational" auf der Basis bestimmter Interessenlagen selektiert und gewichtet. Dabei führen unterschiedliche Interessendefinitionen häufig zu opportunistischem Verhalten bei der Verfolgung von Zielen. Mit anderen Worten: Die Akteure versuchen Entscheidungssituationen so zu strukturieren (z.B. durch Informationsvorenthaltung oder Fehlinformation), daß daraus kurzfristige Vorteile im Sinne der eigenen Interessen entstehen. Die Folge ist eine Schwächung formaler wie informeller kollektiver Arrangements und Institutionen (z.B. zum Umgehungsversuch von tarifvertraglichen Regelungen oder Verstößen gegen die "betriebliche Sozialverfassung").

---

1 Zusätzlich zum Problem der Koordination der betrieblichen Mikroebene mit der arbeits- und tarifpolitischen Makroebene tritt das hier nicht weiterverfolgte Problem der Integration von individuellen Mitgliedern in die Verbandsorganisation hinzu und verstärkt die binnenorganisatorischen Herausforderungen und Reformbedarfe; vgl. dazu Streeck 1987 und am Beispiel der Gewerkschaften Schmid/Tiemann 1991.

Welche denkbaren Problembereiche sich hier öffnen, zeigt eine nähere Betrachtung des im Zusammenhang mit der Einführung von informationstechnisch vernetzten teilautonomen Fertigungsstrukturen verstärkt entstehenden Qualifizierungsproblems.

1. *Qualifizierung*

Wir können dabei zunächst eine Reihe von Akteuren bzw. Akteursgruppen unterscheiden: Arbeitgeberverbände, Unternehmensleitungen, Betriebsräte, Gewerkschaften und Arbeitnehmer bzw. Arbeitnehmergruppen, wobei letztere noch einmal in unterschiedliche Qualifikations- bzw. Hierarchiestufen unterteilt werden können. Die Interessen dieser Akteure, ihre Wahrnehmungen, Handlungsoptionen und -restriktionen konstituieren ein Politikfeld. Das bedeutet, daß die Akteure innerhalb der allgemeinen institutionellen sowie der betriebsspezifischen Rahmenbedingungen ("constraints") versuchen, bestimmte Zielvorstellungen (Interessen) durchzusetzen.

Die zu erwartenden Strategien der Akteure lassen sich vereinfacht wie folgt charakterisieren: Die Unternehmensleitung führt neue Technologien und veränderte arbeitsorganisatorische Konzepte (z.B Gruppenarbeit) ein, um dadurch die wirtschaftliche Leistungsfähigkeit des Unternehmens zu steigern. Dazu ist unter anderem Qualifizierung von Mitarbeitern erforderlich. Sie wird aufgrund des Produktivitäts- und Erfolgsdrucks vermutlich da ansetzen, wo sie den größten Erfolg verspricht: bei den schon Qualifizierten. Außerdem wird Qualifizierung als Anreiz für die Mitarbeiter gesehen, der sich auch in erhöhter Leistungsbereitschaft niederschlagen soll. Qualifizierung ist deshalb für die Unternehmensleitung in Verbindung mit der Entlohnungsfrage ein wichtiges Steuerungsinstrument.

Für den einzelnen Arbeitnehmer bedeutet Qualifizierung aber die Möglichkeit des beruflichen Aufstiegs mit den dadurch bedingten verbesserten Verdienstmöglichkeiten. Mit anderen Worten: Für beide Akteursgruppen stellen die über Qualifizierung zu erzielenden Vorteile individuelle Güter dar. Es kann Ihnen deshalb nur begrenzt daran gelegen sein, daß Qualifizierung als kollektives Gut zur Verfügung gestellt wird. Selektivität ist folglich aus ihrer Sicht prinzipiell erwünscht.

Auf der anderen Seite müssen Gewerkschaften als Interessenvertreter der Arbeitnehmer Qualifizierung als "Bürgerrecht"[2] betrachten, das jedem Arbeitnehmer unabhängig vom Qualifikationsniveau bei der Einführung neuer Technologien und arbeitsorganisatorischer Konzepte zustehen sollte. Diese Solidarität ist Teil der Logik des kollektiven Handelns, die die Gewerk-

2 Helfert (1991, S. 42ff.) stellt in diesem Zusammenhang die Forderung nach egalitären Arbeitsstrukturen, systematischer Qualifizierung und solidarischem Personaleinsatz auf, um dem Risiko der Segmentierung und Polarisierung von Beschäftigung und Arbeit entgegenzuwirken.

schaften als Massenorganisationen zu beachten haben. Zugleich ermöglich diese Strategie der Qualifizierung aller Arbeiter die Sicherung ihrer Durchsetzungsfähigkeit unter gewandelten Produktionsbedingungen: Durch die so aufgebaute "zentrale Stellung hochqualifizierter Arbeitskräfte in Systemen der flexiblen Spezialisierung" läßt sich eine aus der Sicht der Gewerkschaften "kontrollierte Flexibilität" bewerkstelligen (Sabel 1986, S. 51f.).

Arbeitgeberverbände haben das Problem, daß sie einerseits Qualifikation als ein Gut sehen, das in der unternehmerischen Freiheit eines jeden Betriebes entweder auf dem externen Arbeitsmarkt oder durch betriebliche Weiterbildung beschafft wird, daß sie aber andererseits durch die Logik des "collective bargaining" möglicherweise Zugeständnisse an die Gewerkschaften machen müssen, die in Richtung Kollektivgut weisen. Ferner sind sie aus verbandslogischer Sicht daran interessiert, die Heterogenität des Organisationsfeldes nicht zu groß werden zu lassen.

Zwischen diesen Interessen steht der Betriebsrat, der das Wohl des Unternehmens zu beachten (siehe Betriebsverfassungsgesetz) und die individuellen und kollektiven Interessen der Belegschaftsmitglieder zu vertreten hat, und der aufgrund der §§ 96-98 BetrVG bei Qualifizierungsmaßnahmen beteiligt werden muß. Seine Funktion gewinnt ohnehin aufgrund des "interessenpolitischen Managements der Vielfalt" an Bedeutung, da er im dualen System der Interessenvertretung in eine zunehmende Zahl von Aushandlungsprozessen zur Aulösung von Konfliktlagen eingebunden werden wird. Dieser Zuwachs an Möglichkeiten kann aber zu einer Überforderung der Betriebsräte führen, was die Durchsetzungschance für Interessen der Betriebs- bzw. Unternehmensleitung erhöht. Der Chance einer rationaleren Nutzung von "opportunities und constraints" auf der betrieblichen Ebene bei der Entwicklung von Qualifizierungsstrategien steht damit die Gefahr einer Konfliktkonstellation gegenüber, für die der Betriebsrat ressourcen- und machtmäßig nur ungenügend ausgerüstet ist (vgl. dazu auch Keller 1989).

2. *Arbeitsmarktsegmentation*

Angesichts der Tatsache, daß Bewegungen auf dem Arbeitsmarkt mit erheblichen Transaktionskosten belastet sind (Beschäftigungsfixkosten) und dadurch rein preisliche (lohnsatzbedingte) Markträumungen kaum zu beobachten sind, haben Arbeitsmarkttheoretiker die Konstruktion des internen

Arbeitsmarktes erfunden[3]. Interne Arbeitsmärkte sind durch folgende Kennzeichen bestimmt:

- der Zugang zu solchen internen Arbeitsmärkten ist beschränkt auf sogenannte "entry-jobs",
- es gibt interne Aufstiegsmöglichkeiten, die Teil eines internen Belohnungs- und Anreizsystems sind (Erweiterung einer preislichen durch nicht-preisliche Allokation), und
- die Beschäftigung ist eher langfristig angelegt.

Je größer die Beschäftigungsfixkosten (z.B. Notwendigkeit von Qualifizierung) und je unternehmensspezifischer die geforderte Qualifikation ist, desto größer ist die Wahrscheinlichkeit, daß eine "interne Lösung" angestrebt wird. Von besonderem Interesse sind in unserem Zusammenhang (Einführung teilautonomer Fertigungsstrukturen) die fehlenden Möglichkeiten der Zurechnung einer individuellen Arbeitsleistung (Produktivität), die an sich für eine preisliche Koordination auf dem externen Arbeitsmarkt notwendig wäre. Gruppenarbeitsstrukturen zum Beispiel machen individuelle Zuordnungen von Leistungen fast unmöglich und in Verbindung mit hohen Beschäftigungsfixkosten und betriebsspezifischen Qualifikationserfordernissen ist eine Lösung des Transaktionskostenproblems meist nur auf dem internen Arbeitsmarkt sinnvoll. Die Kontrolle der Arbeitsleistung kann nur über interne Verhaltenssteuerung (= Sicherung einer hohen Leistungsbereitschaft) erfolgen. Ziel ist es, ein hohes Maß an Engagement und individueller Arbeitsintensität zu erreichen. Charakteristisch für derartige Arbeitsstrukturen und Beschäftigungsverhältnisse ist die Abhängigkeit der Produktivität von der Qualität der sozialen Beziehungen in der Arbeitsgruppe. Eine Auswechslung von Mitgliedern in solchen Teams kann bei Nicht-Beachtung der in solchen Teams in der Vergangenheit vorgenommenen Beziehungsinvestitionen sehr kostenintensiv sein (vgl. dazu Brandes/Buttler 1988).

Diese und andere hier nicht diskutierte Faktoren veranlassen uns zu der These, daß die Bedeutung interner Arbeitsmärkte durch die Einführung neuer Produktionskonzepte auf der Basis teilautonomer Fertigungsstrukturen eher zunehmen wird. Damit erhöht sich die Gefahr der Differenzierung betrieblicher Beschäftigung in eine stabile und eine instabile. Mit anderen Worten: Es bilden sich Kern- und Randbelegschaften heraus, deren Trennungslinie entlang der Leistungsfähigkeit und Qualifikation verläuft. Randbelegschaften sind unter anderem dadurch charakterisiert, daß ihre Be-

3 Der Begriff "Markt" wird dabei beibehalten, obwohl gerade nicht Marktbedingungen - also nicht-preisliche Formen der Koordination - vorherrschen. Die Kategorie "interner Arbeitsmarkt" ist damit ein Tribut an die begriffliche Symmetrie und weniger eine gelungene Beschreibung der Realität. Zur hier nicht weiterverfolgten Problematik der segmentierten externen Arbeitsmärke vgl. Widmaier 1991.

schäftigung in konjunkturellen Tiefs zuerst zur Disposition steht. Das bedeutet, daß die Mitarbeiter in diesem Segment arbeitslos werden können und die Wahrscheinlichkeit, in den zweiten Arbeitsmarkt abzugleiten, zunimmt. Dies gilt trotz der Tatsache, daß ältere Arbeitnehmer aufgrund höherer "Sozialkosten" (z.B. bei Sozialplänen) nicht entlassen werden und man sich zuerst von den "arbeitsmarktgängigeren" jüngeren Mitarbeitern trennt, insbesondere wenn sie gering qualifiziert sind[4].

C. Betriebliche Arbeits- und Tarifpolitik als Lösung?

Das "Verzahnungsproblem" von Mikro- und Makroebene, das sich aus der Perspektive von Arbeitgeberverbänden und Gewerkschaften in einem zunehmenden "Opportunismus" von einzelnen Arbeitgebern und Interessenvertretern von Arbeitnehmern (Betriebsräten, aber auch Vertrauensleuten) auf der betrieblichen Ebene seit einiger Zeit zeigt, ist in der Literatur schon ausführlich diskutiert worden. Insbesondere im Zusammenhang mit der Handlungsfähigkeit von Einheitsgewerkschaften angesichts sich differenzierender Problemlagen und dafür angemessener Lösungsstrategien ist dieses Thema Gegenstand heftiger Debatten. "Grundsätzlich haben klassenkorporatistisch organisierte industrielle Politikmodelle nur wenig oder überhaupt keinen Raum für dezentrale Regulierungsmechanismen auf der betrieblichen Ebene; ihre Funktionsfähigkeit steht unter dem Dauervorbehalt, daß es ihnen gelingt, das Aufkommen jeglicher Form von "Syndikalismus" - seiner kooperativen ebenso wie seiner antagonistischen Variant - zu verhindern." (Streeck 1991, S. 13f., vgl. dazu auch Hohn 1988 und Keller 1989)

Das Solidaritäts- oder Kollektivgutproblem stellt sich aber nicht nur für Gewerkschaften, sondern auch (in zum Teil noch dramatischerer Weise) für Arbeitgeberverbände als verbandliches Disziplinproblem auf dem Gebiet der Tarifpolitik. Die zunehmende Offenheit bei der Gestaltung des Verhältnisses von Arbeit und Technik führt zu einem "Produktivitätssyndikalismus" (Wiesenthal 1987, S. 318), der, von den "constraints" der Kollektivgutproblematik auf der tarifvertraglichen Ebene weitgehend enthoben, eine höhere "Rationalität" des Interessenausgleichs auf der einzelbetrieblichen bzw. unternehmerischen Ebene verspricht. Die Folge ist eine Schwächung der kollektiven "Rationalität" in dem Sinne, daß die Chance zur Realisierung von solidarischen Zielen und politisch kalkulierbaren, weil standardisierten Lösungen kleiner wird.

---

4 Beispiele für eine solche Strategie der "Flexiblen Firma" werden vor allen Dingen in Großbritannien und den USA diskutiert. Eine anschauliche Darstellung des Grundkonzepts findet sich in Pollert (1988). In der Bundesrepublik sind solche Strategien bisher in erster Linie für den Handelsbereich bekanntgeworden. Eine Diskussion der Voraussetzungen und Grenzen einer solchen Strategie geben Hauptmanns u.a. 1991.

Aufgrund der Vielzahl möglicher Konstellationen und Situationen (hinsichtlich der Betriebsstruktur, der Produktpalette, der Verteilung der Mitarbeiterqualifikationen, der eingesetzten Technologie, der Arbeitsgestaltung und Arbeitsorganisation etc.) stößt folglich der Versuch, allgemeinverbindliche tarifvertragliche Regelungen für die Gestaltung von dezentralen, teilautonomen Personaleinsatzkonzepten zu kodifizieren, in noch größerem Umfang als z.B. bei der Arbeitszeitgestaltung auf erhebliche Probleme (Wiesenthal 1987; Keller 1989). So ist es aus prinzipiellen Gründen unmöglich, die Forderung nach Einrichtung von arbeitsorganisatorischen Modellen, wie Gruppenarbeit in Tarifverträgen, festzuschreiben. Aber auch die tarifvertragliche Verankerung gewerkschaftlicher Forderungen zur Gestaltung von Arbeitsbedingungen und Entlohnungsstrukturen (z.B. gleiche Entlohnung aller Mitglieder einer Arbeitsgruppe) dürfte wohl die Durchsetzungschance des Gruppenarbeitsmodells in der betrieblichen Praxis aufgrund des damit verbundenen Verlusts an Gestaltungsoptionen erheblich mindern (vgl. dazu die Gestaltungshinweise und Regelungsvorschläge bei Gruppenarbeit, IGM-Vorstandsverwaltung 1992). In besonderer Weise wäre bei der Forderung nach einheitlicher Entlohnung das Modell der heterogenen Arbeitsgruppen, das ja aus qualifikatorischer Perspektive wegen der Möglichkeit des "training on the job" für Arbeitnehmer mit geringerer Qualifikation besonders interessant ist, kaum zu realisieren. Konsequenterweise fordert die IG-Metall in ihren Gestaltungshinweisen (IGM 1992) auch nur die Bereitstellung von Qualifizierungsmöglichkeiten für niedriger eingestufte Mitarbeiter in heterogenen Arbeitsgruppen. Qualifizierung erscheint deshalb im Tarifvertragsrecht vor allem als Verpflichtung zur Aufstellung betriebsinterner Qualifizierungspläne. In diesem Zusammenhang ergibt sich tendenziell eine weitere Kompetenz- und Machtverschiebung in Richtung Betriebsräte (vgl. Hohn 1988; Mahnkopf 1989), die ebenfalls zu einer noch stärkeren Etablierung interner Arbeitsmärkte führen dürfte.

Versuche einer solidarischen Qualifizierungspolitik der Gewerkschaften (siehe z.B. den LGRTV I der IG-Metall für Baden-Württemberg, dessen Erfolg eher zurückhaltend beurteilt werden muß (siehe dazu Bahnmüller u.a. 1992)) stehen - wie oben ausgeführt - im Widerspruch zu den Interessen der Unternehmer und qualifizierten Arbeitnehmer, die die "Produktivitätskoalition" verständlicherweise in erster Linie als eine Koalition der Produktiven verstehen. Dieser Tendenz zu begegnen, stellt eine aus tarif- wie arbeitspolitischer Perspektive zentrale Aufgabe dar. Es gilt aus gewerkschaftlichem wie arbeitspolitischem Interesse zum Beispiel das Problem der Überforderung bei Gruppenarbeit zu vermeiden und sozial-selektive Strategien bei der Zusammensetzung von Arbeitsgruppen zu verhindern. Würde dies nicht gelingen, wäre zunächst die Abdrängung leistungsschwächerer Mitarbeiter in die Peripherie des internen Arbeitsmarktes die Folge. Zu einem späteren Zeitpunkt würden sich diese Mitarbeiter dann auf den unteren Segmenten eines externen Arbeitsmarktes wiederfinden.

Die innerbetrieblichen Strukturen des Maschinenbaus lassen sich aufgrund des Umstandes, daß es sich vorwiegend um Klein- und Mittelbetriebe handelt, als informelle Sozialverfassung mit "face to face"-Beziehungen beschreiben (vgl. dazu auch Hildebrandt/Seltz 1989). Daraus folgt, daß qualifizierte und damit für den Betrieb wichtige Arbeitnehmer eine hohe individuelle Verhandlungsmacht gegenüber der Betriebsleitung besitzen und die Betriebsleitung ihrerseits diese "Sozialverfassung" berücksichtigen muß, wenn sie auf ihr Potential als Produktivitätsfaktor nicht verzichten will. Eine solche Verfassung impliziert zwar die Anerkennung des Betriebsrates als Teil dieser Struktur, bedeutet aber zugleich eine Einschränkung seiner Handlungsmöglichkeiten, insbesonders was die Vertretung solidarischer Politik und kollektiver Interessen betrifft. Qualifizierungsprozesse zum Beispiel werden aufgrund dieser Ausgangsbedingungen wohl eher selektiv ablaufen. Das Hauptproblem dieser Form von Mikrokorporatismus auf Betriebsebene besteht darin, daß die Betriebsräte in Klein- und Mittelbetrieben aufgrund der informellen "Sozialverfassung" dieser Unternehmen nicht konfliktfähig sind (vgl. dazu Keller 1989). Obwohl sie die Vermittlungs- und Umsetzungsfunktion für gewerkschaftliche Forderungen einerseits und Interessen der Belegschaften bzw. Vorstellungen der Betriebsleitungen andererseits wahrnehmen müßten, erweisen sich die Betriebsräte an der Schnittstelle von Produktivitäts- und Solidaritätsinteressen als zum einen wenig handlungsfähig und zum anderen "strukturell unverantwortlich" (Wiesenthal 1987, S. 317ff.), d.h. als nicht in der Lage, Kollektivinteressen zu berücksichtigen. Letzteres trifft natürlich auch für den einzelnen Betrieb bzw. das Unternehmen zu. Insofern ist die mikrokorporatistische Strategie für das Management von Heterogenität - zumindest bei den betrieblichen Strukturen im deutschen Maschinenbau - nur ein Modell mit begrenzten Erfolgsaussichten. Ohne ergänzenden und unterstützenden Makro- bzw. Mesokorporatismus wird sich sehr schnell ein Wildwuchs von Betriebsvereinbarungen (wenn überhaupt!) einstellen, der die Durchsetzungschance für kollektive Interessen insgesamt verringert.

D. Strategieprobleme der Tarifparteien

Da Gewerkschaften aus Gründen der Aufschließung neuer Mitgliederpotentiale und der tarif- und arbeitspolitischen Bewältigung des Strukturwandels verstärkt sogenannte qualitative Tarifpolitik betreiben wollen bzw. müssen, versuchen sie das Problem der Heterogenität in diesem Bereich dadurch zu lösen, daß sie allgemeine tarifliche Rahmenvereinbarungen aushandeln, die dann auf Betriebsebene konkretisiert werden sollen. Betriebsvereinbarungen sind bei dieser im Kern konventionellen tarifpolitischen

Strategie damit das entscheidende Instrument der Institutionalisierung von Regelungen bei der Einführung teilautonomer Fertigungs- und Produktionskonzepte mit entsprechenden arbeitsorganisatorischen Modellen. Dadurch hat die Gewerkschaftsorganisation das Problem zunächst externalisiert. Wie oben ausgeführt, dürfte aufgrund der geringen Konfliktfähigkeit vieler Betriebsräte für den Erfolg dieser Externalisierungsstrategie der Grad der Verbindlichkeit und Präzision entscheidend sein, mit dem Regelungen und Gestaltungselemente im Rahmenvertag festgelegt sind. Neben der rechtlichen Problematik weitgehender Regelungen von arbeitsorganisatorischen Fragen wird hier das Dilemma einer derartigen gewerkschaftlichen Strategie deutlich: exakt definierte Regelungen sind für die Bewältigung spezifischer Problemlagen logischerweise ungeeignet - schaffen also nicht die gewünschte Flexibilität -, während die Festschreibung allgemeiner und eher vager Gestaltungsprinzipien die nicht konfliktfähigen Betriebsräte bei der Durchsetzung konkreter Regelungen im Regen stehen lassen.

Eine mögliche Auflösung dieses Dilemmas besteht unserer Ansicht nach in der Ergänzung der "Top-down"-Strategie (von den Rahmentarifverträgen zu den Betriebsvereinbarungen) durch eine "Bottom-up"-Strategie der Vernetzung der Betriebsebene mit Hilfe übergreifender Organisationsstrukturen. Diese Vernetzung sollte sowohl innerhalb der Organisationen (Gewerkschaften, Arbeitgeber) als auch zwischen ihnen (Stichwort: Mesokorporatismus) erfolgen.

Die Aufgabe besteht in der Schaffung von Schnittstellen zwischen Mikro- und Makroebene innerhalb und zwischen Organisationen, die flexibel auf spezifische Problemlagen reagieren können, ohne dabei allgemeine Prinzipien der Gestaltung neuer Produktionsstrategien aus den Augen zu verlieren. Nur auf der Grundlage einer flexiblen, auf wechselnde Anforderungen reaktionsfähigen Organisationsstruktur sind differenzierte Strategien möglich, die für eine erfolgreiche qualitative Tarifpolitik und eine Bewältigung des Strukturwandels unerläßlich sind. Qualitative Tarifpolitik zur arbeitsorganisatorischen Gestaltung neuer Produktionskonzepte kann nicht mit den Mitteln klassischer Tarif- und Arbeitspolitik, d.h. Aushandlung von Tarifverträgen, allein durchgeführt werden[5].

Welche organisatorischen Implikationen ergeben sich nun aus der Forderung nach einer flexiblen Vernetzung dezentraler Akteure mit dem Ziel einer Koordination von Aktivitäten zur Wahrung einer "kollektiven Rationalität" (Wiesenthal 1987)? Allgemein läßt sich die Aufgabe als einen Versuch beschreiben, hierarchisch-bürokratische Organisationen in flexible Dienstleistungsstrukturen umzuwandeln, die eine "Relaisfunktion" (Birke

5 Damit geht eine Ausweitung der Mitbestimmung einher, die sich vor allem auf die Kontextsteuerung von Technik und Arbeit (etwa durch Beteiligung an Beschaffungsmaßnahmen) bezieht und tendenziell in - durchaus umstrittene - Konzepte des Co-Manangements übergeht (vgl. Schmid 1991, S. 220f.).

1992) für Betriebe (im Sinne einer mikro-korporatistischen Akteurskonstellation) wahrnehmen. Das heißt, daß sie als Moderatoren die dezentralen Aushandlungsprozesse begleiten, um auf diese Weise die Notwendigkeit der Einhaltung allgemeiner Standards in konkreten Gestaltungskonzepten und Regelungsabsichten zu transportieren (vgl. dazu ähnlich gelagerte Probleme bei der verbandlichen Steuerung von technischen Normierungsprozessen, die im SFB 187 in anderen Projekten untersucht werden (Eichner/ Heinze/Voelzkow 1991)). Die Aufgabe einer derartig gewandelten Organisationsstruktur der Tarifparteien dürfte sich aber nicht in einer Beratungs- und/oder Diskursunterstützungsfunktion der Betriebe erschöpfen, sondern hätte im Konfliktfall, der sich auf einer Mesoebene nicht akkommodieren ließe, die Verpflichtung, tarifvertragliche Lösungen anzustreben oder sogar über vorhandene tripartistische Makro-Strukturen den Gesetzgeber auf den Plan zu rufen.

Trotz des Umstandes, daß die hier skizzierte Organisationsstruktur der Tarifparteien eine betriebliche (Mikro-) Ebene, eine teilbranchen- wie regionalbezogene (Meso-) Ebene und eine branchenumfassende, nationale (Makro-) Ebene voraussetzen würde, ist dies kein Hindernisgrund für ein Konzept flacher Hierarchien mit weitgehender Entscheidungskompetenz der dezentralen Organisationseinheiten, die ihren Aufgabenbereich teilautonom wahrnehmen. Ihre "Steuerung" erfogt durch Vernetzung und nicht durch Anweisung von oben. Über eine derartige Strategie können organisatorische Schnittstellenprobleme innerhalb von umfassenden und deshalb fast zwangsläufig segmentierten Organisationen gelöst werden. Ein erfolgreiches Management dieser Schnittstellen zwischen teilautonomen Entscheidungsebenen innerhalb von Organisationen sowie organisationsübergreifend (d.h. im Klartext: Tarifparteien) gestattet es, das Wissen und die Flexibiltät "vor Ort" mit der Kompetenz und der Konfliktfähigkeit der "Zentrale" zu verbinden. Nur auf diese Weise wird das Management von Heterogenität auf arbeits- wie tarifpolitischem Gebiet den notwendigen Interessenausgleich bei der Einführung und Gestaltung neuer Produktionskonzepte erreichen. Zur Einführung solcher Konzepte gibt es industrie- und strukturpolitisch keine Alternative[6]. Es stellt sich folglich nur die Frage: "wursteln" wir uns mit den gegenwärtig existierenden institutionell-organisatorischen Strukturen irgendwie durch (und akzeptieren die zunehmenden Disparitäten) oder versuchen wir durch einen Modernisierungsschub die "Organisationsstrukturen des Klassenkampfes" den zunehmenden Fle-

---

6 In ähnlicher Weise wird auf dem Gebiet der Wirtschaftspolitik mit dem "Ende des Keynesianismus" eine Verlagerung politischer Strategien von der Makro- zur Mesoebene in Form einer Industriepolitik konstatiert (vgl. dazu z.B. Krumbein, 1991). Industriepolitik umfaßt dabei auch die produktionstechnische und arbeitsorganisatorische Modernisierung im Rahmen einer aktiven Politik zur Bewältigung des Strukturwandels. Aber auch auf diesem Gebiet scheint es notwendig, durch übergreifende Steuerung auf der Makrobene (Bund) die Entstehung neuer regionaler Ungleichheiten in größerem Umfang zu verhindern.

xibilitätsanforderungen moderner industrieller Produktion anzupassen. Die Lösung kann dabei aber auch keine postmoderne Antwort im Sinne von "anything goes" sein, sondern sie muß die arbeits- und tarifpolitischen "essentials" für Arbeitnehmer wie Arbeitgeber in die Gestaltung des Strukturwandels einbringen.

E. Schlußbetrachtung

Die neuen Informations- und Kommunikationstechnologien sowie die veränderten ökonomischen Rahmenbedingungen haben die Anforderungen an die Arbeitswelt im westdeutschen Maschinenbau grundlegend verändert. Dies ruft auf unterschiedlichen Ebenen und mit unterschiedlicher Intensität Spannungen und Konflikte hervor, die sich nicht naturwüchsig lösen, sondern der Regulierung bedürfen. Auf der anderen Seite können solche technisch-ökonomisch induzierten Wandlungsprozesse aber auch alte Konflikt- und Organisationsstrukturen transformieren und neue, kooperativere Strategien - etwa in Form von "Konfliktpartnerschaften" (Müller-Jentsch 1991) - befördern. Insofern liegt es nahe, die daraus resultierenden arbeits- und tarifpolitischen Konsequenzen zu beleuchten und das Augenmerk auch auf den in unserer Panelstudie primär nicht untersuchten überbetrieblichen Bereich zu richten.

Verhandlungen zwischen Arbeitgebern und Arbeitnehmern auf Mikro- wie auf Makroebene und insbesondere deren Abstimmung sollen es ermöglichen, optimale Ergebnisse zu erzielen, also sowohl individuelle wie kollektive Interessen auszutarieren. Dies stellt Betriebsleitungen und Betriebsräte, Arbeitgeberverbände und Gewerkschaften vor schwierige politische Herausforderungen, deren erfolgreiche Bewältigung auch der Unterstützung seitens Dritter bedarf. Eine der möglichen und nicht zu unterschätzenden Hilfeleistungen besteht in der Bereitstellung von Informationen über die Produktionsstrukturen und die Wirkungszusammenhänge von Technik und Arbeit, um eine rationalere Entscheidungsfindung zu erleichtern. Unsere Studie des (west-)deutschen Maschinenbaus versucht, durch die Analyse des Strukturwandels dieser Branche, Voraussetzungen eines erfolgreichen Managements der heterogenen Problemlagen und Entwicklungstrends zu klären und auf dieser Grundlage mögliche Gestaltungsoptionen vorzuschlagen.

Einen weiteren interessanten Versuch stellt in diesem Zusammenhang die vom BMFT 1990 einberufene Expertenkommission "Chancen und Risiken von CIM" dar, die aus Vertretern der Tarifparteien und Wissenschaftlern gebildet worden ist. In ihrem Bericht, über den in hohem Maße Konsens erzielt werden konnte, hat die Kommission versucht, die Ambivalenzen des Einsatzes rechnerintegrierter Fertigung auszuloten und Gestaltungs- und Beratungshinweise zu geben (vgl. dazu Schmid 1992).

F. Literatur

Bahnmüller, R./Bispinck, R./Schmidt, W. (1992): Betriebliche Personalpolitik. Weiterbildung und betriebliche Interessenvertretung - Erfahrungen aus der Metallindustrie, in: WSI-Mitteilungen, Nr. 6, S. 338-348.

Bechtle, G./Lutz, B. (1989): Die Unbestimmtheit post-tayloristischer Rationalisierungsstrategie und die ungewisse Zukunft industrieller Arbeit, in: Düll, K./Lutz, B. (Hrsg.), Technikentwicklung und Arbeitsteilung im internationalen Vergleich, S. 9-91, Frankfurt a.M.

Birke, M. (1992): Der produktions- und arbeitspolitische Umbruch als sozialwissenschaftlicher Forschungsgegenstand und gewerkschaftliches Handlungsdilemma, in: Lehner, F./Schmid, J. (Hrsg.), Technik, Arbeit, Betrieb, Gesellschaft, S. 109-123, Opladen.

Brandes, W./Buttler,F. (1988): Die Unvermeidbarkeit interner Arbeitsmärkte, in: Reyher, L./Kühl, J. (Hrsg.), Resonanzen. Arbeitsmarkt und Beruf - Forschung und Politik, Festschrift für Dieter Mertens (BeitrAB 111), S. 94-113, Nürnberg.

Chandler, A.D. jr. (1990): Scale and Scope. The Dynamics of Industrial Capitalismen, Cambridge, Mas.

Dörr, G./Naschold, F. (1992): Umbrüche im Werkzeugmaschinenbau - eine arbeitspolitische Betrachtung, in: Lehner, F./Schmid, J. (Hrsg.), Technik, Arbeit, Betrieb, Gesellschaft, S. 173-190, Opladen.

Eichener, V./Heinze, R.G./Voelzkow, H. (1991): Von staatlicher Technikfolgenabschätzung zu gesellschaftlicher Techniksteuerung, in: Aus Politik und Zeitgeschichte, B 43, S. 3-14.

Hauptmanns, P./Freriks, R./Schmid, J. (1991): Fabrik der Zukunft. Vier Pfade nach Utopia, in: Wechselwirkung, Nr. 3, S. 41-48.

Helfert, M. (1991): Rationalisierungsverlierer. WSI-Arbeitsmaterialien, Nr. 30, Düsseldorf.

Hildebrandt, E./Seltz, R. (1989): Wandel betrieblicher Sozialverfassung durch systemische Kontrolle? - Einführung computergestützter PPS-Systeme im deutschen Maschinenbau, Berlin.

Hirsch-Kreinsen, H./Schultz-Wild, R./Köhler, Ch./Beher, M. v. (1990): Einstieg in die rechnerintegrierte Produktion. Alternative Entwicklungspfade in der industriellen Produktion, Frankfurt a.M.

Hohn, H.W. (1988): Von der Einheitsgewerkschaft zum Betriebssysndikalismus. Soziale Schließung im dualen System der Interessenvertretung, Berlin.

IGM-Vorstandsverwaltung (1992): Gestaltungshinweise und Regelungsvorschläge bei Gruppenarbeit, Ms. Frankfurt a.M.

Keller, B. (1989): "Krise" der institutionellen Interessenvermittlung und Zukunft der Arbeitsbeziehungen: Flexibilisierung, Deregulierung und Mikrokorporatismus, in: Hartwich, H.H. (Hrsg.), Macht und Ohnmacht politischer Institutionen, S. 135-157, Opladen.

Krumbein, W. (1991): Industriepolitik. Die Chance einer Integration von Wirtschafts- und Gesellschaftspolitik, in: Jürgens, U./Krumbein, W., Industriepolitische Strategien. Bundesländer im Vergleich, S. 34-56, Berlin.

Mahnkopf, B. (1989): Gewerkschaftspolitik und Weiterbildung, Discussion paper FS I 89-11, Wissenschaftszentrum Berlin.

Lehner, F./Schmid, J. (1992): Industrielle Wettbewerbsfähigkeit und flexible Produktionssysteme, in: Lehner, F./Schmid, J. (Hrsg.), Technik, Arbeit, Betrieb, Gesellschaft, S. 13-28, Opladen.

Manske, F. (1991): Kontrolle, Rationalisierung und Arbeit. Kontinuität durch Wandel: Die Ersetzbarkeit des Taylorismus durch moderne Kontrolltechniken, Berlin.

March, J.G./Simon, H.A. (1976): Organisation und Individuum. Menschliches Verhalten in Organisationen, Wiesbaden (org. 1958).
Müller-Jentsch, W. (Hrsg.) (1991): Konfliktpartnerschaft. Akteure und Institutionen der industriellen Beziehungen, München.
Pollert, A. (1988): Dismantling flexibility, in: Capital and Class, Vol. 34, S. 42-75.
Pries, L./Schmidt, R./Trinczek, R. (Hrsg.) (1989): Trends betrieblicher Produktionsmodernisierung, Opladen.
Sabel, Ch. (1986): Struktureller Wandel der Produktion und neue gewerkschaftliche Strategien, in: Prokla 62, S. 41-60.
Schmid, J. (1991): Arbeit und Technik im Spannungsfeld gewerkschaftlicher und unternehmerischer Interessen, in: Schabedoth, H.J. (Hrsg.), Gestalten statt verwalten, S. 211-222, Köln.
Schmid, J. (1992): Der Bericht der Expertenkommission "Chancen und Risiken von CIM". Darstellung, Erläuterung und Kritik, in: Wechselwirkung, Nr. 56, S. 41-45.
Schmid, J./Tiemann, H. (1991): Organisation ist auch Politik. Modernisierungsbedarfe und Perspektiven der gewerkschaftlichen Organisation, in: Gewerkschaftliche Monatshefte, Nr. 6, S. 381-390.
Streeck, W. (1987): Vielfalt und Interdependenz. Überlegungen zur Rolle von intermediären Organisationen in sich ändernden Umwelten, in: Kölner Zeitschrift für Soziologie und Sozialpsychologie, Jg. 39, S.471-485.
Streeck, W. (1991): Klasse, Beruf, Unternehmen, Distrikt: Organisationsgrundlagen industrieller Beziehungen im europäischen Binnenmarkt, Discussion Paper FS I 91-11, Wissenschaftszentrum Berlin.
Widmaier, U. (1991): Segmentierung und Arbeitsteilung, in: Aus Politik und Zeitgeschichte, B 34-35, S. 14-25.
Wiesenthal, H. (1987): Strategie und Illusion. Rationalitätsgrenzen kollektiver Akteure am Beispiel der Arbeitszeitpolitik 1980-1985, Frankfurt a.M.

Autorenverzeichnis

Dr. Louise Dye ist wissenschaftliche Mitarbeiterin im Teilprojekt Z-2 des SFB 187 an der Ruhr-Universität Bochum.

Dipl. Soz. wiss. Carl Flimm ist wissenschaftlicher Mitarbeiter im Teilprojekt Z-2 des SFB 187 an der Ruhr-Universität Bochum.

Dipl. Soz. wiss. Rainer Freriks ist wissenschaftlicher Mitarbeiter im Teilprojekt Z-2 des SFB 187 an der Ruhr-Universität Bochum.

Dipl. Soz. wiss. Peter Hauptmanns ist wissenschaftlicher Mitarbeiter im Teilprojekt Z-2 des SFB 187 an der Ruhr-Universität Bochum.

Dipl. Soz. wiss. Barbara Ostendorf ist wissenschaftliche Mitarbeiterin im Teilprojekt Z-2 des SFB 187 an der Ruhr-Universität Bochum.

Dipl. Soz. wiss. Wolfgang Rogalski ist wissenschaftlicher Mitarbeiter im Teilprojekt Z-2 des SFB 187 an der Ruhr-Universität Bochum.

Dipl. Soz. wiss. Rainer G. Saurwein ist wissenschaftlicher Mitarbeiter im Teilprojekt Z-2 des SFB 187 an der Ruhr-Universität Bochum.

Beate Seitz, M.A. ist wissenschaftliche Mitarbeiterin im Teilprojekt Z-2 des SFB 187 an der Ruhr-Universität Bochum.

Dr. Josef Schmid ist wissenschaftlicher Assistent am Lehrstuhl Politische Wissenschaft II an der Ruhr-Universität Bochum und Projektleiter im Teilprojekt Z-2 des SFB 187.

Karin Scharfenorth ist Diplomandin an der Fakultät für Sozialwissenschaft der Ruhr-Universität Bochum.

Priv. Doz. Dr. Ulrich Widmaier ist langfristiger Vertreter des Lehrstuhls Politische Wissenschaft II an der Ruhr-Universität Bochum und Projektleiter im Teilprojekt Z-2 des SFB 1987.

GPSR Compliance

The European Union's (EU) General Product Safety Regulation (GPSR) is a set of rules that requires consumer products to be safe and our obligations to ensure this.

If you have any concerns about our products, you can contact us on ProductSafety@springernature.com

In case Publisher is established outside the EU, the EU authorized representative is:

Springer Nature Customer Service Center GmbH
Europaplatz 3
69115 Heidelberg, Germany

Batch number: 10809466

Printed by Printforce, the Netherlands